# 全国气候影响评价
## CHINA CLIMATE IMPACT ASSESSMENT
## (2017)

中国气象局国家气候中心 编

## 内 容 简 介

本书是国家气候中心气象灾害风险管理室业务产品之一。全书共分为五章,第一章为气候背景,介绍了2017年全球和中国气候概况以及主要气候系统基本特征;第二章分类综述了对中国影响较大的干旱、暴雨洪涝、台风、低温冷冻和雪灾、高温、沙尘天气以及雾和霾等重大天气气候事件及其影响;第三章阐述了气候对农业、水资源、生态、大气环境、能源需求、人体健康和交通的影响评估;第四章为专题报告,主要介绍一年来国内外有关灾害风险评估的新技术方法、评估模型等;第五章摘录了全国各省(区、市)气候影响评价分析。

本书资料详实、内容丰富,较好地概括了2017年中国气候与环境和社会经济因素之间的相互作用及影响,可供从事气象、农业、水文、生态以及环境保护等方面的业务、科研和管理人员参考。

**图书在版编目(CIP)数据**

全国气候影响评价. 2017 / 中国气象局国家气候中心编. — 北京:气象出版社,2021.6
 ISBN 978-7-5029-7433-6

Ⅰ.①全… Ⅱ.①中… Ⅲ.①气候影响-评价-中国-2017 Ⅳ.①P468.2

中国版本图书馆CIP数据核字(2021)第081453号

**全国气候影响评价(2017)**
Quanguo Qihou Yingxiang Pingjia(2017)

| | | | |
|---|---|---|---|
| 出版发行: | 气象出版社 | | |
| 地　　址: | 北京市海淀区中关村南大街46号 | 邮政编码: | 100081 |
| 电　　话: | 010-68407112(总编室)　010-68408042(发行部) | | |
| 网　　址: | http://www.qxcbs.com | E-mail: | qxcbs@cma.gov.cn |
| 责任编辑: | 陈　红 | 终　　审: | 吴晓鹏 |
| 责任校对: | 张硕杰 | 责任技编: | 赵相宁 |
| 封面设计: | 地大彩印设计中心 | | |
| 印　　刷: | 北京建宏印刷有限公司 | | |
| 开　　本: | 787mm×1092mm　1/16 | 印　　张: | 10.5 |
| 字　　数: | 269千字 | | |
| 版　　次: | 2021年6月第1版 | 印　　次: | 2021年6月第1次印刷 |
| 定　　价: | 70.00元 | | |

本书如存在文字不清、漏印以及缺页、倒页、脱页等,请与本社发行部联系调换

# 《全国气候影响评价(2017)》编委会

**主　　编**：孙　劭　王遵娅　王国复

**编写人员**（以姓氏拼音为序）：

蔡雯悦　段居琦　冯爱青　高　歌　郭艳君

侯　威　黄大鹏　李　莹　廖要明　刘绿柳

梅　梅　孙　劭　王东阡　王国复　王启祎

王有民　王遵娅　徐良炎　尹宜舟　翟建青

张颖娴　钟海玲　周星妍　朱晓金

**技术支撑**：梅　梅　代潭龙

# 序

　　我国气象灾害种类多、范围广、强度大、灾情重,全球气候变化加剧了极端气象灾害发生的频率和强度,体现了气象灾害的长期性、突发性、巨灾性和复杂性,同时也反映出应对气象灾害风险任务的艰巨性。气象灾害风险是指气象灾害对人类社会产生不利后果的可能性,且这种后果又往往不能准确预料,风险评估就是对风险发生的强度和形式等进行评定和估计。气候是气象灾害风险孕育的环境,影响则是气象灾害对各行各业产生的直接或间接后果。对气候特征以及气象灾害影响进行逐年总结评估是认识气象灾害时空变化规律的重要手段,有利于公众了解当前气象灾害风险状况并增强风险意识。

　　2016年10月11日,中央全面深化改革领导小组审议通过了《关于推进防灾减灾救灾体制机制改革的意见》,指出推进防灾减灾救灾体制机制改革,必须牢固树立灾害风险管理和综合减灾理念,坚持以防为主、"防抗救"相结合,坚持常态救灾和非常态救灾相统一,努力实现从注重灾后救助向灾前预防转变,从减少灾害损失向减轻灾害风险转变,从应对单一灾害损失向综合减灾转变。"十三五"时期是全面建成小康社会的决胜阶段,贯彻落实"五位一体"总体布局、"四个全面"战略布局和新发展理念,如期实现经济社会发展总体目标,健全公共安全体系,都需要不断创新防灾减灾救灾体制机制。

　　近年来,随着我国气象防灾减灾工作不断深入,每年因气象灾害造成的直接经济损失占GDP比重明显减少;死亡失踪人数显著减少。这表明我国的气象灾害风险管理能力正在日益增强。但是在全球气候变化的大背景下,我国各类气象灾害的危险性仍然呈现加重趋势:2013—2017年,全国暴雨日数较常年增加了10.4%,高温日数较常年增加了34.8%。气候预估结果显示,未来10~20年我国气温将持续升高,极端高温、强降水、洪涝和干旱等灾害风险增大,大气环境容量继续减少,污染扩散能力变弱。应对气候风险需从战略高度上重视气候安全问题,继续强化气候风险管理,合理开发气候资源,保护气候环境。

　　在极端气象灾害呈频发态势以及防灾减灾形势更加严峻复杂的背景下,《全国气候影响评价》内容重点围绕"气象灾害"以及"行业影响",深入浅出地介绍了当年气象灾害发生的背景、特征以及对行业的影响,并对当前新的评估方法和热点问题进行了详尽介绍。相信本书的出版,有利于提升科技支撑水平,有效地推动防灾减灾救灾事业的发展。

2019年3月10日

# 前　言

　　1983年,本着"为了向党及国家各部门提供制定决策或规划时所需的综合性气候情报资料"的初衷,本书出版发行。该书由原北京气象中心气候资料室(现国家气候中心气象灾害风险管理室)组织专家编写而成,记录了当年全球及中国的气候概况,评述主要气候事件及灾害对农业、水利、交通等行业的影响。35年来,该书为政府做好防灾减灾和重大决策提供了重要依据,为社会公众了解气候、灾害知识提供了详实的信息。

　　近年来,随着人们对气候、气候变化以及气象灾害的认知逐步加深,以及社会经济的飞速发展,气候与气候变化影响评价业务逐步向气象灾害风险管理业务转变,相关业务也正面临着新的形势和新的需求。

　　**气象灾害客观事实愈发严峻。** 我国是世界上自然灾害最为严重的国家之一,灾害种类多,分布地域广,发生频率高,造成损失重。近年来,受全球变暖的影响,极端事件趋多趋强,我国面临的气象灾害及其衍生灾害风险正在不断加大,由此造成的灾害损失也在不断增加。据统计,21世纪以来,我国平均每年因天气气候灾害造成的直接经济损失超过2000亿元,并呈现出长期增长趋势。

　　**防灾减灾战略面临新要求。** 为全面提高国家的综合防灾减灾救灾能力,2016年7月28日,习近平总书记在河北唐山考察时指出:努力实现从注重灾后救助向注重灾前预防转变,从应对单一灾种向综合减灾转变,从减少灾害损失向减轻灾害风险转变。为实现"三个转变",加强决策气象服务的有效供给,气象灾害影响评估等工作应通过新的产品、新的技术在灾前预防、综合减灾和减轻灾害风险中发挥更大的作用。

　　**国内外更加关注气象灾害风险管理。** 2010年,坎昆气候大会通过了《坎昆适应框架》,提出将抵御极端气候事件和灾害风险管理作为适应气候变化的核心内容。2011年,政府间气候变化专门委员会发布了《管理极端事件和灾害风险,推进气候变化适应》特别报告,以灾害风险管理和气候变化适应为主线,对全球气候变暖背景下灾害的变化及影响作出评估,并提出供各国政府有效管理极端天气气候事件和灾害风险的选择措施。2015年,我国也发布了《中国极端天气气候事件和灾害风险管理与适应国家评估报告》,综合评估了气候变化背景下极端气候事件的情况并阐述了灾害风险管理和适应措施的进展,为我国管理极端事件和灾害风险提供了重要参考信息。

　　**气象灾害风险管理的服务对象更加广泛。** 党的十八大以来,强调要牢固树立和贯彻落实"创新、协调、绿色、开放、共享"五大发展理念,适应推进新型工业化、信息化、城镇化、农业现代化和国家治理能力现代化的需要,坚持服务民生、服务生产、服务决策的宗旨。面对新形势和新要求，气象灾害风险管理作为公共气象服务的主要内容之一，应该主动在提高政府公共服务水平、促进经济快速平稳发展和保障人民群众福祉健康方面发挥更加突出的作用，其服务对象也应该由服务政府向服务行业、服务公众拓展和转变。这些转变可以看作是气象灾害风险管理领域的供给侧改革，其目标就是以精准定位和科技创新来优化业务和科研资源的配置，主动适应形势变化，全面提升服务能力，更好地满足各方需求。

适应新形势，注入新成果，满足新需求，国家气候中心对《全国气候影响评价》进行改版，内容凝聚了气象灾害风险管理的最新研究成果，保留了年度详尽的灾害事件信息，其参考价值进一步提升：面向各级政府，可为防灾减灾决策提供科学支撑；面向行业和企业，可为灾害风险管控提供重要参考依据；面向科研院所和研究人员，可为相关研究提供科学参考；面向社会公众，可以作为气候与气象灾害相关知识的科普宝库。

编写《全国气候影响评价》是一项系统工程，既需要大量的数据统计分析与核实，又需要新技术的研究与应用，还需要认真细致的文字凝练。为此，国家气候中心成立了由 20 多名专家组成的编写组和技术支撑组，经 10 余次讨论形成初稿，并经初审、终审形成现在的报告。在此，衷心感谢编写组、技术支撑组为该书顺利出版所做出的贡献。

编者

2019 年 2 月 18 日

# 摘 要

2017年，中国气候属于正常年景，干旱、低温冷冻、雪灾、沙尘、强对流天气等气象灾害影响偏轻，但暴雨过程频繁、重叠度高、极端性强，暴雨洪涝损失偏重。年内登陆台风多、时间集中，登陆点重叠；高温日数多，北方高温出现早、南方高温强度大。与2012—2016年平均值相比，受气象灾害影响的农作物受灾面积、死亡失踪人口以及直接经济损失均明显降低。

2017年，全球主要温室气体浓度持续上升，地表温度相比工业化时代之前水平偏高1.1℃，仅次于2016年，成为有气象记录以来第二暖的年份。中国平均气温较常年（1981—2010年）偏高0.84℃，为1951年以来历史第三高；四季气温均偏高，其中冬季气温为历史最高。中国平均年降水量641.3毫米，较常年偏多1.8%；冬季降水量偏少7%，夏季偏多8%，春、秋季接近常年。六大区域中西北、华南、长江中下游和华北区域降水量偏多，东北偏少，西南接近常年；七大流域中黄河、长江、珠江和淮河流域降水量偏多，辽河、松花江和海河流域偏少。2017年，华南前汛期开始晚，结束与常年一致，雨量少；西南雨季开始和结束均偏晚，雨量少；梅雨入梅和出梅均偏早，梅雨量多；东北和华北雨季开始晚、结束早，雨量少；华西秋雨开始和结束均偏早，雨量为1984年来最多。

2017年，我国暴雨洪涝灾害比较突出，暴雨过程频繁、重叠度高、极端性强；登陆台风多、时间集中，登陆点重叠；高温日数多，北方高温出现早、南方高温强度大；干旱影响偏轻，但区域性和阶段性明显；低温冷冻及雪灾影响偏轻；强对流天气多，损失偏轻；春季北方沙尘天气少，影响偏轻；年初霾天气持续时间长，对空气质量和人体健康影响大。2017年，全国因气象灾害及其次生、衍生灾害导致受灾人口约1.4亿人次，死亡和失踪人员共计918人，其中死亡833人；农作物受灾面积1847.6万公顷，绝收面积182.7万公顷；直接经济损失2850.4亿元。总体来看，2017年气象灾害损失属于偏轻年份。

2017年，我国冬小麦和玉米全生育期光热充足，降水量接近常年同期或偏多，土壤墒情适宜，气候条件较好；早稻生育期内，江南、华南出现暴雨洪涝、低温阴雨寡照、高温等灾害性天气，气候条件较差；晚稻、一季稻产区气候条件偏好，对农业生产比较有利；全国降水资源总量属于正常年份，其中北京、山西、湖北、广西、重庆、陕西、青海、宁夏属于丰水年份，辽宁、福建属于枯水年份；各省（区、市）冬季平均气温均较常年同期偏高，采暖耗能较常年同期减少；夏季全国大部地区平均气温接近常年同期或偏高，使得降温耗能也较常年同期偏高；全国大部地区年舒适日数接近常年或偏少；年初北方出现大范围霾天气，京津冀鲁豫多地发布霾预警，多个机场出现航班大量延误和取消，多条高速公路关闭，呼吸道疾病患者增多。

# Abstract

Climate in China was at a normal level in 2017, and some kinds of meteorological disasters had relatively less impact on social economy, including droughts, cold waves, snowstorm, sandstorm and severe convective weather. However, the process of heavy rainstorm was frequent, with an overlapped spatial distribution and high intensity. The landfall frequency of typhoon was more than normal, with more concentrated of landing time and location. The number of high temperature days was also more than normal, high temperature occurred early in northern China, and relatively higher intensity in southern China. In general, the population and direct economic losses affected by meteorological disasters were significantly less, compared with the average number of nearly five years.

In 2017, global mean air temperature was 1.1℃ higher relative to pre-industry, which ranked the second warmest year in record. The annual mean temperature over China was 0.84℃ above normal (1981 to 2010), the third warmest year since 1951. The national averaged air temperature was above normal in each season, especially the temperature in winter was the highest in record. The annual precipitation in China was 641.3 mm, almost the same as normal. The seasonal total precipitation is 7% lower in winter and 8% higher in summer, while spring and autumn were the same as normal. In the geographical zones, the precipitation in the Northwest China, South China, middle and lower reaches of the Yangtze River and North China was relatively higher, while the precipitation in the Northeast China was relatively lower, and the precipitation in the Southwest China was close to normal. Among the seven river basins of China, the basins of Yellow River, Yangtze River, Pearl River and Huaihe River had more precipitation than normal, while the basins of Liaohe River, Songhua River and Haihe River had less precipitation than normal. In 2017, the pre-rainy season in south China began later than normal and ended near normal with deficient precipitation and a short rainy period. The rainy season in Southwest China started and ended later than normal with less precipitation during the rainy period. The Meiyu season started and ended earlier than normal with more precipitation during the rainy period. The rainy season in North China started later and ended earlier than normal with less precipitation. The timing of autumnal rainy season in Huaxi (Western China) started and ended earlier than normal with the most precipitation since 1984. The rainy season in Northeast China started later and ended earlier than normal with less precipitation during the rainy period.

In 2017, the meteorological disasters caused by rainstorms and floods in China were prominent and brought about serious losses especially in southern China. The rainstorms attacked extremely with high frequencies and overlaps. There were 8 typhoons (above normal of 7.2) landing China and most of them landed intensively in time and region. The days of high temperature were above normal significantly in summer, which occurred earlier in northern China and stronger in southern China. The regional and periodical droughts were obvious but their influences were light. The disasters caused by low temperature, freezing and heavy snow were light. More severe convection weather such as gale, hail, tornado and lightning influenced frequently but brought about light disasters. The northern China experienced fewer sandstorms in spring, but persistent haze events occurred in early year and distinctly influenced on air quality and human health. In 2017, about 140 million people were affected by meteorological disasters and their secondary and derivative disasters, which led 833 people dead and 85 missing. An area of 18.476 million hectares of crops were affected by meteorological disasters, and an area of 1.827 million hectares was lost. Direct economic losses totaled 285.04 billion RMB. In general, the loss of meteorological disasters in 2017 was relatively light in record.

For agricultural production in 2017, wheat and corn had sufficient light and heat during the whole growth period in China, precipitation was close to or more than the same period, and soil moisture content was suitable and the climate conditions were good. During the growing period of early season rice, some severe weather, such as rainstorm and flooding, cold waves, lack of light and high temperature occurred in Jiangnan and south China. The preference of climatic conditions for late season rice and single-season rice was favorable to agricultural production. The total precipitation resources in China was close to normal years, among which Beijing, Shanxi, Hubei, Guangxi, Chongqing, Shaanxi, Qinghai and Ningxia were relatively wetter than normal, while Liaoning and Fujian provinces were relatively drier than normal. The average temperature in winter was higher than normal, and the heating energy consumption was relatively lower. In summer, the average temperature in most parts of China was close to normal or higher, thus, the cooling energy consumption was also higher than normal. The annual counts of comfortable days in most parts of China was close to or less than normal. At the beginning of 2017, a wide range of haze weather occurred in northern China. Haze weather alerts were issued in Beijing, Tianjin, Hebei, Shandong and Henan provinces. Flight delays and cancellations occurred in many airports, several highways were closed, and patients with respiratory diseases increased, as the impact of severe haze.

# 目 录

序

前言

摘要

Abstract

## 第一章 气候概况 …………………………………………………………………… (1)

第一节 全球气候特征 ………………………………………………………… (1)

第二节 中国气候概况 ………………………………………………………… (5)

第三节 中国气候异常成因简析 ……………………………………………… (15)

第四节 气候系统特征 ………………………………………………………… (18)

## 第二章 气象灾害及影响评估 ……………………………………………………… (26)

第一节 灾情概况 ……………………………………………………………… (26)

第二节 干旱及其影响 ………………………………………………………… (28)

第三节 暴雨洪涝及其影响 …………………………………………………… (35)

第四节 台风及其影响 ………………………………………………………… (41)

第五节 雷电、冰雹与龙卷风及其影响 ……………………………………… (46)

第六节 低温冷冻和雪灾及其影响 …………………………………………… (53)

第七节 高温及其影响 ………………………………………………………… (56)

第八节 沙尘天气及其影响 …………………………………………………… (58)

第九节 雾和霾及其影响 ……………………………………………………… (63)

第十节 2017年全球气候事件概述 …………………………………………… (67)

## 第三章 气候对行业影响评估 ……………………………………………………… (71)

第一节 气候对农业的影响 …………………………………………………… (71)

第二节 气候对水资源的影响 ………………………………………………… (76)

第三节 气候对生态的影响 …………………………………………………… (82)

第四节 气候对大气环境的影响 ……………………………………………… (84)

第五节 气候对能源需求的影响 ……………………………………………… (89)

第六节 气候对人体健康的影响 ……………………………………………… (93)

  第七节 气候对交通的影响 ………………………………………………………………（95）

第四章 专题报告 …………………………………………………………………………（99）

  第一节 中国台风灾害年景预评估方法初探 ………………………………………（99）

  第二节 中国气象干旱综合监测指数构建及其应用 ………………………………（102）

  第三节 中国热带气旋经济损失原始值及标准化值对比分析 ……………………（108）

第五章 2017 年各省(区、市)气候影响评价摘要 ………………………………………（113）

附录 A 资料、方法及标准 ………………………………………………………………（123）

附录 B 2017 年全国主要雷电、冰雹和龙卷风事件 ……………………………………（133）

附录 C 国内外主要气象灾害分布图 ……………………………………………………（141）

参考文献 ………………………………………………………………………………………（154）

# 第一章 气候概况

2017年全球主要温室气体浓度继续攀升,地表温度相比工业化前高出1.1℃,位列2016年之后,为有气象观测记录以来的历史第二高值,也是有记录以来最暖的非厄尔尼诺年份。全球冰冻圈持续萎缩,冬季北极最大海冰范围创历史新低,南极海冰范围全年处于历史低位。全球海表面温度显著高于常年,海平面持续上升,海洋热含量创历史新高,海洋酸化的影响持续加剧。世界各地发生了重大天气气候事件,包括异常活跃的北大西洋飓风、印度次大陆的季风洪水以及全球多地的暴雨洪涝、高温热浪、低温寒流和强对流天气,在世界各地造成了严重人员伤亡和社会经济损失。

2017年,中国平均气温较常年偏高0.84℃,为1951年以来第三高值;四季气温均偏高,其中冬季为历史同期最高。中国平均年降水量641.3毫米,比常年偏多1.8%;冬季降水量偏少7%,夏季偏多8%,春、秋季接近常年。年内暴雨过程频繁、重叠度高、极端性强,暴雨洪涝损失偏重,干旱、台风、强对流等灾害损失偏轻。

## 第一节 全球气候特征

2017年全球温度相比常年(以1981—2010年为基准期)偏高0.46(±0.10)℃,超过工业化时代之前的全球温度1.1(±0.10)℃,仅次于2016年,成为有气象记录以来第二暖的年份(WMO,2018)。全球主要温室气体浓度持续上升,二氧化碳、甲烷和一氧化二氮浓度分别创历史新高。全球海洋表面温度位列有记录以来的历史第三高,海平面继续加速上升,南北极海冰范围全年处于历史低位。年内世界各地发生了许多重大天气气候事件,例如,异常活跃的北大西洋飓风、印度次大陆的季风洪水、东非部分地区的持续干旱等,给公众生命财产安全和经济社会可持续发展带来严重影响和损失。

### 一、全球温度列历史第二高

2017年全球温度相比常年(1981—2010年)偏高0.46(±0.10)℃,超过工业化时代之前(1850—1900年)的温度1.1(±0.10)℃,低于受厄尔尼诺事件影响的2016年,成为有完整气象观测记录以来第二高值。厄尔尼诺事件通常会导致全球温度异常偏高0.1~0.2℃,尤其在厄尔尼诺结束年这种影响最为明显(例如2016年)。2017年由于前期厄尔尼诺事件造成的额外增温效应消退,年内地表温度并没有创出历史新高,但全球变暖的大趋势仍在持续,2017年也是有记录以来最暖的非厄尔尼诺年份(图1.1.1)。

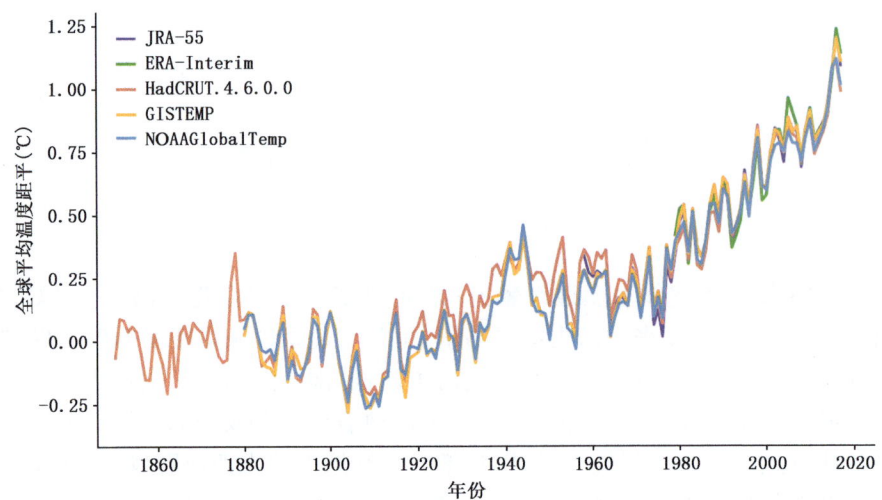

图 1.1.1　全球平均温度距平（相对 1850—1900 年平均值）时间序列（WMO，2018）
（JRA-55 为日本气象厅发布的全球大气再分析资料集；ERA-interim 是欧洲中期数值预报中心发布的全球大气再分析资料集；HadCRUT.4.6.0.0 是英国气象局和英国东英吉利大学联合发布的全球温度资料集；GISTEMP 是美国国家航空航天局发布的全球温度资料集；NOAAGlobalTemp 是美国国家海洋和大气管理局发布的全球温度资料集）

观测资料表明，有气象记录以来最暖的 9 个年份均出现在 2005 年以后，2013—2017 年也是历史上最暖的 5 年期，全球平均温度高出常年 0.4℃，超过工业化时代之前的温度 1.0℃。2017 年内，1—3 月全球地表温度偏高最为明显，温度距平值分别高于常年 0.5℃ 以上，其中 3 月份温度距平值最高，为 0.64℃；4—12 月温度距平维持在 0.3～0.5℃，其中，6 月距平值最低，为 0.34℃。

从 2017 年全球平均温度距平（相对 1981—2010 年平均值）空间分布来看，俄罗斯、蒙古、中国北部等亚洲中高纬度地区，以及加拿大东北部、美国大部、墨西哥北部、澳大利亚东部等地温度高于常年值 1℃ 以上，其中北半球高纬度部分区域偏高 2℃ 以上；加拿大西部、非洲利比亚和南非等地温度低于常年平均水平；全球其余地区的温度与常年相比偏高幅度在 1℃ 以内。阿根廷、毛里求斯、墨西哥、西班牙和乌拉圭地表温度创历史新高（图 1.1.2）。

## 二、海冰范围持续偏低，海洋热容量创历史新高

在全球暖化的大背景下，2017 年冰冻圈进一步萎缩。冬季北极海冰最大范围 1442 万平方千米，创历史新低；随后春季和夏季北极海冰消融速度偏慢，夏季海冰最小范围 464 万平方千米，位列历史第八低位。南极海冰面积全年处于历史低位，冬季海冰最大范围 1803 万平方千米，位列历史第二低，夏季海冰最小范围 211 万平方千米，创历史新低。

格陵兰冰原从 2016 年秋季开始降雪量异常偏多，冰层总量在 2016 年 9 月至 2017 年 8 月期间明显高于常年（1981—2010 年），随后 9—12 月期间与常年基本持平。从 2017 全年来看，虽然冰量有所上升，但多年来冰量逐渐减少的大趋势并未发生改变，事实上从 2002 年起格陵兰冰原已经累计减少了约 3.6 万亿吨冰量。北半球积雪覆盖范围略多于常年，其中 5 月份积雪范围达 9%，为近 20 年来同期最高值，特别是俄罗斯西北部和斯堪的那维亚半岛地区偏多

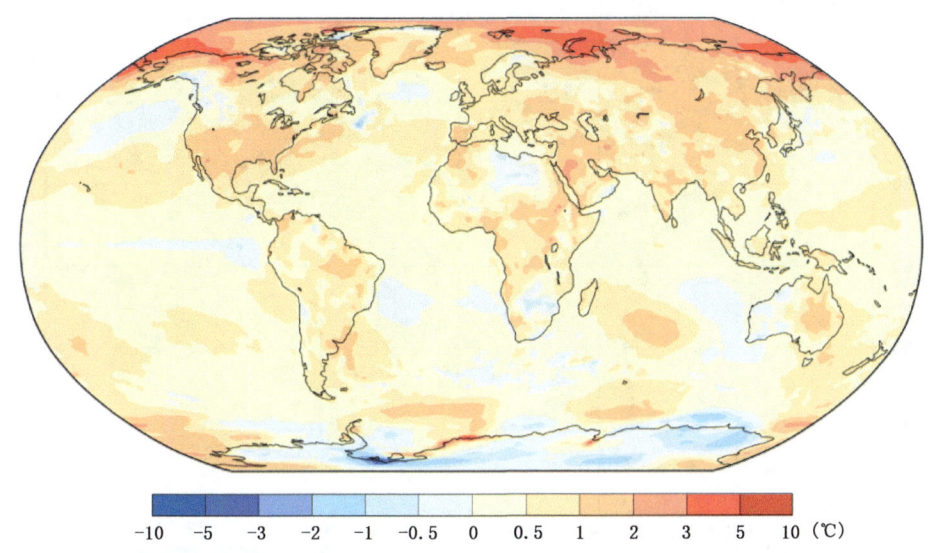

图 1.1.2　2017 年全球平均温度距平（相对 1981—2010 年平均值）空间分布图（WMO，2018）

最为明显,夏季积雪逐渐融化后回到常年平均水平。

2017 年全球海表温度低于 2016 年和 2015 年,位列历史第三高值。海洋热容量突破历史纪录,海洋上层 0~700 米和 0~2000 米的热容量分别达 $1.6\times10^{23}$ 焦和 $2.3\times10^{23}$ 焦,同创历史新高。在海洋热膨胀和海冰融化的共同作用下,2017 年全球海平面继续保持上升趋势。

在海洋升温的影响下,海洋的理化特征发生了显著变化,从而直接影响了海洋食物链和生态系统。调查表明,澳大利亚东岸的大堡礁地区已连续 2 年温度明显偏高,珊瑚白化现象日益加剧；密克罗尼西亚和关岛等热带西太平洋地区也发生了珊瑚白化现象；大洋洲塔斯马尼亚岛南部海域和新西兰附近海域的鱼类资源分布特征出现了明显改变（NOAA,2018）。此外,由于二氧化碳的排放量持续增加,海洋酸化的程度也在加剧,有研究表明夏威夷北部海域的海水 pH 值已经从 1980 年的 8.10 下降到近 5 年的 8.04~8.09,海洋酸化将进一步加大暖化对海洋生态系统的影响（WMO,2018）。

### 三、全球降水分布整体稳定

相对于受厄尔尼诺事件影响的 2015—2016 年而言,2017 年全球大范围降水异常偏多的区域明显减少。从全球降水量距平的空间分布来看（以 1951—2000 年为基准期）（图 1.1.3）,欧洲东北部、俄罗斯中部及远东地区、中国西部、东南亚、澳洲西部、非洲部分地区、阿拉斯加北部、加拿大北极群岛、格陵兰东部、南美洲南部等地降水量偏多 25% 以上。俄罗斯降水量为有记录以来历史第二多,挪威降水量列历史第六位。波罗的海地区秋季降水尤其偏多,其中爱沙尼亚和立陶宛秋季降水量创历史新高,拉脱维亚秋季降水量列历史第二位。此外,泰国降水量高于平均值 27%,创历史新高。菲律宾、印度尼西亚东部部分地区以及澳大利亚西部内陆也出现了高于历史第 90 百分位的降水量（以 1951—2010 年为历史基准期）。

2017 年全球大范围降水异常偏少的区域主要包括西亚、南亚中部、澳大利亚东部、非洲西北部、北美中西部及巴西东部等地,降水量较常年偏少 20% 以上。

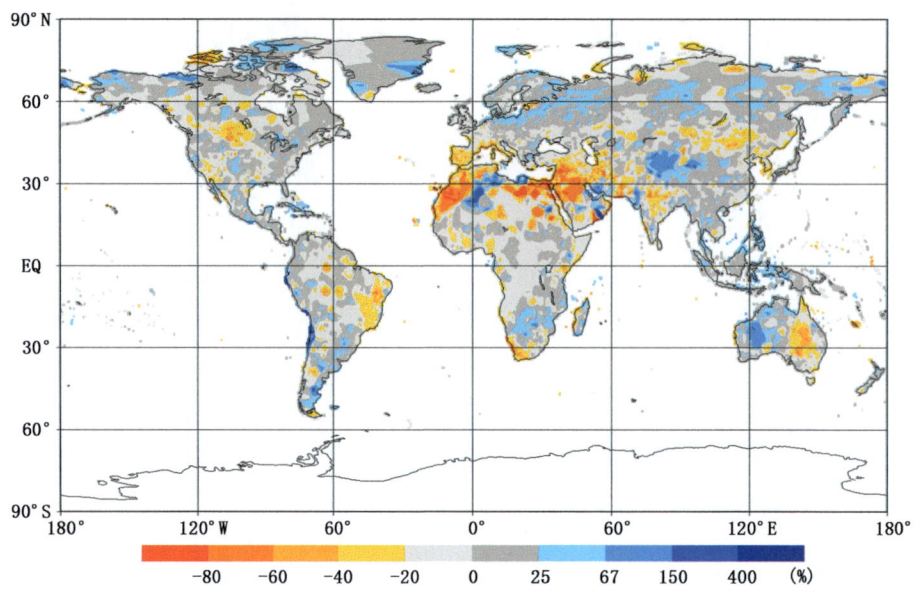

图1.1.3　2017年全球降水量距平百分率(相对于1951—2000年平均值)空间分布图

## 四、2017年国外十大天气气候事件

**飓风接连重创北美和加勒比海。** 2017年大西洋飓风非常活跃,8月底至10月初相继有4个飓风接连登陆北美和加勒比海地区,其中的"厄玛"和"玛丽亚"都是最高等级的5级飓风。8月下旬,4级飓风"哈维"在美国得克萨斯州登陆,带来了极端降雨和洪水,造成1800亿美元经济损失,为美国历史上最高。9月下旬,"玛丽亚"袭击加勒比海地区,引发局地洪涝,造成60多人死亡。10月上旬,飓风"纳特"袭击墨西哥湾地区,造成31人死亡;"纳特"随后在美国路易斯安那州和密西西比州两次登陆,造成美国超过10万户断电。

**史上最强飓风"厄玛"横扫美国等地。** 9月上旬,史上最强的大西洋5级飓风"厄玛"横扫美国和加勒比海地区,共造成100多人死亡。美国580万户家庭断电,700万人紧急撤离,佛罗里达州遭到了严重破坏。加勒比海地区巴布达岛和圣马丁岛逾9成建筑物损毁,波多黎各逾半地区100多万户家庭断电。

**全球二氧化碳浓度再创新高。** 2017年世界气象组织监测报告显示,2016年地球大气的二氧化碳含量继2015年的400 ppm*之后再创新高,达到403.3 ppm,为80万年以来的最高水平。这一数字相对于工业化前(1750年前)的水平增加了45%。2015—2016年二氧化碳的年度增加值也突破了历史纪录,比过去10年的平均值要高出50%。

**南亚多国暴雨频繁洪水肆虐。** 8月随着印度夏季风的向北推进,孟加拉国、印度、尼泊尔等国多地频遭暴雨洪涝灾害。8月9—12日,印度梅加拉亚邦的降雨量超过了1400毫米;8月11—12日,孟加拉国朗布尔两天的降雨量相当于1个月的降雨量(360毫米),共造成1200多人死亡,4000多万人受灾。

---

\* ppm=$10^{-6}$,下同。

**暴风雪致欧洲多国交通瘫痪。** 1月上旬，意大利、捷克、波兰、罗马尼亚、塞尔维亚、保加利亚、克罗地亚、希腊、土耳其、拉脱维亚、俄罗斯等多国遭遇低温寒流和暴风雪袭击，在塞尔维亚南部，一些地区的积雪高达2米。暴风雪导致交通瘫痪，学校停课，居民日常生活受到严重影响，60人在寒流中丧生。

**罕见热浪开启欧洲南部"烧烤"模式。** 7月上中旬，欧洲南部遭遇罕见热浪袭击，意大利、西班牙、希腊等国多地的日最高气温超过40℃。意大利南部及西西里岛频繁发生林火，大风、干燥等因素加剧火势蔓延。7月12日，意大利南部发生大约23起林火，希腊多个考古遗址因高温临时关闭。

**新德里遭遇严重霾，官员自嘲"毒气室"。** 11月7—14日，印度新德里空气污染指数大幅度超标，7日新德里$PM_{2.5}$最大值为每立方米967微克，空气污染指数超标10倍以上。11月9日风云4号气象卫星监测显示印度境内霾层随喜马拉雅山脉向东蔓延，雾-霾影响面积最大约83万平方千米。受空气污染影响，小学被令停课，多趟航班及列车班次延误。德里州首席部长甚至自嘲新德里已经变为一个"毒气室"。

**美国西岸遭受"地狱热浪"袭击。** 7月上旬，美国西岸遭受"地狱热浪"袭击，凤凰城、洛杉矶市区日最高气温打破100多年来同期纪录，至少5人因高温死亡。7月7日，凤凰城最高气温达47℃，打破了122年来同日最高气温纪录（1905年7月7日凤凰城的日最高气温是46℃）。由于高温，洛杉矶好莱坞地区7月8日出现大面积断电，约14万人受影响。由于连续高温，美国西部多个州山火频发，加利福尼亚州有17个地方发生山火。

**美国暴风雪致大面积航班取消。** 1月上旬，美国加利福尼亚州大部分地区出现暴风雪天气，高速公路部分路段封闭。1月初，美国东海岸受到暴雪天气影响，导致交通事故多发、电力中断、航班取消，至少5人因灾死亡。2月初日，美国东北部地区遭遇暴雪，有5000万～6000万人生活受到影响。3月中旬，暴风雪肆虐美国东北部，5000多万人生活受到严重影响，6500余航班被取消。

**强风暴"多丽丝"席卷英国全境。** 2月23日，英国全境遭遇强风暴"多丽丝"，导致大面积停电，陆海空交通都受到极大影响。造成1人死亡、至少2人严重受伤。北爱尔兰地区的部分输电线路被大风刮倒的树木截断，导致约1500户家庭停电。受极端天气影响，当天伦敦希思罗机场有77架航班被取消，大量航班延误。

## 第二节 中国气候概况

2017年，中国平均气温较常年偏高0.84℃，为1951年以来第三高值；四季气温均偏高，其中冬季为历史同期最高。中国平均年降水量641.3毫米，比常年偏多1.8%；冬季降水量偏少7%，夏季偏多8%，春、秋季接近常年。极端高温事件明显偏多，极端低温事件偏少，极端降水事件接近常年。华南前汛期开始晚，雨量少；西南雨季开始和结束均偏晚，雨量少；梅雨入梅和出梅均偏早，梅雨量多；华北雨季开始晚、结束早，雨量少；华西秋雨开始和结束均偏早，雨量为1984年来最多；东北雨季开始晚、结束早，雨量少。

### 一、气温

#### 1. 年平均气温为历史第三高

2017年，中国平均气温10.39℃，较常年（9.55℃）偏高0.84℃，为1951年以来第三高，仅次于2007年和2015年(图1.2.1);除10月气温较常年同期略偏低外,其余各月均偏高,其中1月和2月偏高分别达1.6℃和1.7℃,7月和9月为1951年以来同期最高。从空间分布看,大部地区气温接近常年或偏高,其中华北中部和东南部、黄淮大部、江淮东部、江南东北部、西南西部及内蒙古中西部、新疆东部、甘肃中西部、宁夏中南部、青海南部、辽宁中部等地偏高1~2℃(图1.2.2)。

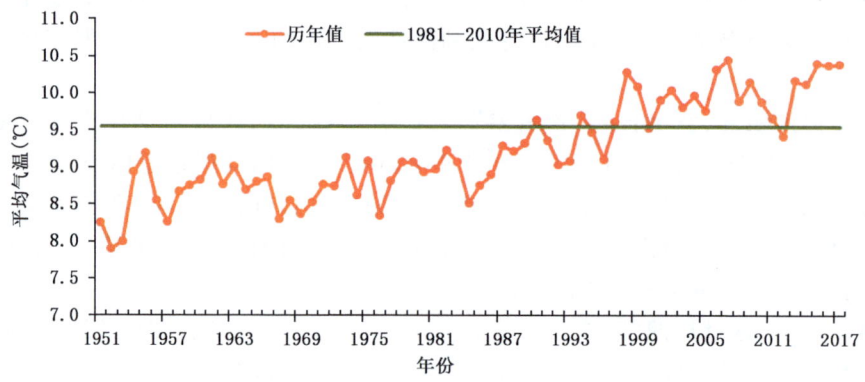

图1.2.1  1951—2017年中国年平均气温历年变化

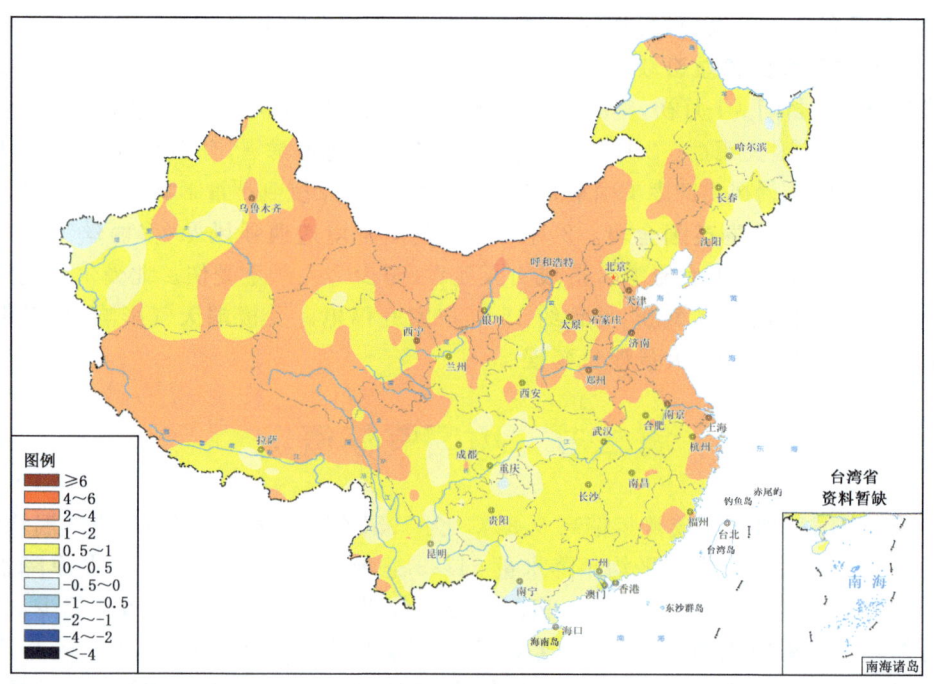

图1.2.2  2017年中国年平均气温距平分布图(单位:℃)

2017年,中国31个省(区、市)气温均较常年偏高,其中河南、山西平均气温为历史最高,天津、江苏、山东、福建为次高。从区域上看,中国六大区域平均气温均较常年偏高,其中华北、西北分别偏高1.2℃和0.9℃,华北区域平均气温为历史最高(图1.2.3)。

从1961—2017年的长期变化趋势上看,西藏、青海、上海、内蒙古、天津等省(区、市)平均气温增加最为明显,分别为0.53℃/10年、0.42℃/10年、0.38℃/10年、0.38℃/10年、0.37℃/10年;从区域上看,华北、西北、东北平均气温增加最为明显,分别为0.41℃/10年、0.3℃/10年、0.28℃/10年(图1.2.3)。

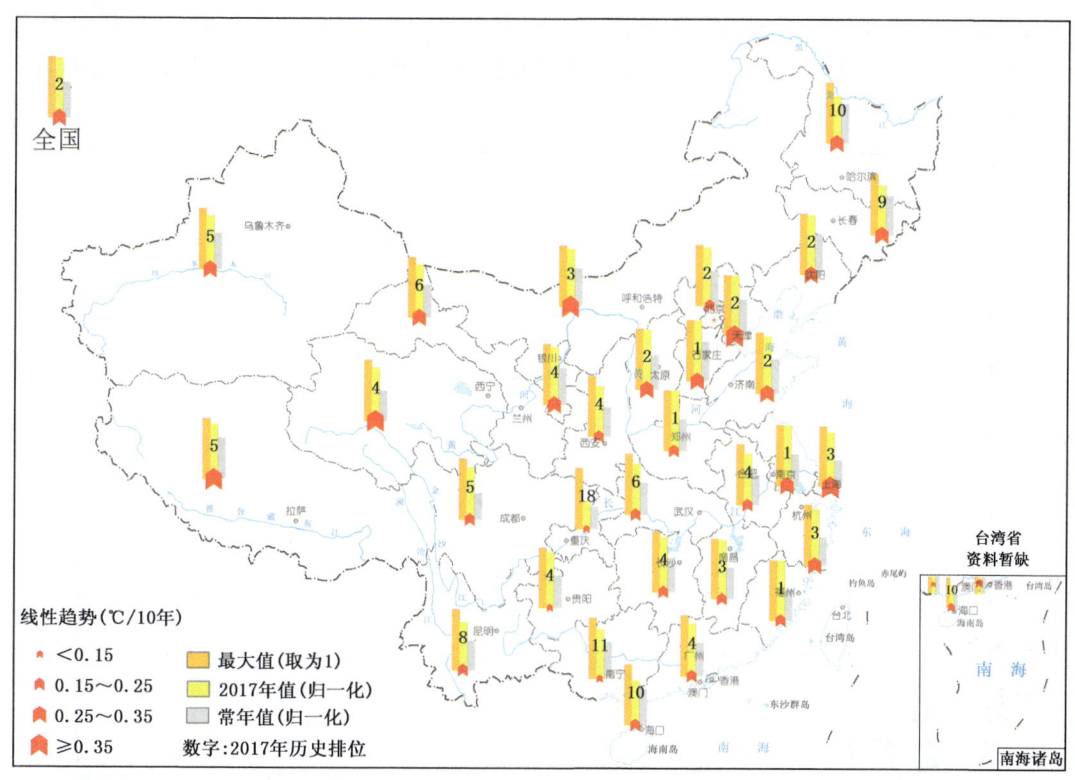

图1.2.3　2017年中国各省(区、市)年平均气温示意图(趋势及排位为1961年以来)

**2. 四季气温均偏高,冬季气温为历史最高**

冬季(2016年12月至2017年2月),中国平均气温−1.4℃,较常年同期(−3.4℃)偏高2.0℃,为历史最高。与常年同期相比,大部地区气温偏高1.0℃以上,其中华北西部、西北大部、江南大部、华南北部及西藏中西部、内蒙古中西部等地偏高2~4℃。

春季(3—5月),中国平均气温11.1℃,较常年同期(10.4℃)偏高0.7℃。与常年同期相比,除西南地区局地和北疆局地气温偏低外,其余大部地区气温接近常年同期或偏高,其中东北大部、华北中东部、黄淮、江淮、江南东北部及内蒙古大部、新疆东部等地偏高1~2℃,局地偏高2~4℃。

夏季(6—8月),中国平均气温21.7℃,较常年同期(20.9℃)偏高0.8℃。与常年同期相比,除新疆西部局地气温偏低外,大部地区气温接近常年同期或偏高,其中西北中北部和东南部、西南东北部及内蒙古大部、河南中部、山东半岛、江苏、浙江东北部等地偏高1~2℃。

秋季(9—11月),中国平均气温10.6℃,较常年同期(9.9℃)偏高0.7℃。与常年同期相比,除黑龙江和内蒙古东北部的部分地区气温偏低外,其余大部地区气温接近常年同期或偏高,其中新疆东部、西藏大部、青海南部、甘肃中部、宁夏西南部、四川西部、云南中西部、浙江南部、福建等地偏高1~2℃。

**3. 极端高温事件明显偏多,极端低温事件偏少**

2017年,中国共有437站的日最高气温达到极端事件标准,极端高温事件站次比为0.71,较常年(0.12)和2016年(0.34)明显偏多。年内,有113站的日最高气温突破历史极值,主要分布在陕西、甘肃、内蒙古、辽宁、新疆、江苏、安徽等省(区、市),其中陕西旬阳最高气温达44.7℃(图1.2.4)。年内,有410站的连续高温日数达到极端事件标准,极端连续高温日数事件站次比(0.5)较常年(0.13)偏多。

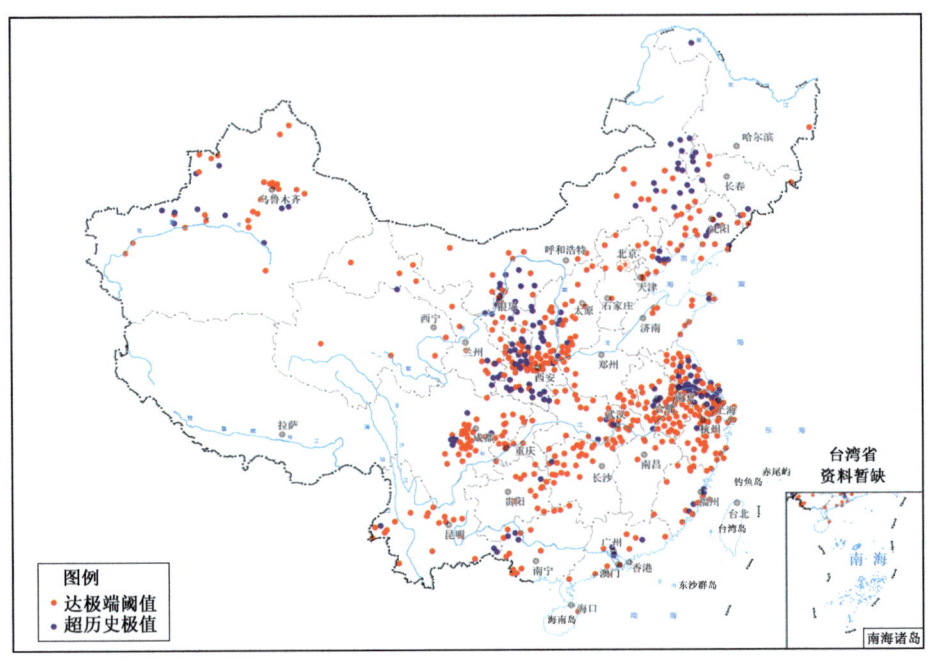

图1.2.4　2017年中国极端高温事件站点分布图

2017年,中国只有7站的日最低气温达到极端事件标准,极端低温站次比为1961年以来次低,仅高于2007年。年内,共有125站的日降温幅度达到极端事件标准,其中内蒙古武川县(21.0℃)、阿尔山(18.9℃)等20站的日降温幅度突破历史极值(图1.2.5)。

## 二、降水

**1. 平均降水量略偏多**

2017年,中国平均降水量641.3毫米,比常年(629.9毫米)偏多1.8%,比2016年(730.0毫米)偏少12%(图1.2.6)。2月、5月、11月和12月降水偏少,其中12月偏少49%;3月、6月、8月和10月降水偏多;其余月份降水接近常年同期。

2017年,长江以南地区和重庆大部、贵州南部、云南西部和南部等地降水量有1200~2000毫米,江西西北部、广西南部的局地超过2000毫米;东北大部、华北大部、西北东南部、黄淮、江淮大部、江汉大部及四川、云南大部、贵州中北部、西藏东部、青海东南部等地有400~1200毫米,内蒙古大部、宁夏、甘肃中部、青海中部、西藏中西部、新疆北部等地有100~400毫米,新疆南部、甘肃西北部和内蒙古西部等地不足100毫米(图1.2.7)。广西东兴(3473.7毫米)和防港城(3205.5毫米)年降水量分别为中国最多和次多;新疆托克逊(3.2毫米)和吐鲁番(7.4毫

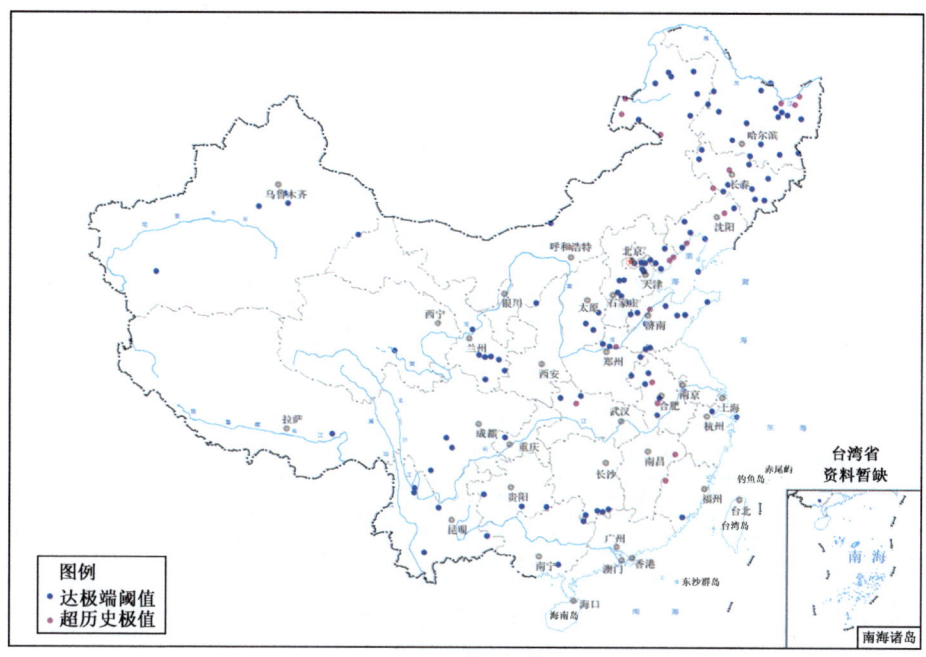

图 1.2.5 2017 年中国极端日降温事件站点分布图

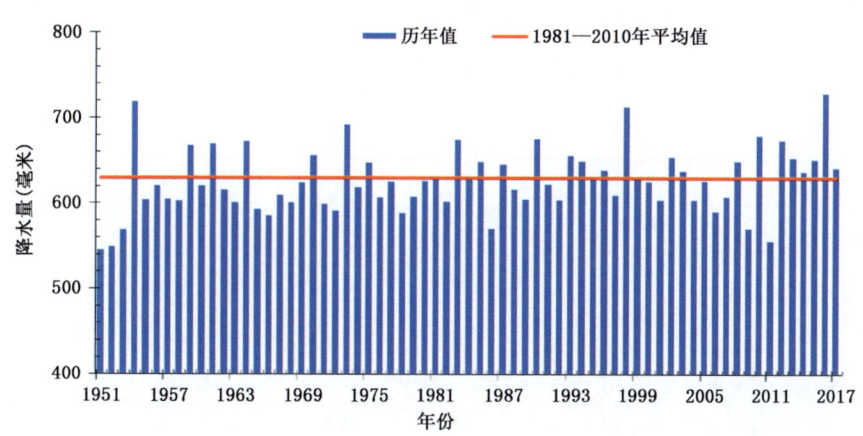

图 1.2.6 1951—2017 年中国平均年降水量历年变化

米)为中国最少和次少。

与常年相比,中国大部地区降水量接近常年,其中山西中部、陕西北部、湖北北部和西部、重庆东北部、江西西北部、广西中西部、青海北部、甘肃中部、新疆西部、西藏西部等地偏多 20%至 1 倍;内蒙古中东部、辽宁中南部、新疆东部部分地区偏少 20%~50%(图 1.2.8)。

2017 年,共有 19 个省(区、市)降水量偏多,其中山西、宁夏均偏多 20%;12 个省(区、市)降水量偏少,其中辽宁偏少 22%,福建偏少 11%。从区域上看,除东北平均降水量(531.3 毫米)偏少 10%外,其余各区域平均降水量接近常年或偏多,其中西北(442.0 毫米)偏多 15%,华南(1748.7 毫米)偏多 5%,长江中下游(1392.6 毫米)和华北(461.7 毫米)均偏多 4%;西南(996.3 毫米)接近常年(图 1.2.9)。七大江河流域中,黄河(516.1 毫米)偏多 11%,长江

(1238.9毫米)和珠江(1624.2毫米)流域均偏多5%左右,淮河(840.4毫米)偏多4%;辽河(495.0毫米)偏少16%,松花江(499.3毫米)偏少5%,海河(500.4毫米)偏少2%。

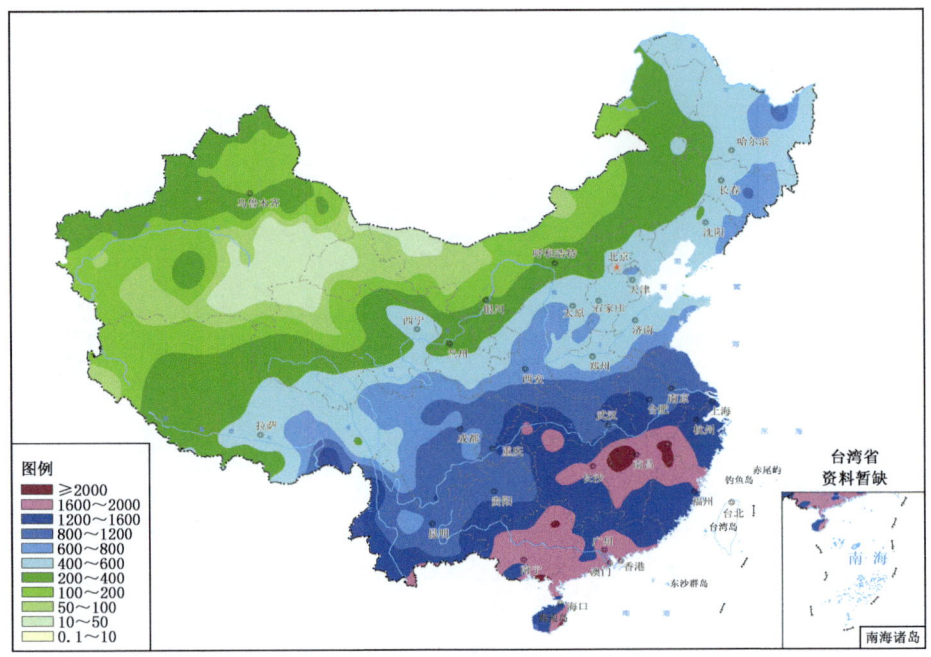

图1.2.7  2017年中国年降水量分布图(单位:毫米)

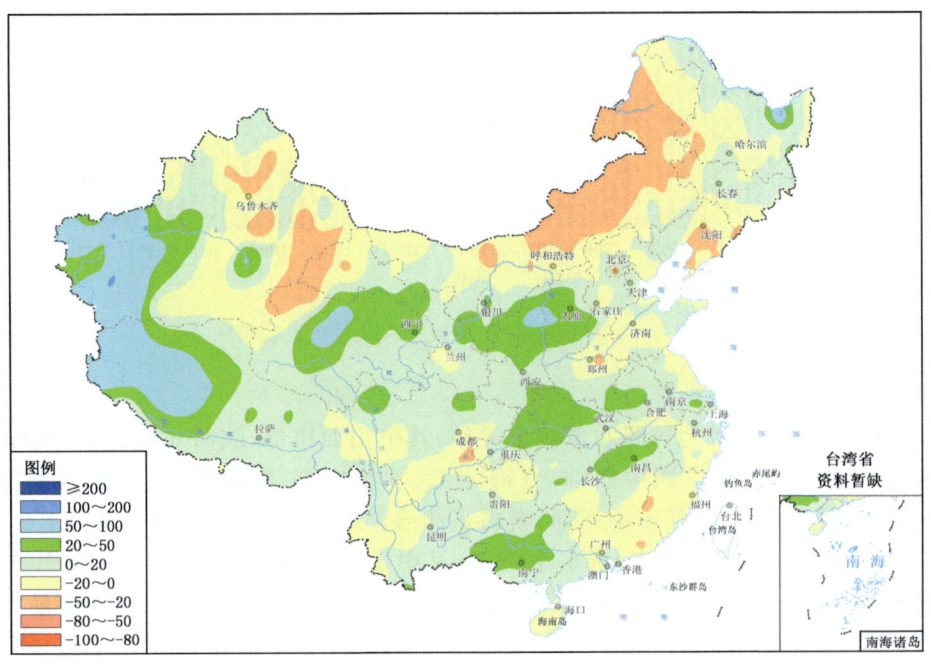

图1.2.8  2017年中国年降水量距平百分率分布图(单位:%)

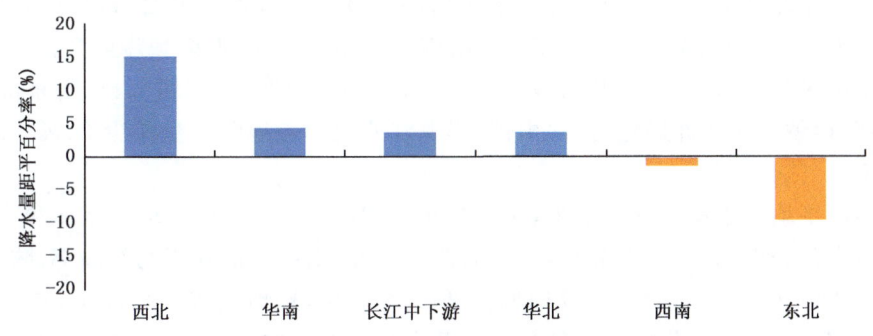

图 1.2.9　2017 年中国区域年降水量距平百分率

从长期变化趋势上看,1961 年以来上海、浙江、福建省(市)年降水量增加最为明显,分别为 52 毫米/10 年、40 毫米/10 年、38 毫米/10 年,另外,西南东部—西北东部—华北一带省份年降水量呈现下降的趋势,最明显为云南,达－17 毫米/10 年;从区域上看,华东、华南年降水量增加最为明显,分别为 22 毫米/10 年、21 毫米/10 年,西南下降趋势最为明显,为－19 毫米/10 年(图 1.2.10)。

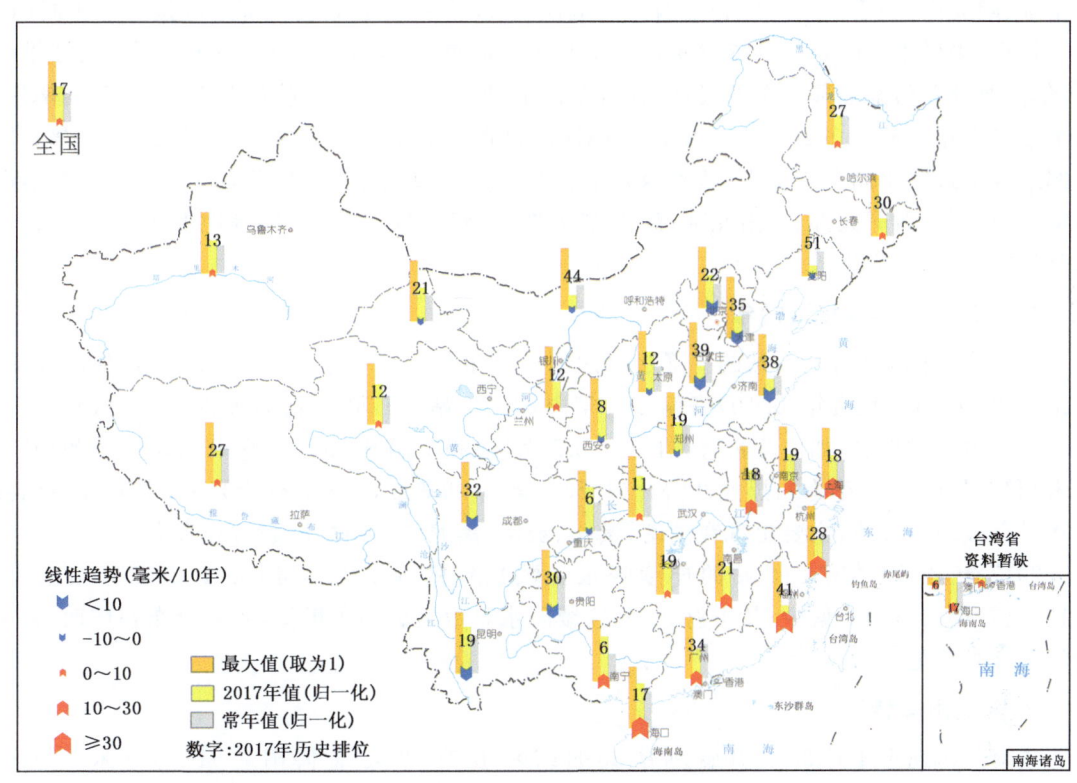

图 1.2.10　2017 年中国各省(区、市)年降水量示意图(趋势及排位为 1961 年以来)

## 2. 降水冬季偏少,夏季偏多,春、秋季接近常年

冬季(2016 年 12 月至 2017 年 2 月),中国平均降水量 38.2 毫米,较常年同期(40.8 毫米)偏少 7%。冬季降水呈北多南少分布,东北中部和南部、华北大部、黄淮、江淮、江汉东部和西

北部、西北地区东北部及内蒙古中西部和东部局部、新疆大部、青海中西部、重庆北部、四川中部和东北部、西藏南部局部、广西西南部、云南南部等地降水量偏多20％至2倍,局地偏多2倍以上;江南中东部、华南中东部及西藏大部、四川西部和南部、贵州西部、云南东部和西部局地、甘肃中部、内蒙古东北部局地、河北中部、黑龙江西北部等地降水量偏少20％～80％,局地偏少80％以上。

春季,中国平均降水量139.1毫米,接近常年同期(143.7毫米)。东北北部和东部及内蒙古西部、甘肃中部和南部、青海东部和西南部、西藏大部、新疆东部和西北部局部、陕西中部、湖北西南部、重庆中北部、云南中北部等地偏多20％至2倍,局地偏多2倍以上;东北西部和南部、华北中东部、江淮东部、华南东部部分地区及山东北部和东部、河南东部、贵州中南部、云南东南部、新疆北部和南部部分地区、内蒙古东部等地偏少20％～80％,局地偏少80％以上;其余大部地区接近常年同期。

夏季,中国平均降水量350.7毫米,较常年同期(325.2毫米)偏多8％。江南中西部大部、西北中东部大部及新疆西部、西藏西部、辽宁西部、山西中南部、山东东部、云南东部、贵州东南部、广西中北部、福建中部和北部等地降水量较常年同期偏多20％至1倍,其中新疆西部和西藏西部偏多1倍以上;新疆中东部部分地区、内蒙古大部、吉林东南部、辽宁东部、河南中部、江苏中部、湖北南部、重庆东南部和西南部等地偏少20％～80％;其余大部地区接近常年同期。

秋季,中国平均降水量123.2毫米,接近常年同期(119.8毫米)。华北中南部、江淮、江汉、华南西部及新疆北部和南部局部、青海东南部、四川北部、重庆、陕西北部和南部、河南等地降水量较常年同期偏多20％至1倍,河南南部、湖北中北部、安徽北部等地偏多1～2倍;其余大部地区接近常年同期或偏少,其中西北中西部大部、东北中南部、华北东北部、黄淮中东部及内蒙古中西部、西藏大部、云南北部、湖南东南部、福建大部、广东东部等地偏少20％～80％,部分地区偏少80％以上。

**3. 极端降水事件接近常年**

2017年,中国共有225站的日降水量达到极端事件监测标准(图1.2.11),日降水极端事件站次比为0.12,较常年(0.10)略偏多。年内,有31站的日降水量突破历史极值,其中多站出现在暴雨少发地区,如内蒙古青龙山(349.7毫米)和宝国吐(206.4毫米)、陕西子州(171.7毫米)和勉县(165.2毫米)、黑龙江海林(135.6毫米)和萝北(102.5毫米)等。共有47站连续降水量突破历史极值,主要出现在湖南、贵州、云南、黑龙江、吉林、内蒙古和青海等地。

2017年,中国共有244站的连续降水日数达到极端事件标准(图1.2.12),站次比为0.12,较常年(0.13)略偏少;其中有36站连续降水日数突破历史极值,主要分布在广西、云南、浙江和甘肃等地。

**4. 区域雨季特征**

华南前汛期于4月20日开始,6月30日结束,历时72天,总降雨量617.6毫米。与常年相比,开始偏晚14天,结束时间与常年一致,雨季长度偏短14天,雨量偏少9％。

西南雨季于6月10日开始,10月22日结束,历时134天,总降雨量714.7毫米。与常年相比,开始偏晚15天,结束偏晚8天,雨季偏短7天,雨量偏少4％。

梅雨始于6月4日,7月11日结束,梅雨季降雨量362.8毫米。与常年相比,入梅时间偏早4天,出梅时间偏早7天,梅雨季雨量偏多6％,但较2015年和2016年显著偏少。江南梅雨

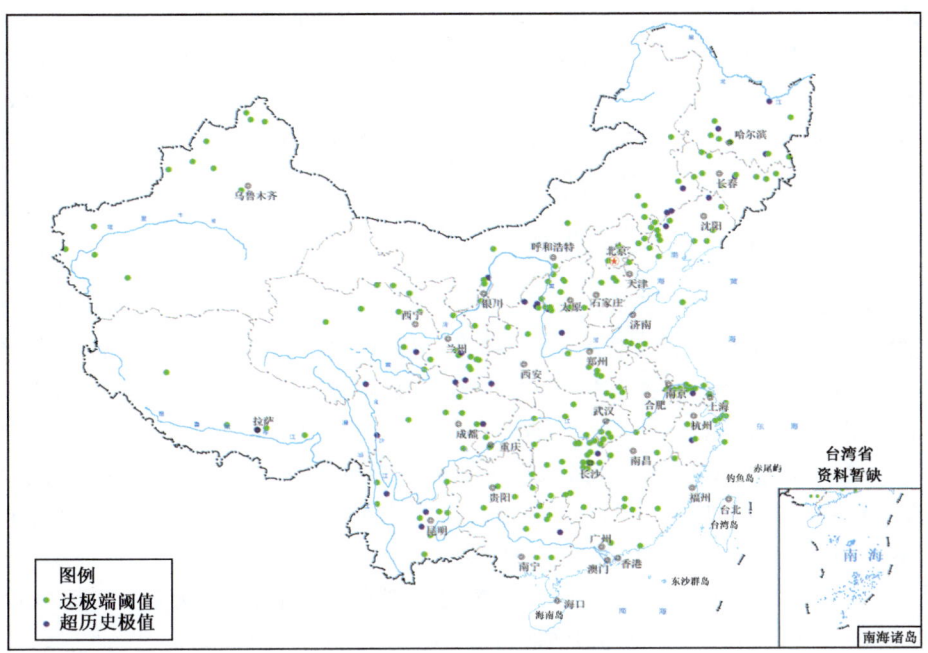

图 1.2.11　2017 年中国极端日降水量事件站点分布图

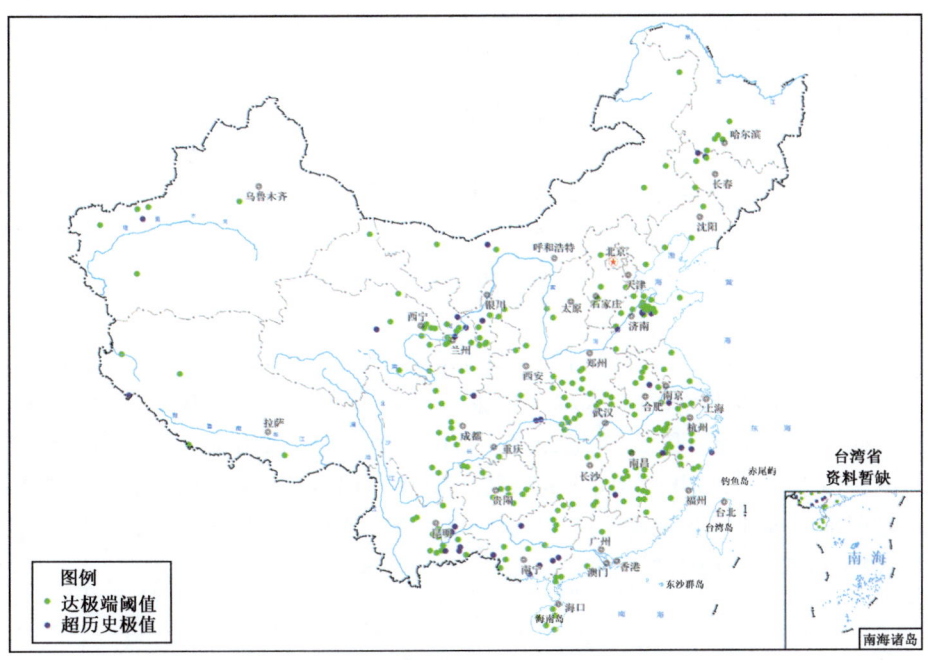

图 1.2.12　2017 年中国极端连续降水日数事件站点分布图

入梅偏早 4 天,出梅偏早 2 天,梅雨期雨量偏多 35%;长江中下游梅雨入梅偏晚 7 天,出梅偏早 7 天,雨量偏少 41%;江淮梅雨入梅偏晚 9 天,出梅偏早 4 天,雨量偏少 56%。

华北雨季于 7 月 21 日开始,8 月 11 日结束,历时 22 天,总雨量为 97.5 毫米。与常年相比,开始偏晚3天,结束偏早7天,雨季长度偏短10天,雨量偏少28%。

华西秋雨于8月24日开始,10月26日结束,历时63天,平均雨量301.2毫米。与常年相比,开始偏早7天,结束偏早6天,雨季长度接近常年,雨量偏多49%,为1984年来最多。

东北雨季于6月21日开始,9月7日结束,历时78天,平均雨量324.1毫米。与常年相比,开始偏晚3天,结束偏早10天,雨量偏少14%。

### 三、季节转换春夏季偏早、秋季晚

春季,江南大部、江汉大部及重庆、四川东部、贵州东南部2月入春,华北东南部、黄淮中西部、江淮、西北东南部及四川东北部、贵州大部、新疆西南部3月入春,东北中部和南部、华北西部和北部及北疆、内蒙古大部、甘肃、陕西中北部、宁夏等地4月入春,内蒙古东北部、黑龙江北部、青海北部、四川西部等地5月入春。与常年相比,除贵州中部、重庆东南部、四川中北部、青海北部等地入春偏晚5~20天外,其余大部地区接近常年或偏早,其中东北南部、华北北部和东南部、西北东北部、江淮西部、江汉、江南及内蒙古东北部和西部、贵州东部、四川东部、云南北部等地偏早10~20天,部分地区偏早20天以上。

夏季,华南及云南南部局地于4月入夏,华北东部和西南部、黄淮大部、江淮、江汉、江南及四川东部、重庆大部、贵州东部、新疆中部5月入夏,东北大部、华北北部、西北东北部及北疆、云南北部等地6月入夏,吉林东部、黑龙江北部、甘肃东南部、贵州西部等地7月入夏。与常年相比,除四川东南部、重庆东部、贵州中部入夏偏晚5~20天外,其余大部地区接近常年或偏早,其中东北东部、华北、黄淮大部、江淮东部、江南东部、华南大部等地入夏时间偏早10~20天,部分地区偏早20天以上。

秋季,东北中南部、华北大部、西北大部及内蒙古中东部、贵州西部、四川中部等地8月入秋,华北东南部、黄淮东部、江淮大部、江汉大部及四川东北部9月入秋,江淮东南部、江南、华南北部10月入秋。与常年相比,除华北中南部、黄淮西部、华南大部及吉林东部、辽宁西部和南部、陕西南部、云南东部、新疆西部等地入秋偏早5~20天外,其余大部地区接近常年或偏晚,其中华北东部、黄淮东部、江南东部、西南东北部及黑龙江中部等地偏晚10~20天,部分地区偏晚20天以上。

冬季(2016年12月至2017年2月),东北北部及内蒙古东北部、青海北部、北疆9月入冬,东北中南部、华北北部和西部、西北大部及内蒙古中西部10月入冬,华北东南部、黄淮、江淮、江汉、江南西部及四川东部、重庆、贵州、云南北部11月入冬,江南中东部、华南北部及云南北部12月入冬。与常年相比,华北南部、黄淮西部及陕西南部、甘肃东南部、青海、新疆西南部、四川西部、西藏东部等地入冬偏晚5~20天;东北大部、华北北部和西部、江淮南部、江汉南部、华南北部及四川东部、贵州南部、北疆等地偏早5~20天。

### 四、日照时数

#### 1. 大部日照时数偏少

2017年,中国西北大部、东北大部、华北、黄淮东部、西南地区西部及内蒙古等地日照时数一般在2000小时以上,其中西北中西部、华北北部、东北西部及内蒙古大部、西藏西部等地超过2500小时;西北东南部、黄淮西南部、江淮、江汉东部、江南东部、华南东部和南部及西藏东南部、云南西部和南部等地为1500~2000小时,其余地区不足1500小时。与常年相比,除东北南部及福建大部、内蒙古东部等地日照时数偏多外,大部地区一般偏少100～400小时(图1.2.13)。

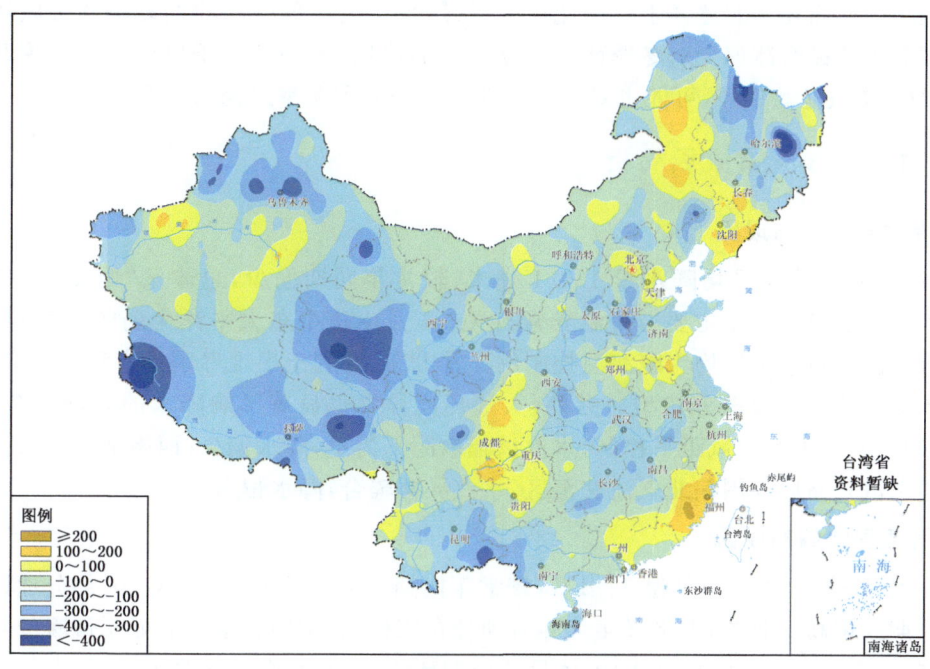

图 1.2.13　2017年中国年日照时数距平分布图(单位:小时)

**2. 冬、春季日照接近常年同期,夏季西部日照偏少,秋季中东部大部偏少**

冬季,除华北东南部、黄淮北部及新疆北部等地日照时数偏少100小时以上外,其余大部地区接近常年同期。

春季,除北疆南部、西藏中西部、云南中北部等地日照时数偏少100小时外,其余大部地区接近常年同期。

夏季,黑龙江西北部、山东北部、青海中部和西北部、西藏西部和中部、湖南南部、广西西南部和东部等地日照时数偏少100小时以上;其余大部地区日照时数接近常年同期。

秋季,大部地区日照时数接近常年同期或偏少,其中西北地区中部和东南部、华北西南部、黄淮西部、江淮大部、江汉、江南西部和北部等地偏少100小时以上。

# 第三节　中国气候异常成因简析

## 一、2016/2017年冬季气温异常成因简析

2016/2017年冬季,中国平均气温为−1.5℃,较常年同期(−3.4℃)偏高1.9℃,为1961年以来最暖的冬季,这主要受东亚冬季风和西伯利亚高压异常偏弱的影响。2016/2017年冬季,北半球500百帕高度场上,大槽位于北美、欧洲和北太平洋地区。亚洲中高纬地区为"西低东高"高度距平场,纬向环流明显,我国为异常高压脊控制,冬季西伯利亚高压指数和东亚冬季风指数分别为−0.74和−1.27,均较常年同期异常偏弱。冬季北极涛动整体处于正位相,青

藏高原高度场异常偏高。与之相对应,我国出现暖冬。

2016/2017年冬季,北极海冰密集度偏小,尤其是巴伦支海至喀拉海区域的海冰较常年同期异常偏小。然而夏季北冰洋上空对流层中、低层平均温度偏低和前期夏季北极风场的气旋性形态减弱了北极海冰偏少对冬季西伯利亚高压的作用,不利于冬季风偏强。冬季北大西洋涛动(NAO)指数显著偏强,可能也对西伯利亚高压偏弱和冬季风偏弱有影响。

## 二、春季气候异常成因简析

### 1. 降水异常分布成因

2017年春季,中国平均降水量139.1毫米,较常年同期偏少,总体呈"西多东少"的分布型。降水的上述异常分布主要与海温异常有关。1月赤道中东太平洋为弱的冷海温,其两侧的副热带地区和西太平洋均为暖海温控制的异常分布,有利于出现春季华南和东北降水偏少、西南降水偏多的第二模态分布型。另外,大气环流异常也显著影响降水的异常分布,东北大部、华南和江南等地受北风距平控制,水汽以辐散距平为主,降水偏少;西南地区为来自孟加拉湾的暖湿水汽与高原外围偏北气流交汇区,水汽异常辐合,降水偏多。

### 2. 气温异常偏高成因

2017年春季,中国平均气温11.1℃,较常年同期(10.4℃)偏高0.7℃,大部分地区气温接近常年同期或偏高。此时,太平洋年代际涛动处在正位相,中国春季气温处于偏暖的年代际背景下。同时,亚洲北部(30°N以北)整体呈纬向型环流,东亚大槽位置偏东,中国大部主要受正距平控制,从而有利于春季气温整体以偏暖为主。此外,西太平洋副热带高压(以下简称西太副高)较常年同期强度偏强、西伸脊点偏西、脊线位置正常略偏北;西伯利亚地区主要受负距平控制,造成来自北方的冷空气相对偏弱;这些都有利于我国大部分地区偏暖,尤其是东北地区气温较常年同期异常偏高。

## 三、夏季气候异常成因简析

### 1. 主要雨带异常偏南成因

2017年夏季,中国主要雨带位于长江以南。欧亚大陆中高纬呈现"两槽一脊"环流型,尤其是6月更显著,乌拉尔山地区高度场为负距平,高压脊偏弱,而贝加尔湖地区为正距平所控制,日本附近高度场为负距平,有利于引导冷空气沿东路南下到长江以南的东部地区。同时,在低纬度地区,西太副高较常年同期显著偏强偏西,脊线位置偏南,菲律宾附近对流层低层为反气旋环流控制,引导来自西太平洋和南海的暖湿气流沿副高外围向我国长江以南地区输送。冷暖气流在我国长江以南交汇,水汽通量辐合偏强,造成主要多雨带位于长江以南地区,降水显著偏多。关键环流指数监测表明,2017年夏季副高异常偏强,强度仅次于2010年,东亚夏季风强度明显偏弱。

2017年夏季,中国多雨带偏南的特征可能受到年代际尺度和年际尺度信号的共同影响。首先,在全球变暖背景下,副高于20世纪70年代末经历了年代际转折,增强西伸。副高这种年代际变化主要受到热带印度洋—西太平洋的海表温度年代际增暖驱动,副高的增强西伸有利于多雨带偏南。年际信号上,2016年8月赤道中东太平洋海温进入拉尼娜状态,2017年2月海温转为偏暖,春季海温上升迅速,且偏暖持续到盛夏,即赤道中东太平洋海温变化由前冬的冷水转换为春夏季的暖水。分析发现,赤道中东太平洋由冷水向暖水转换与我国降水的关系存在年代际变化,在20世纪80年代以前有利于黄淮地区多雨,而在80年代后有利于长江以南地区多雨。年代际和年际的共同作用使得多雨带位于长江以南的特征更明显。

**2. 气温异常偏高成因**

2017年夏季,中国平均气温21.7℃,较常年同期偏高0.8℃,为1961年以来第二高。夏季贝加尔湖地区高度场异常偏高,加之盛夏西太副高断裂,西段西伸北抬,冷空气活动偏弱,我国大部气温明显偏高,尤其是北方地区。气温呈现显著的阶段性特征,6月受东路冷空气偏强的影响,冷暖气流在西南地区东部至江南地区交汇,造成6月东部主要多雨带维持在这一地区,气温偏低。7月中国平均气温较常年同期偏高1.3℃,是自1961年以来最热7月;平均高温(35℃以上)日数、日最高气温,也创下了1961年以来历史同期的新纪录。从空间分布来看,在长江流域和北方地区气温都偏高1℃以上,但造成北方和南方地区高温的原因有所不同。北方高温与中纬度环流型有关,南方高温与副高有关。7月上中旬(1—20日),北方地区高温显著,主要受到东亚中纬度平直的纬向环流的影响,北方地区上空受到高度场正异常的控制,冷空气活动弱,气温显著偏高,降水偏少,其中西北、东北、华北大部地区气温偏高2~4℃。而7月下旬(21—31日),副高断裂,西段西伸北抬,使得江南至黄淮的大部分地区受副高西段控制,盛行下沉气流,出现持续性高温。上中旬和下旬,我国均有大范围的高温区,使得7月平均气温异常偏高。8月上中旬欧亚中高纬仍维持纬向型环流,冷空气弱,我国气温以偏暖为主。

## 四、秋季北方降水异常偏多成因简析

2017年秋季,中国降水较常年同期偏多,但空间分布不均,其中长江以北的大部分地区降水较常年明显偏多,不仅华西秋雨偏强,黄淮及江淮等地降水更是较常年同期偏多5成至1倍,且降水时段主要集中在9—10月,阶段性特征明显。

2017年9—10月,北方地区降水异常偏多主要受到东亚环流型的影响。东亚500百帕高度距平场从高纬至低纬呈"正—负—正"的异常分布,极区高度场偏高,极涡分裂偏向东北亚地区,中纬度在贝加尔湖—巴尔喀什湖地区为显著的低槽区,低纬度西太平洋副高偏强,异常西伸,脊线位置偏北。一方面,极涡分裂偏向东北亚地区有利于极地冷空气沿鄂霍次克海向南扩散,对流层低层的850百帕距平风场上朝鲜半岛的反气旋式环流异常有利于引导偏东路径的冷湿气流沿朝鲜半岛南部西进到黄河与长江之间的地区;另一方面,850百帕距平风场上孟加拉湾东部到中南半岛为异常反气旋式环流,中南半岛北部为偏西风距平,菲律宾附近为异常反气旋式环流,南海北部为偏东风距平,两支暖湿气流在我国华南交汇后北上。冷湿气流与暖湿气流在我国长江与黄河之间的区域交汇,使得该区域成为水汽通量异常辐合区,进而造成西南地区北部、江汉、黄淮及江淮等地降水明显偏多,秋汛显著。

赤道中太平洋冷海温和热带印度洋偶极子的共同作用是造成西太副高较常年异常偏强、偏西、偏北的重要外强迫信号。2017年秋季,赤道中东太平洋海表温度由夏季的中性偏暖迅速转为秋季的显著偏冷,同时热带印度洋偶极子在2—10月持续正位相。随着赤道中东太平洋海温的转冷,热带太平洋地区大气显示出对冷海温的清晰响应,沃克环流明显增强,有利于西太副高偏强偏西偏北;此外9—10月受热带印度洋偶极子正位相(且没有El Niño发生)的独立影响,有利于在孟加拉湾形成反气旋式异常环流,同时有利于副高西伸北抬。

## 第四节 气候系统特征

### 一、北半球大气环流基本特征

冬季(2016年12月至2017年2月),北极涛动(AO)以正位相为主。北半球500百帕季平均位势高度距平场上,欧洲北部、北太平洋和中国北方等地区为高于40位势米的正距平控制。西西伯利亚、美洲西北部为低于-40位势米的负距平控制。季内,西伯利亚高压强度偏弱,东亚冬季风强度偏弱。低纬地区,西北太平洋副热带高压面积略偏大、强度略偏强、西伸脊点位置偏东。

春季(2017年3—5月),北极涛动由正位相转为负位相。北半球500百帕季平均位势高度距平场上,欧洲西部、贝加尔湖地区为高于40位势米的正距平控制。西西伯利亚、中北太平洋地区为低于-40位势米的负距平控制。季内,西北太平洋副热带高压面积显著偏大、强度显著偏强、西伸脊点位置偏西。

夏季(2017年6—8月),北半球500百帕季平均位势高度距平场上,极区及东北太平洋地区为低于-40位势米的负距平控制。季内西北太平洋副热带高压面积显著偏大、强度显著偏强、西伸脊点位置明显偏西。

秋季(2017年9—11月),北半球500百帕季平均位势高度距平场上,极区及北太平洋中部等地为高于40位势米的正距平控制。季内,西太平洋副热带高压面积显著偏大、强度显著偏强、西伸脊点偏西。

### 二、季风活动

**1. 夏季风**

2017年南海夏季风于5月第4候爆发,爆发时间较常年(5月第5候)偏早1候;于10月第5候结束,较常年(9月第6候)偏晚5候,结束日期为1951年以来第二晚(与2010年并列);南海夏季风强度指数为-1.73,强度明显偏弱。南海夏季风强度逐候演变显示,自5月第4候南海夏季风爆发后,强度呈明显的阶段性变化,5月第4候至5月第5候、6月第1候、6月第4候、7月第6候至8月第1候、8月第5候、9月第1候、10月第3候、10月第5候强度均偏强,其余时段较常年同期偏弱(图1.4.1)。2017年东亚副热带夏季风强度指数为-1.12,强度偏弱(图1.4.2)。

5月第4候,随着南海夏季风爆发,中国东部主雨带推进至江南北部,江南区梅雨于6月4日入梅,我国进入梅雨季节。6月下旬,随着东亚夏季风系统的进一步北推,西太平洋副热带高压北抬,长江中下游地区和江淮地区分别于6月21日和6月30日相继入梅。7月11日,梅雨季节结束。7月中下旬,受台风活动的影响,西太副高断裂,副高西段西伸北抬,引导暖湿气流向我国华北输送,主雨带位于西北地区中部至华北西部。8月上中旬,副高脊线偏南,引导暖湿气流沿副高外围向长江中下游及江南一带输送,8月下旬副高脊线明显北抬,引导暖湿水汽向北方地区输送,同时台风活跃西行登陆华南,造成华北和华南南部降水偏多。9—10月副高明显偏强,副高外围引导来自西太平洋和南海的暖湿水汽与北方来的冷空气在黄淮、江淮和江南地区交汇,使得这些地区降水偏多。10月第5候,随着北方冷空气南下影响我国华南沿海和南海地区,南海地区热力性质发生明显改变,夏季风开始撤离南海地区,南海夏季风结束。

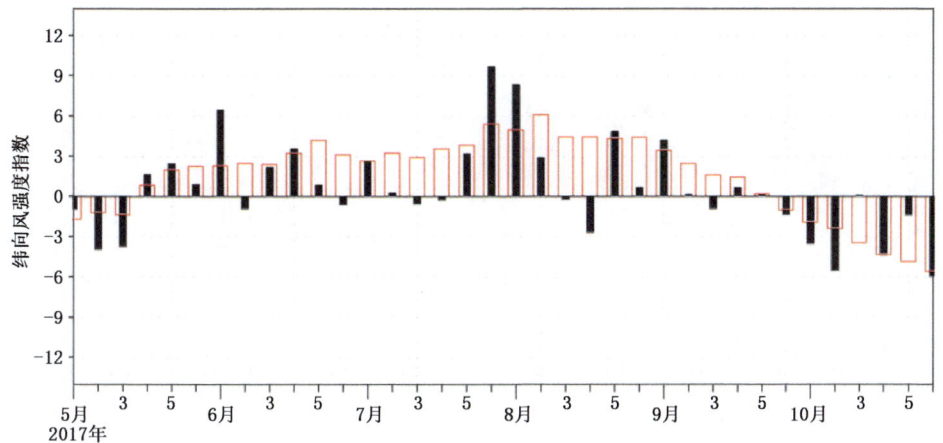

图1.4.1　2017年南海季风监测区逐候纬向风强度指数变化(单位:米/秒,红色方框表示常年值)

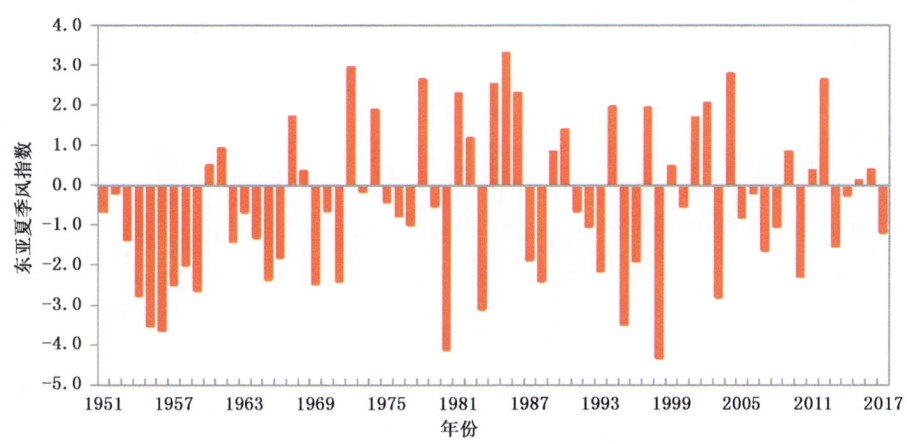

图1.4.2　1951—2017年东亚副热带夏季风强度指数历年变化

**2. 冬季风**

2016/2017年冬季,东亚冬季风偏弱,强度指数为-1.2(图1.4.3)。冬季西伯利亚高压指数为-0.7,强度偏弱(图1.4.4)。北极涛动(AO)在冬季各月以正位相为主,亚洲中高纬地区以纬向环流为主,高纬度的冷空气不易入侵我国。冬季北半球500百帕高度距平场上,我国为显著正高度距平控制。受其影响,我国大部气温较常年同期明显偏高。

**3. 热带海洋和热带对流**

2017年,赤道西太平洋地区海温持续维持正异常;赤道中东太平洋海温1—6月持续增暖,Niño 3.4区海表温度距平指数于2月由负转正,并于6月达到峰值;7月,赤道中东太平洋海温开始下降,Niño 3.4区海表温度距平指数于8月由正转负;9—10月,Niño 3.4区海表温度距平指数连续2个月维持在-0.5℃,11月Niño 3.4区海表温度显著下降,距平指数达到

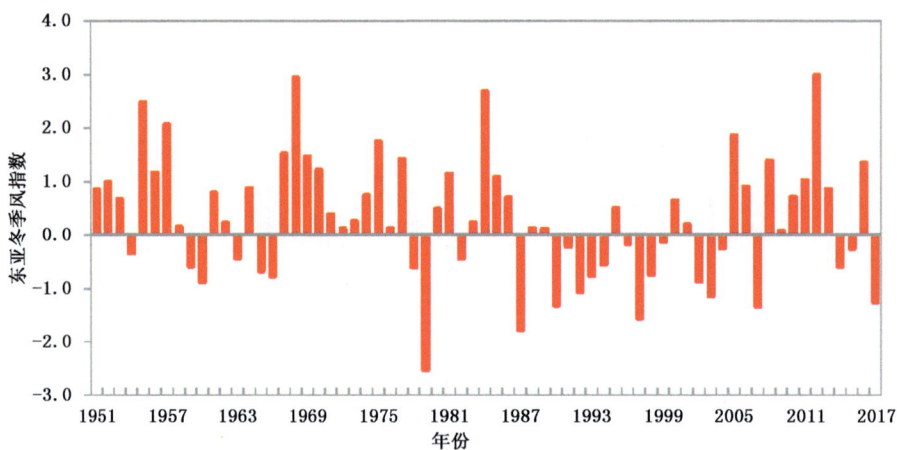

图 1.4.3　东亚冬季风指数历年变化（1950/1951 年冬季至 2016/2017 年冬季）

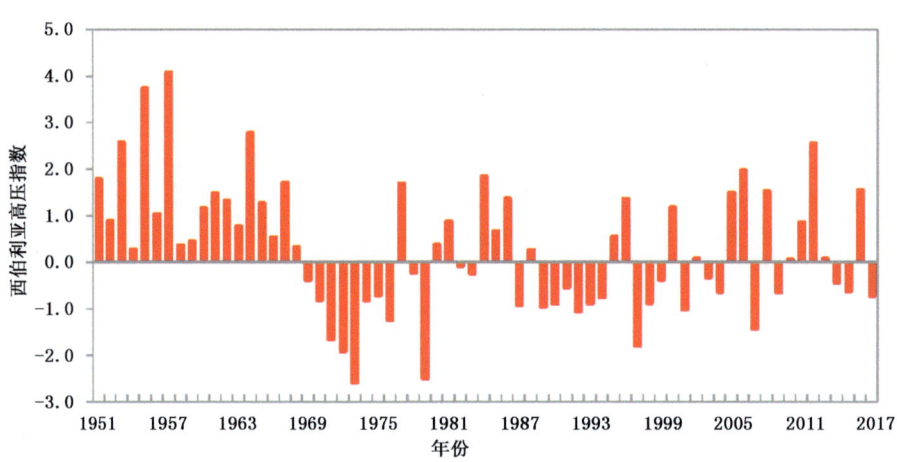

图 1.4.4　西伯利亚高压指数历年变化（1950/1951 年冬季至 2016/2017 年冬季）

—0.9℃（图 1.4.5）。

2017 年 1—6 月，南方涛动指数（SOI）正负波动较大，7—11 月连续 5 个月维持正指数（图1.4.6），表明热带大气对赤道中东太平洋冷海温异常的响应显著。

2017 年，赤道西太平洋地区对流异常显著，强对流活动（通常用射出长波辐射通量距平来表征）中心位于 180°E 以西；赤道中东太平洋对流活动不活跃，其中 1—4 月及 10—12 月日界线附近的赤道中太平洋地区对流活动受到明显抑制（图 1.4.7）。赤道太平洋对流活动的异常分布及演变特征与海表温度的发展演变相对应。

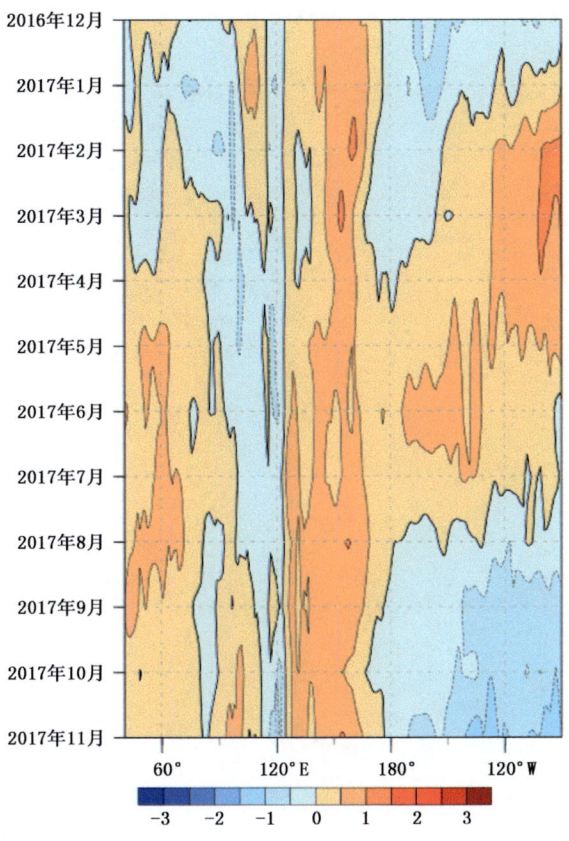

图 1.4.5 赤道太平洋(5°N～5°S)海表温度距平时间—经度剖面图(单位:℃)

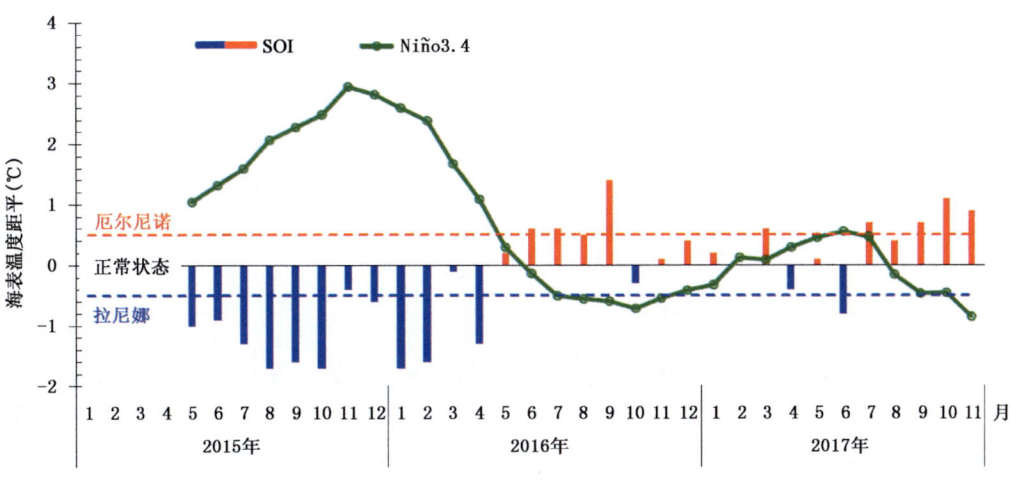

图 1.4.6 Niño 3.4 海温指数(单位:℃)及南方涛动指数(SOI)逐月演变

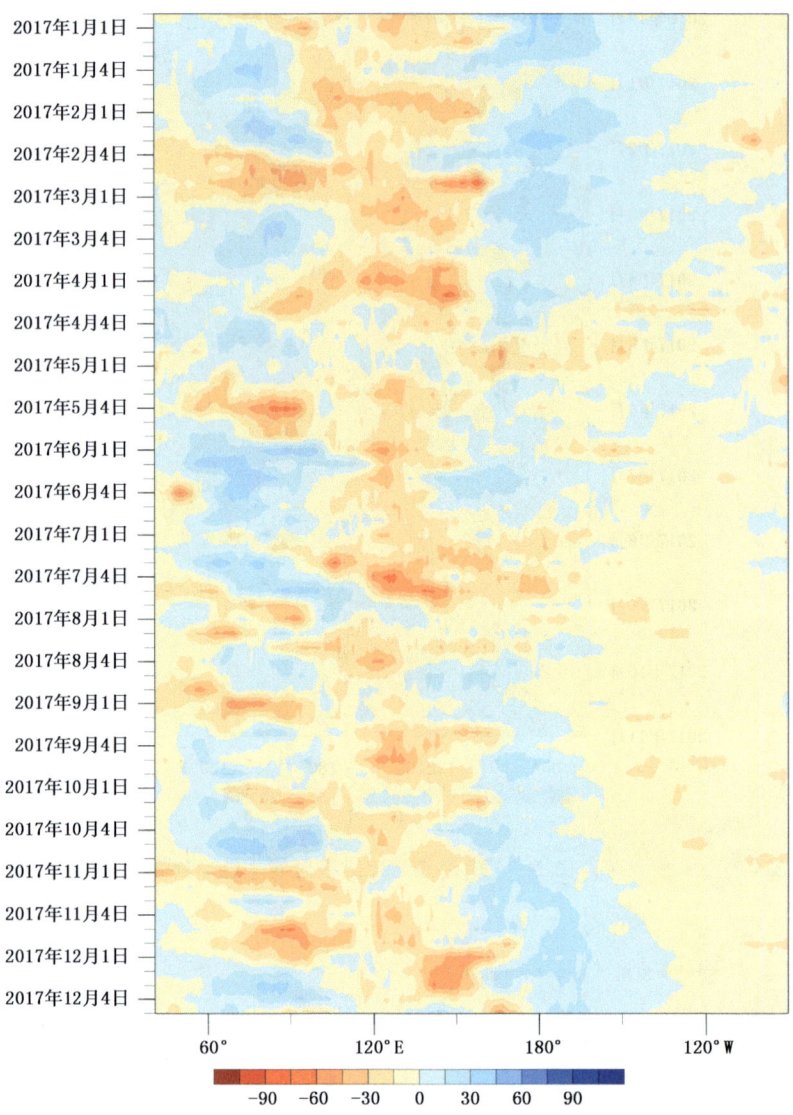

图1.4.7 赤道太平洋(5°N~5°S)射出长波辐射通量距平时间—经度剖面图(单位:瓦/米²)

### 三、西北太平洋副热带高压

2017年夏季,西北太平洋副热带高压面积显著偏大、强度显著偏强、西伸脊点位置明显偏西(图1.4.8)。逐日监测结果显示(图1.4.9),6月中下旬西北太平洋副热带高压脊线位置偏南,受其影响,菲律宾附近低层存在异常反气旋环流,引导水汽向西南地区东部至江南地区输送,导致该区域降水偏多。7月中旬后期副高断裂,7月下旬副高西段北抬,引导水汽向北方地区输送,造成西北地区中部至华北西部降水偏多。8月上中旬,西北太平洋副热带高压脊线位置偏南,使得江淮至江南降水偏多。

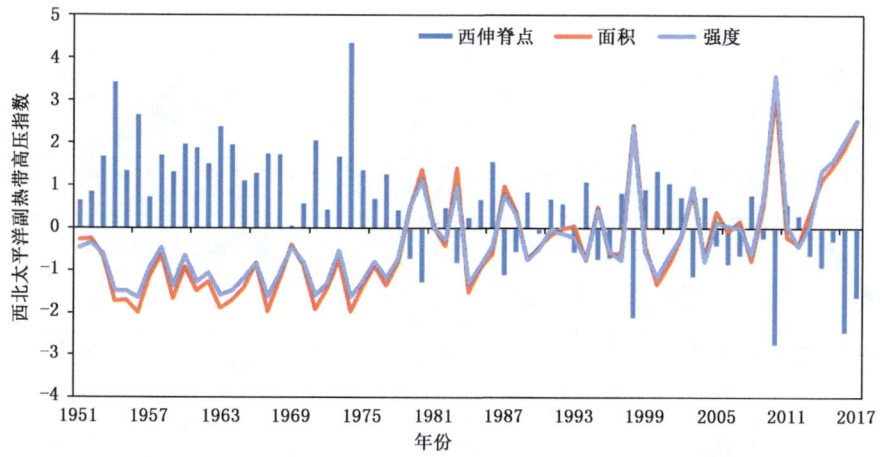

图1.4.8 1951—2017年夏季西北太平洋副热带高压指数历年变化

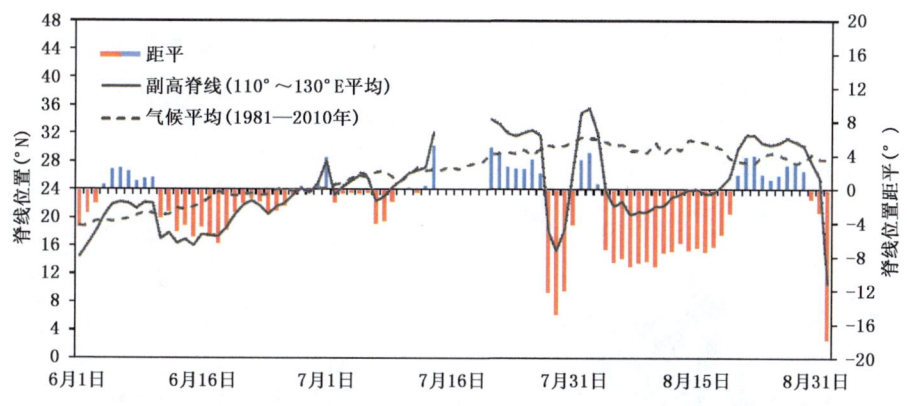

图1.4.9 2017年夏季西北太平洋副热带高压脊线位置逐日演变

## 四、北半球积雪

**1. 中国、欧亚与北半球春、秋季积雪面积偏大**

2017年,北半球积雪面积6—7月较常年同期偏小,其余月份均偏大(图1.4.10(a));欧亚积雪面积和中国积雪面积7—8月偏小,其余月份均偏大(图1.4.10(b),图1.4.10(c))。青藏高原积雪面积7—8月偏小,其余月份偏大(图1.4.10(d));新疆积雪面积5—8月及10月偏小,其余月份偏大(图1.4.10(e));东北地区(含内蒙古东部)3—5月和9—10月积雪面积偏小,1—2月和11月偏大(图1.4.10(f))。

2016/2017年冬季,40°N以北的北美洲大部、欧亚大陆北部及中国东北地区、新疆北部等地积雪日数达75天以上(图1.4.11(a))。与常年同期相比,欧洲东部、中亚中部、西亚北部、蒙古南部、北美洲西北部和东北部局部、中国新疆大部、东北大部和内蒙古中东部等地积雪日数偏多10～30天;中国青藏高原南部、内蒙古西北部及北美洲中东部部分地区等地偏少10～30天(图1.4.11(b))。

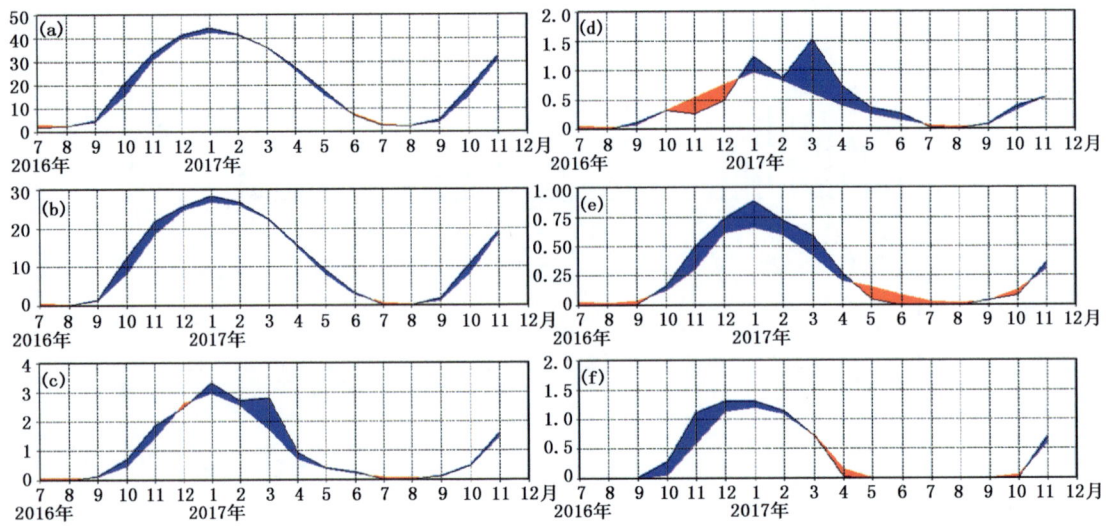

图 1.4.10　2016 年 7 月至 2017 年 11 月北半球区域积雪面积指数变化（单位：百万平方千米）
(a)北半球，(b)欧亚大陆，(c)中国，(d)青藏高原，(e)新疆北部，(f)东北
（红色代表实际值低于气候值，蓝色表示高于气候值）

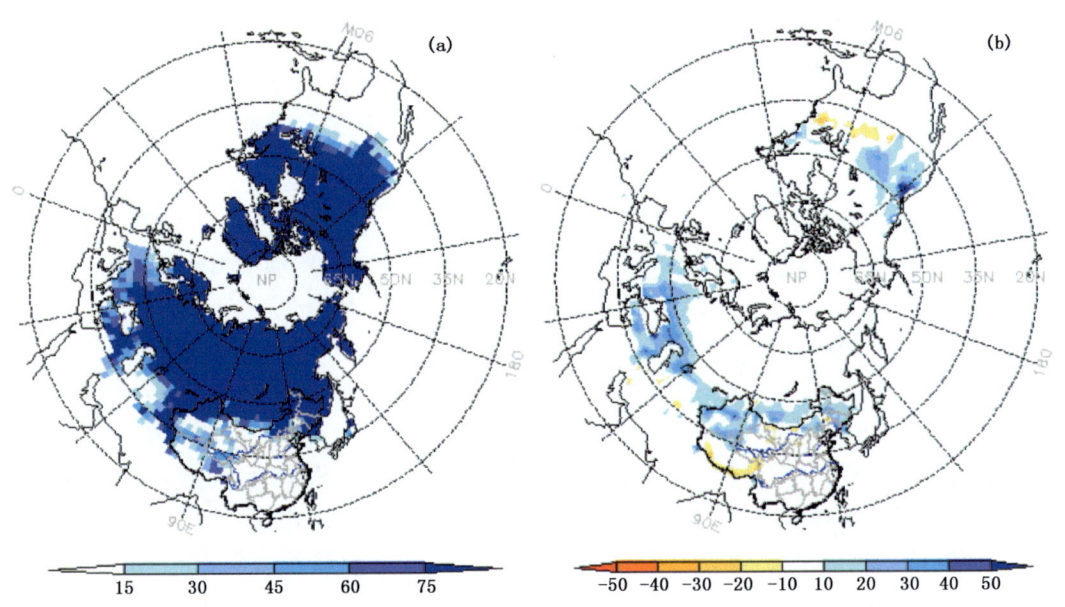

图 1.4.11　2016/2017 年冬季北半球积雪日数(a)及其距平(b)分布图（单位：天）

**2. 东北大部和新疆北部冬季积雪偏深**

2016/2017 年冬季，东北东南部和北部、内蒙古东北部、新疆北部等地雪深在 5 厘米以上，局部超过 25 厘米（图 1.4.12(a)）。与常年同期相比，东北地区东南部及北部、内蒙古东北部部分地区、新疆北部等地积雪偏深 5～10 厘米，局地偏深 10 厘米以上；东北地区西北部局部、

内蒙古东北部和中部局地、青藏高原西南部及中东部局部、新疆中部局部等地积雪偏浅，黑龙江北部局地偏浅 5 厘米以上(图 1.4.12(b))。

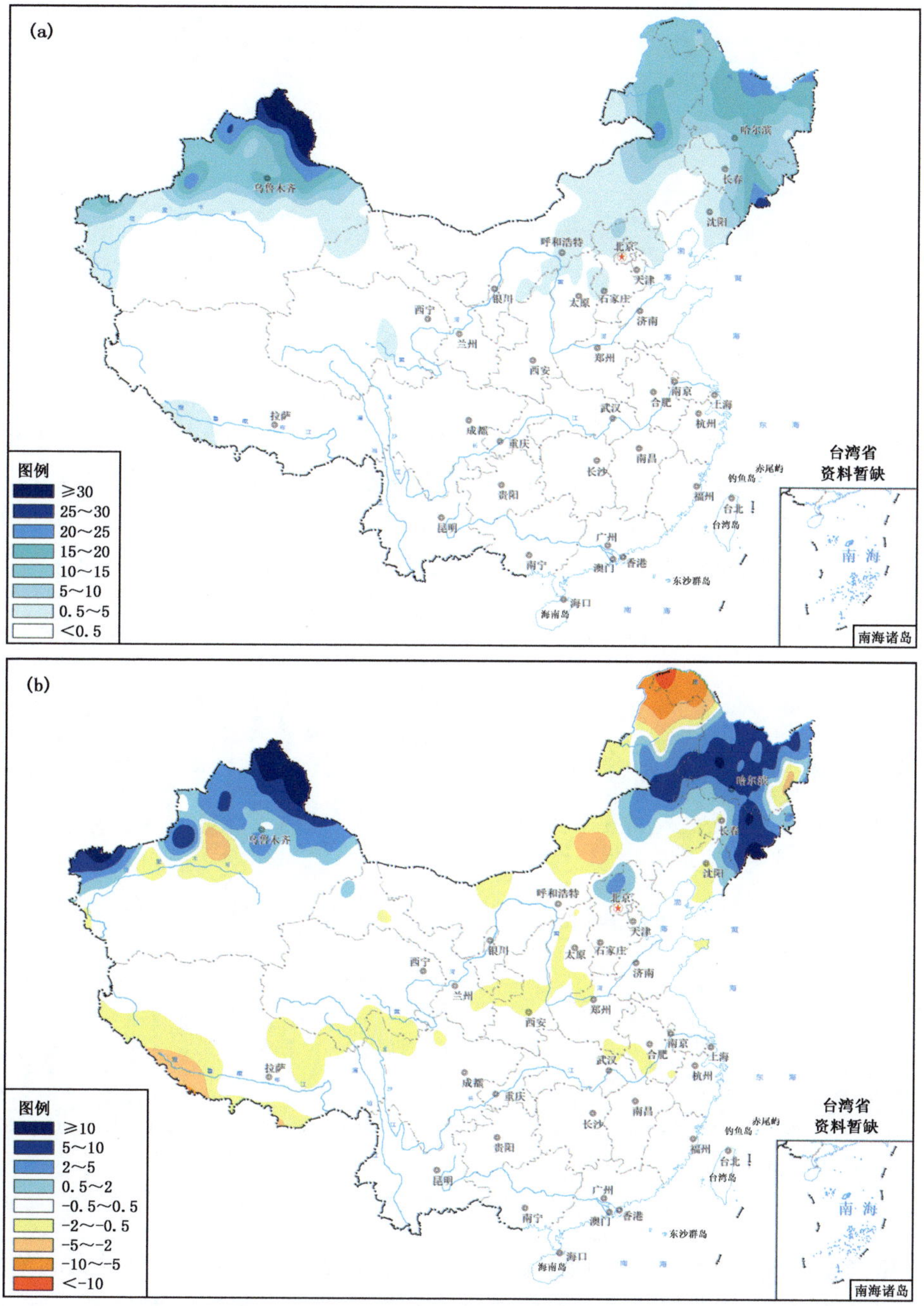

图 1.4.12　2016/2017 年冬季全国平均积雪深度(a)及其距平(b)分布图(单位：厘米)

# 第二章 气象灾害及影响评估

## 第一节 灾情概况

### 一、全国灾情

2017年气象灾害造成农作物受灾面积1847.6万公顷,受灾人口1.4亿人次,死亡828人,失踪85人,直接经济损失2850.4亿元,占当年GDP比重为0.34%。与近5年相比,农作物受灾面积、受灾人口、死亡和失踪人数以及直接经济损失均明显偏少(图2.1.1)。总体来看,2017年相对灾体量指数(尹宜舟 等,2019)为0.01,为2003年以来最小,属灾情明显偏轻年份;与近5年相对灾体量指数相比,2017年为灾情偏轻年份(图2.1.2)。

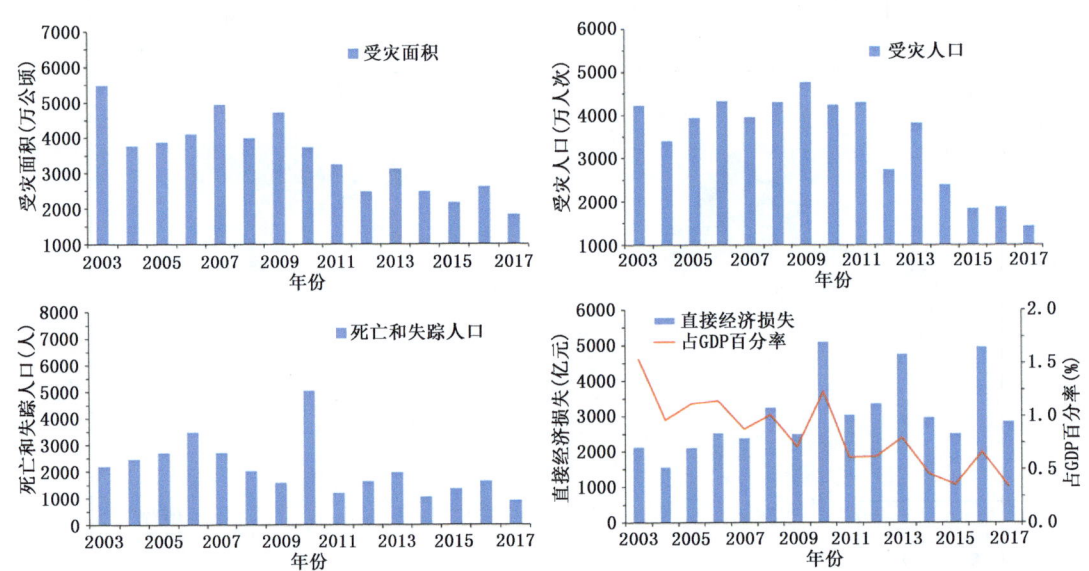

图2.1.1 2003—2017年全国气象灾害灾情指标

2017年气象灾害受灾面积和绝收面积最大的灾种均为干旱,分别占总受灾和绝收面积的53.4%和41.2%;暴雨和洪涝次之,分别占29.3%和40.8%。气象灾害受灾人口、死亡和失踪人口和直接经济损失最大的灾种均为暴雨洪涝,所占总损失比重分别为48.3%、82.0%和67.0%(表2.1.1)。

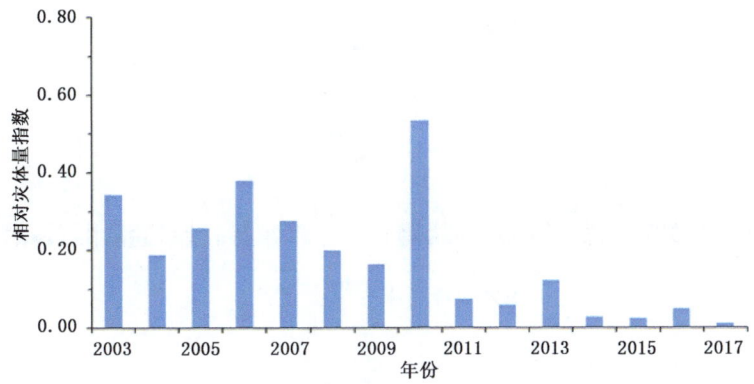

图 2.1.2　2003—2017 年全国气象灾害相对灾体量指数

表 2.1.1　主要气象灾害灾情指标占总损失比重(单位:%)

|  | 受灾面积 | 绝收面积 | 受灾人口 | 死亡和失踪人口 | 直接经济损失 |
| --- | --- | --- | --- | --- | --- |
| 干旱 | 53.4 | 41.2 | 32.8 | 0.0 | 13.2 |
| 暴雨洪涝 | 29.3 | 40.8 | 48.3 | 82.0 | 67.0 |
| 风雹 | 12.3 | 12.3 | 13.7 | 13.1 | 7.0 |
| 台风 | 2.1 | 1.2 | 4.1 | 4.8 | 12.1 |
| 低温冷冻和雪灾 | 2.8 | 4.5 | 1.1 | 0.0 | 0.7 |

## 二、各省(区、市)灾情

从 2017 年各省(区、市)灾情来看,气象灾害受灾面积最大的省份为内蒙古,达 391.7 万公顷,远多于其他省份;其次是黑龙江、湖北、河南、湖南 4 省,受灾面积分别为 155.1 万公顷、143.7 万公顷、124.7 万公顷和 121.8 万公顷;绝收面积超过 10 万公顷的有内蒙古和湖北,绝收面积分别为 37.6 万公顷和 20.1 万公顷;受灾人口超过 1000 万人次的有湖南、河南、湖北,受灾人口分别为 1716.3 万人次、1538.5 万人次和 1254.2 万人次;死亡和失踪人口超过 100 人的有四川和云南,死亡失踪人口分别为 155 人和 110 人;直接经济损失超过 300 亿的有湖南、吉林、广东,直接经济损失分别为 588.0 亿元、393.5 亿元和 316.2 亿元(图 2.1.3)。

考虑受灾面积、绝收面积、受灾人口、死亡和失踪人口、直接经济损失 5 种灾情指标,定义各省(区、市)灾情综合指数为各省(区、市)各灾情指标占全国比重(单位取%)之和。2017 年的计算结果如图 2.1.4 所示,可以看出,受灾最为严重的省份为湖南,之后依次为内蒙古、湖北,综合灾情指数分别为 57.4、53.2 和 37.1。湖南上述 5 种灾情指标占全国比重分别为 6.6%、7.6%、11.9%、10.7%和 20.6%,排名分别为第五、第三、第一、第三、第一,各项指标均靠前,所以最终灾情综合指数最大;内蒙古受灾面积和绝收面积占全国比重较大,分别为 21.2%和 20.6%,排名均为第一;湖北受灾面积、绝收面积、受灾人口占全国比重较大,分别为 7.8%、11.0%和 8.7%,排名分别为第三、第二、第二。

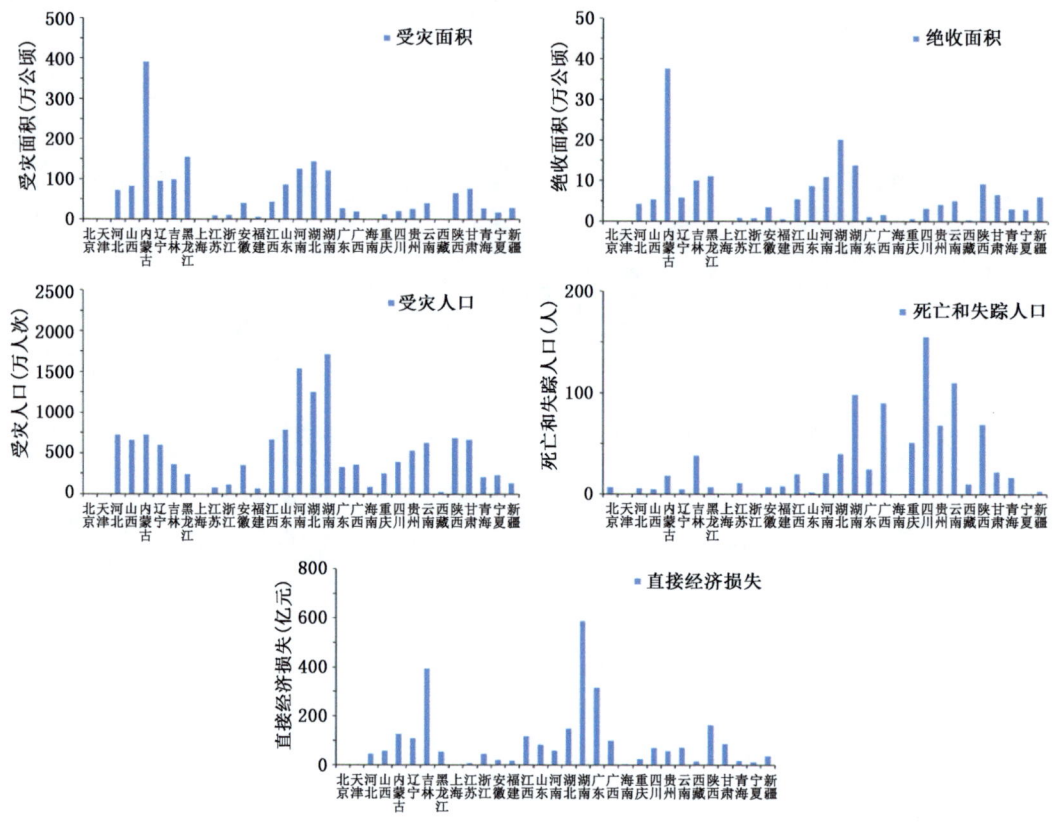

图 2.1.3　2017 年各省(区、市)灾情指标

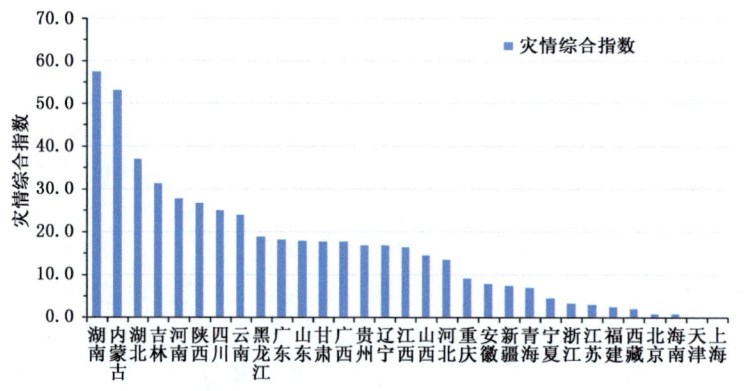

图 2.1.4　2017 年各省(区、市)灾情综合指数(单位:%)

## 第二节　干旱及其影响

2017 年,我国没有出现大范围、持续时间长的严重干旱;年内,华北北部、东北西部、内蒙古东部出现春夏连旱,以及江淮、江汉等地发生伏旱。

2017年,全国农作物受旱面积987.5万公顷,绝收面积75.2万公顷,因旱造成4717万人受灾,饮水困难人口为281.2万人,直接经济损失375亿元;内蒙古、山东、辽宁和山西四省(区)的直接经济损失占全国全年因旱直接经济损失的53.2%;与近10年来相比,2017年干旱各项灾情指标均不同程度偏小,总体上,2017年干旱灾情为偏轻年。

## 一、基本特征

### 1. 干旱日数

由综合干旱指数和区域干旱指标统计结果可见,2017年干旱主要出现在东北西部和南部、华北大部、黄淮大部、江淮大部、江汉大部、西北地区东南部、西南地区大部、江南东部和南部、华南北部以及内蒙古东部等地,气象干旱日数在20天以上,其中黑龙江西南部、吉林西部、辽宁大部、内蒙古东部、河北西部和东部、山东东北部和半岛东部、江苏中部和南部、四川西部和东南部、云南中北部等地气象干旱日数在50天以上,局地超过100天(图2.2.1)。

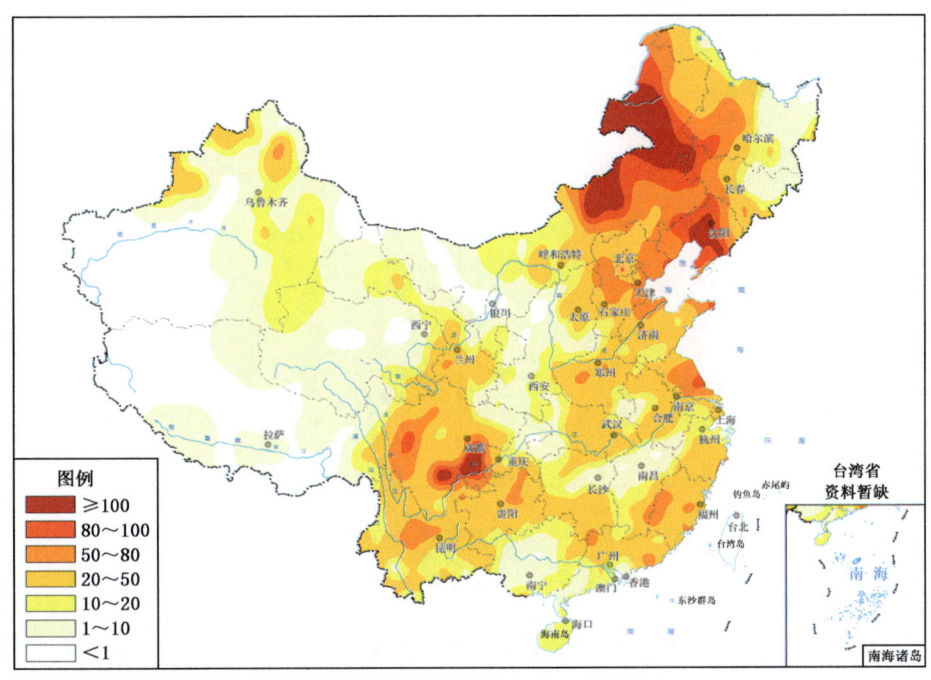

图 2.2.1 2017年全国干旱(中旱及以上等级干旱)日数分布图(单位:天)

2016/2017年冬季,气象干旱主要出现在云南东部和西部、四川大部、贵州东北部和东南部、湖南西南部、湖北西南部和广东东南部,气象干旱日数在10天以上,四川中东部局部地区超过30天;2017年春季,气象干旱主要出现在东北西部和南部、内蒙古东部、华北北部和东部以及山东东北部和东部、江苏大部、河南西北部、甘肃中部、四川南部、贵州中部和西部、重庆西部等地,气象干旱日数在10天以上,其中辽宁中部和西部、河北东北部等地气象干旱日数超过40天;夏季,气象干旱主要出现在东北西部和南部、内蒙古中东部、华北大部、黄淮大部、江淮大部、江汉大部、西北地区东南部、西南地区南部和中北部、华南东部,以及浙江中部、新疆西部和东部、青海西部等地,气象干旱日数在10天以上,其中黑龙江西部、吉林西部、辽宁中部、江苏中部等地气象干旱日数超过 40 天；秋季气象干旱主要出现在内蒙古中东部、黄淮北部、江南南部和东部、华南北部，以及四川东部和西部、云南中北部、新疆西部等地，气象干旱日数在 10 天以上，其中福建西部、湖南南部局地气象干旱日数超过 40 天（图 2.2.2）。

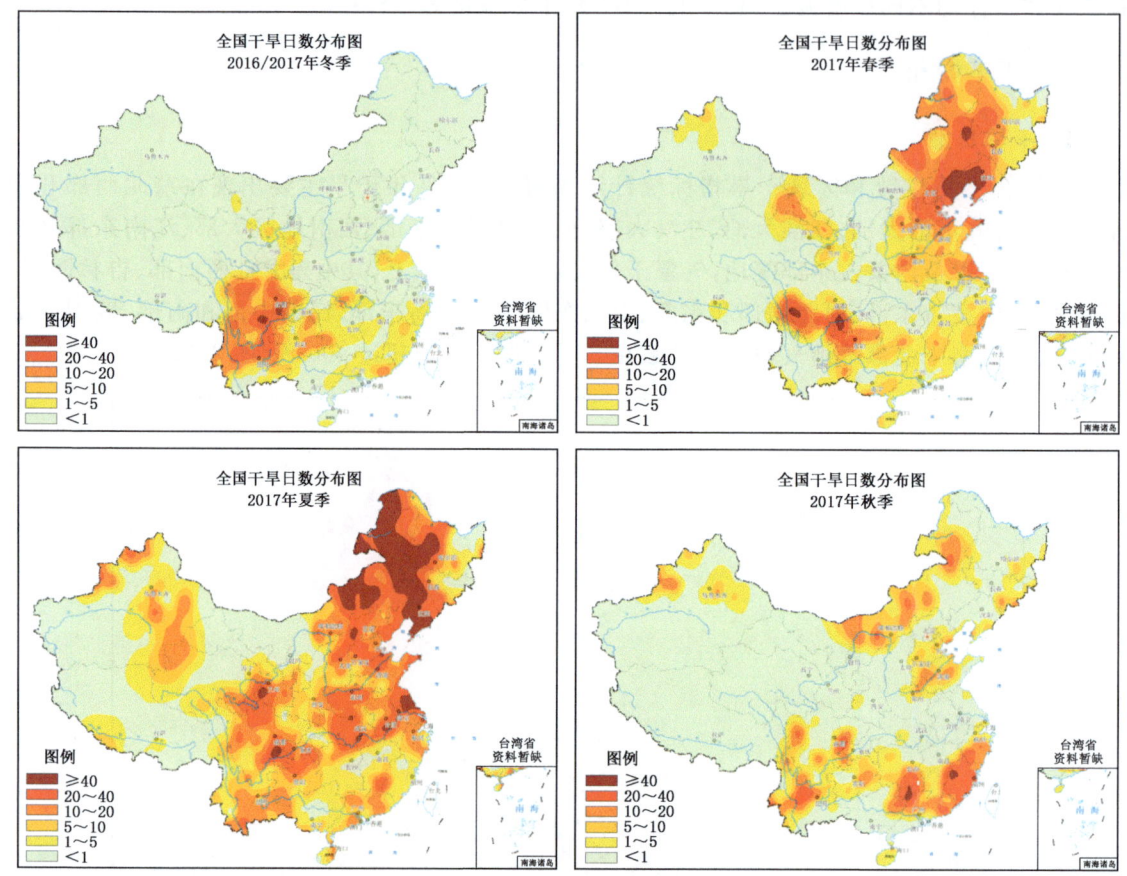

图 2.2.2　2017 年四季全国干旱（中旱及其以上等级干旱）日数分布图（单位：天）

**2. 干旱气候指数**

干旱气候指数是基于标准化降水指数评估干旱的程度，划分相应级别，确定日干旱指数并累计求得。经标准化处理后，2017 年全国干旱气候指数为 1.0，较常年（4.2）明显偏小，干旱程度明显偏弱（图 2.2.3）。

## 二、灾情特征

**1. 全国灾情**

2017 年，全国农作物受旱面积 987.5 万公顷，绝收面积 75.2 万公顷，受灾人口 4717 万人，饮水困难人口为 281.2 万人，直接经济损失 375 亿元。与 2003 年以来的灾情相比，2017 年干旱各项灾情指标均不同程度偏小，受灾面积为第三少，绝收面积为第二少，受灾人口和饮水困难人口同为第二少，直接经济损失为第四少（图 2.2.4）。总体上，2017 年干旱灾情为偏轻年。

图 2.2.3　1961—2017 年全国干旱气候指数历年变化

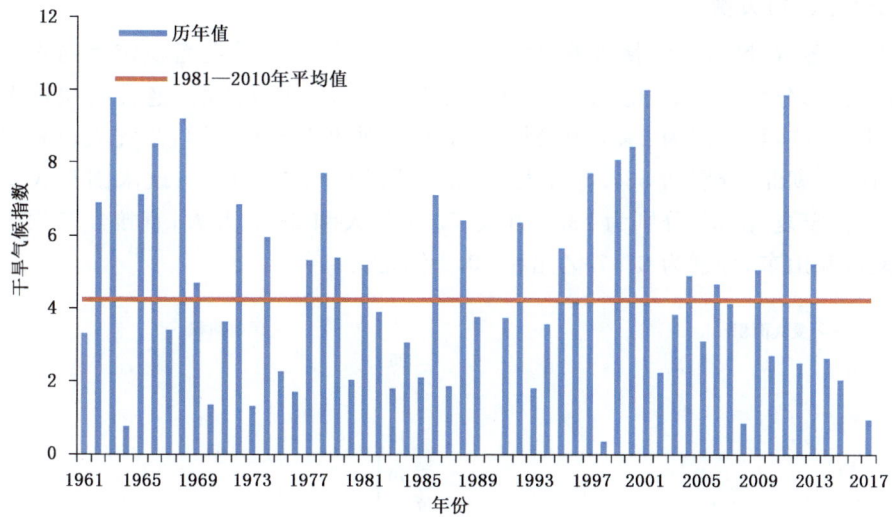

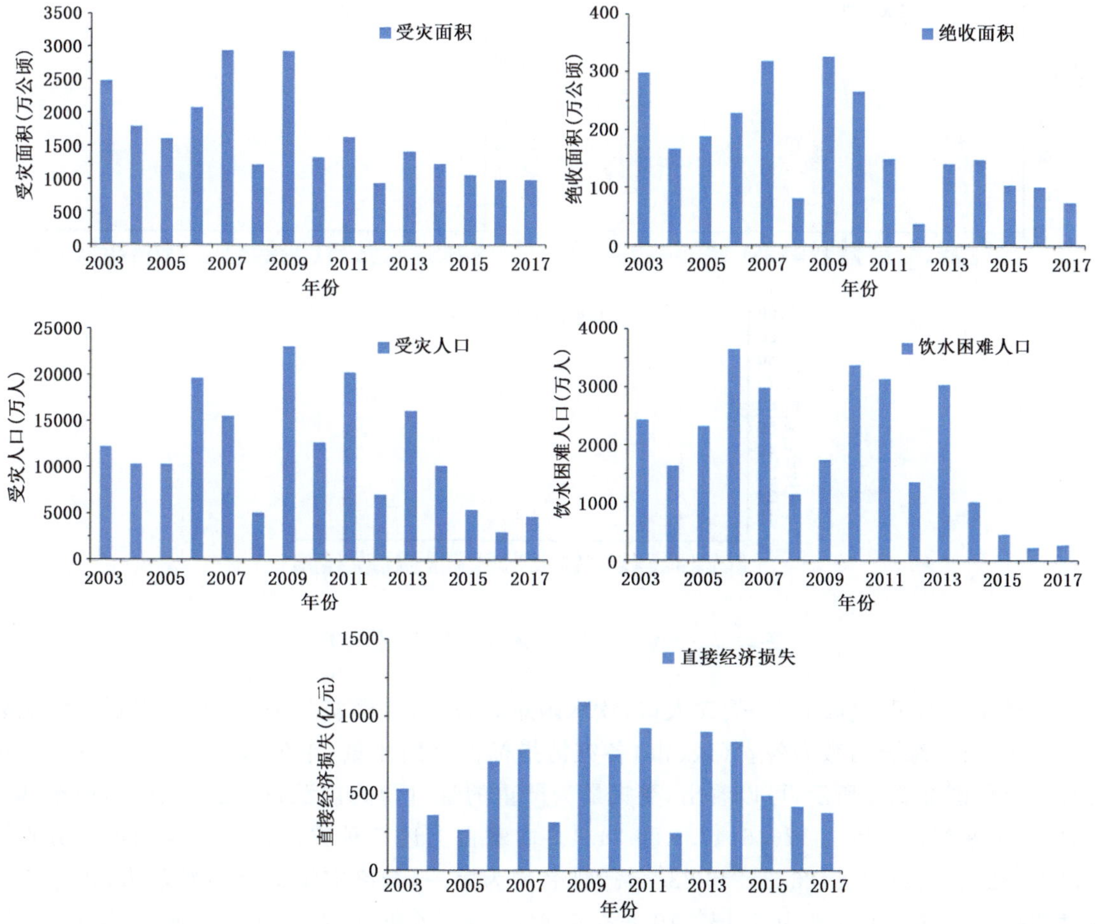

图 2.2.4　2003—2017 年全国干旱灾情指标

## 2. 各省(区、市)灾情

从2017年各省(区、市)灾情来看(图2.2.5),2017年干旱受灾面积较大的省(区)为内蒙古、黑龙江、辽宁,分别为323.9万公顷、99.7万公顷和77.8万公顷;绝收面积较大的省(区)为内蒙古、山东、陕西,分别为24.7万公顷、8.1万公顷和6.4万公顷;受灾人口较多的省(区)为内蒙古、辽宁、湖北,分别为537.7万人、472.7万人和439.6万人;饮水困难人口较多的省(区)为内蒙古、宁夏、山东,分别为73.6万人、53.1万人和28.9万人;直接经济损失较大的省(区)为内蒙古和山东,分别为87.7亿元和50.3亿元。

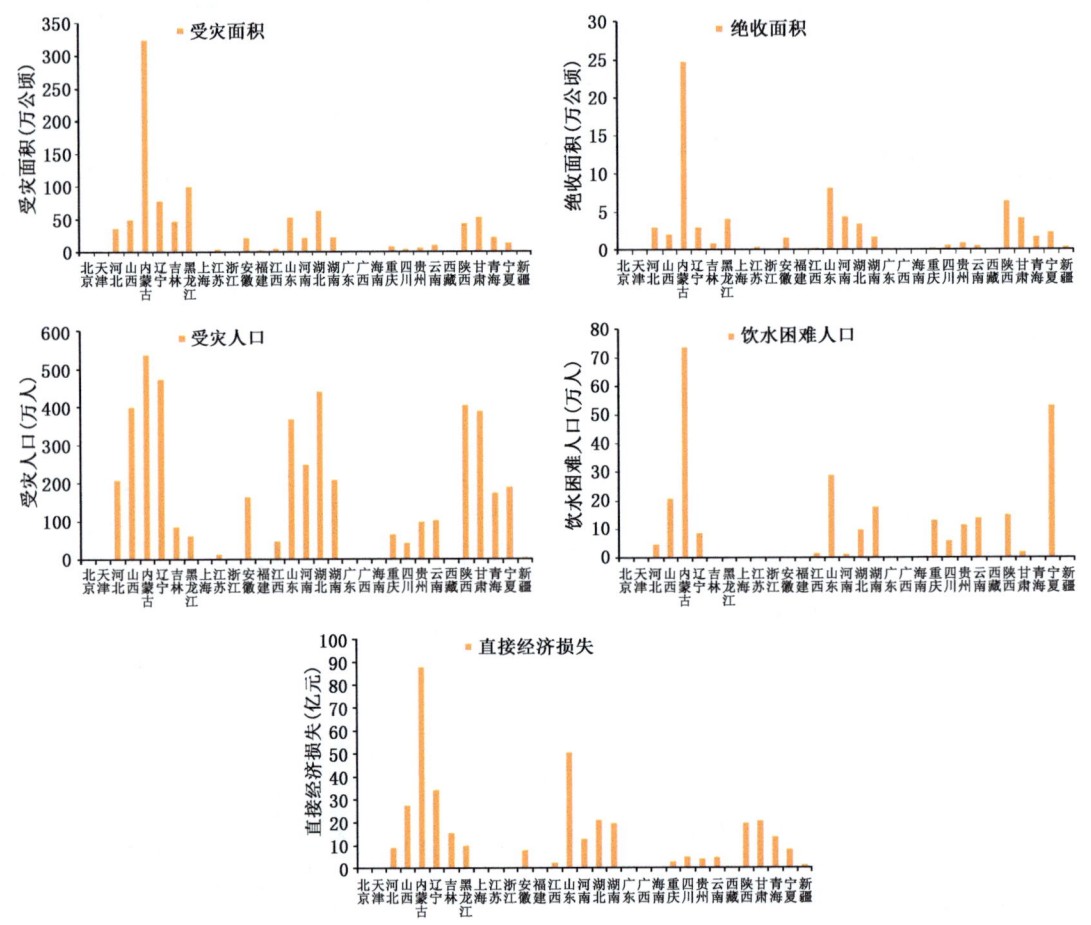

**图 2.2.5　2017年各省(区、市)干旱灾情指标**

考虑受灾面积、绝收面积、受灾人口、饮水困难人口、直接经济损失5种灾情指标,定义各省(区、市)灾情综合指数为各省(区、市)各灾情指标占全国比重(单位取%)之和。2017年的计算结果如图2.2.6所示,可以看出,受灾最为严重的省(区)为内蒙古,之后依次为山东和辽宁,综合灾情指数分别为126.6、47.6和34.1。内蒙古上述5种灾情指标占全国比重分别为32.8%、32.8%、11.4%、26.2%和23.4%,排名均为第一,最终灾情综合指数最大;山东5种灾情指标占全国比重分别为5.4%、10.8%、7.8%、10.3%和13.4%,排名分别为第五、第二、第七、第三和第二;辽宁上述5种灾情指标占全国比重分别为7.9%、4.0%、10.0%、3.1%和

9.1%,排名分别为第三、第八、第二、第十一和第三。

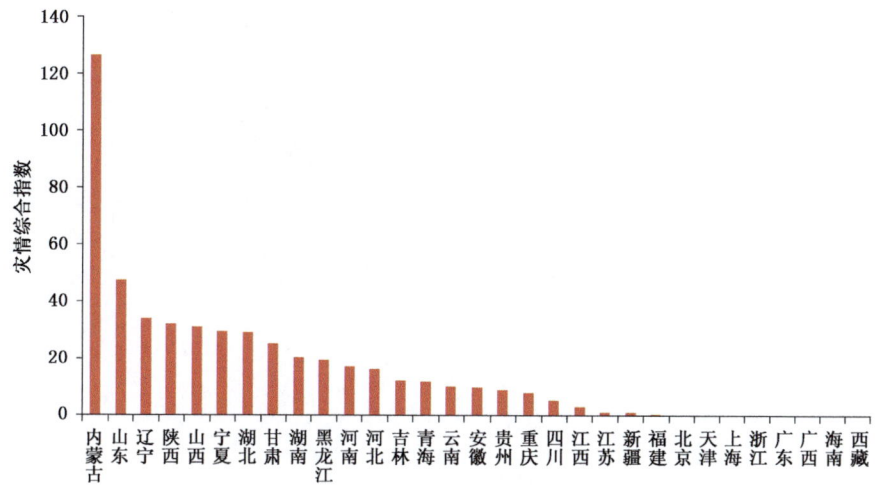

图 2.2.6  2017 年各省(区、市)干旱灾情综合指数(单位:%)

## 三、主要事件及影响

**1. 华北北部、东北西部、内蒙古东部出现春夏连旱**

2017 年 4 月上旬至 7 月下旬,东北西部及内蒙古东部降水量不足 200 毫米,比常年同期偏少 3~8 成,局地偏少 8 成以上;上述地区气温普遍比常年同期偏高 1~2℃,其中内蒙古东部偏高 2~4℃。期间,内蒙古东部、河北北部、辽宁西部还出现持续高温天气,部分地区日最高气温超过 40℃。高温少雨致使内蒙古东部和东北西部气象干旱发展(图 2.2.7)。受干旱影响,旱区春耕春播进度偏慢,对当地玉米及牧草生长造成较重影响。另外,高温干燥天气也导致旱区森林草原火险等级偏高。

干旱造成河北秦皇岛、承德、沧州 3 市 11 个县(区)156.3 万人受灾,农作物受灾面积 159.7 千公顷,直接经济损失 5.2 亿元;辽宁省丹东、锦州、营口等 6 市 19 个县(市、区)150.3 万人受灾,农作物受灾面积 422.5 千公顷;直接经济损失 5 亿元;山东青岛、潍坊、威海 3 市 8 个市(区)130.2 万人受灾,农作物受灾面积 120.3 千公顷,直接经济损失 8 亿元;宁夏吴忠、中卫 2 市 4 个县(区)32.2 万人受灾,农作物受灾面积 72 千公顷,直接经济损失近 9100 万元;甘肃临夏回族自治州临夏、康乐、永靖等 7 个县 63.2 万人受灾,直接经济损失 3.1 亿元;山西吕梁、大同、忻州等 6 市 41 个县(市、区)285 万人受灾,农作物受灾面积 540.7 千公顷,直接经济损失 20.6 亿元。

**2. 江淮、江汉等地出现伏旱**

2017 年 6 月中旬至 8 月上旬前期,江淮、江汉、西北地区东南部等地降水量比常年同期偏少 2~5 成,江淮东部、江汉东部、陕西关中偏少 5~8 成。同期,上述大部地区气温较常年同期偏高 1~2℃,部分地区偏高 2~4℃;期间,长江中下游地区出现 10~15 天的高温(日最高气温≥35℃)天气,最高气温达 38~40℃,部分地区超过 40℃。高温少雨加上作物需水旺盛,土壤墒情迅速下降,致使江淮大部、江汉等地出现阶段性伏旱(图 2.2.8)。

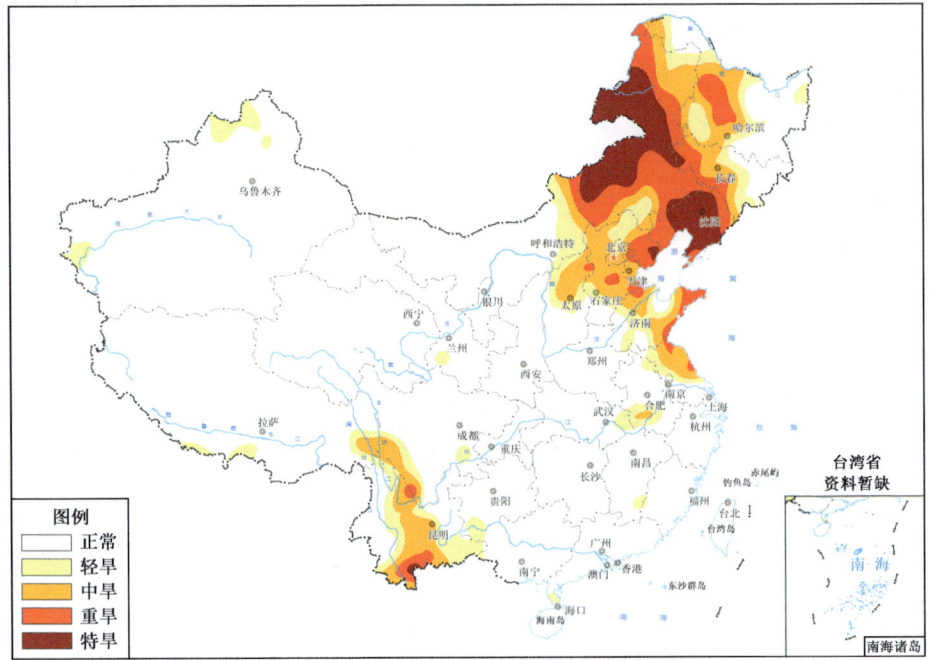

图 2.2.7　2017 年 6 月 18 日全国气象干旱综合监测图

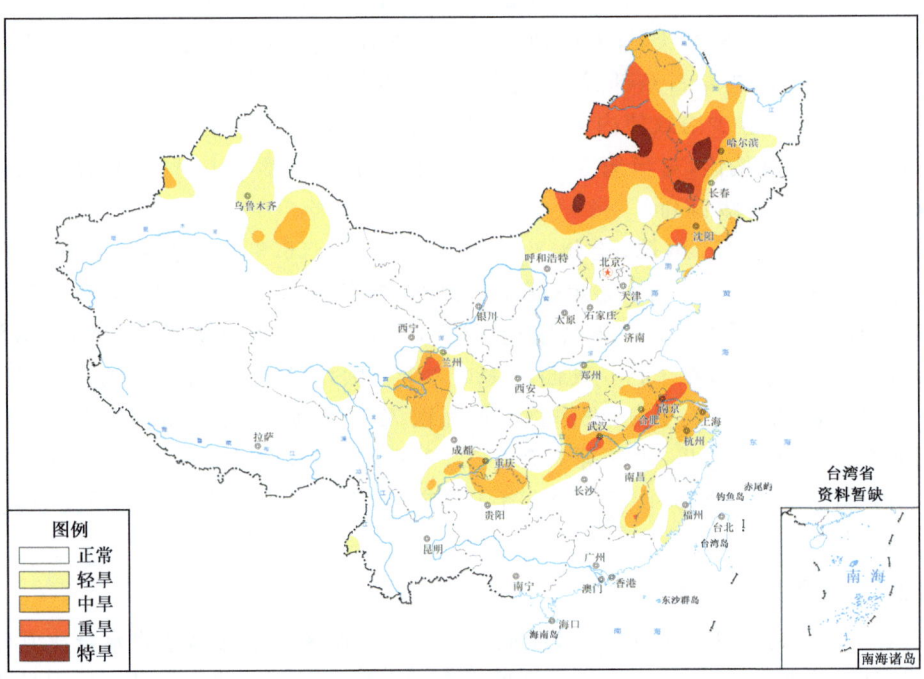

图 2.2.8　2017 年 7 月 30 日全国气象干旱综合监测图

干旱造成河流湖泊及水库蓄水不足,给人民生活、农业和畜牧业生产造成不利影响。旱区部分早稻遭受"高温逼熟",安徽中北部、江苏中北部等地的玉米、棉花、马铃薯等秋收作物生长发育和产量造成受到一定影响。

干旱导致安徽省淮南、滁州、六安、安庆、铜陵5市16个县(市、区)农作物不同程度受灾。截至7月28日,受灾人口118.6万人,农作物受灾面积145.6千公顷,其中绝收9.1千公顷,直接经济损失4.6亿元。受异常高温少雨影响,陕西关中大部农田出现旱情,截至8月2日,高温干旱造成249.95万人受灾,农作物受灾面积311千公顷,直接经济损失12.96亿元。

## 第三节 暴雨洪涝及其影响

2017年,全国平均降水量较常年略偏多。降水冬季偏少,夏季偏多,春、秋季接近常年。2017年汛期,全国共出现36次暴雨过程,暴雨落区重叠度高、极端性强。暴雨站日接近常年。本年雨涝气候指数为4.95,较常年略偏高。夏季,南方地区大范围持续性暴雨引发流域汛情和区域性洪涝灾害;北方地区局地极端性强降雨致灾严重;江淮大部及汉江流域秋雨明显。

据统计,2017年全国因暴雨洪涝及其引发的滑坡、泥石流灾害共造成6951万人次受灾,死亡(含失踪)749人;农作物受灾面积541.5万公顷,其中绝收面积74.5万公顷;倒塌房屋13.4万间,直接经济损失1909.9亿元。

总体上看,2017年全国暴雨洪涝造成的受灾面积、死亡或失踪人数较近10年平均值偏少,直接经济损失偏多。与2016年相比,死亡失踪人数、农作物受灾面积和直接经济损失均偏少。各类气象灾害中,暴雨洪涝灾害比较突出,造成的直接经济损失偏重,受灾较重的有湖南、吉林、陕西、湖北、江西等省。

### 一、基本特征

**1. 暴雨洪涝分布**

2017年主汛期(6—8月),全国平均降水量350.7毫米,较常年同期(325.2毫米)偏多8%。从空间分布看,江南中西部大部、西北中东部大部及新疆西部、西藏西部、辽宁西部、山西中南部、山东东部、云南东部、贵州东南部、广西中北部、福建中部和北部等地降水量较常年同期偏多20%至1倍,其中新疆西部和西藏西部偏多1倍以上。从6—8月雨涝评估等级分布图上可以看出(图2.3.1),陕西北部、山西中部、江西北部、福建北部、湖南南部、广西北部、云南东部的部分地区达到了洪涝标准。

从月降水量距平百分率分析,6月黑龙江北部、贵州中部、湖南中部、江西西部,7月陕西北部、山西西部,8月黑龙江西南部、吉林西部、辽宁西部、江西北部、湖南西部、广西北部,9月河南南部、安徽北部、江苏南部、湖北中西部、湖南西部、重庆东部,10月广西南部、广东东南部等地达到了一般洪涝或严重洪涝标准。

从旬降水量分析,6月中旬广东东南部,6月下旬浙江西南部、江西北部、福建西北部、湖南中部、广西东北部,8月上旬黑龙江西南部、吉林西部、辽宁西部,8月中旬江西西北部等地达到一般洪涝或严重洪涝标准。

综合上述各项指标,2017年我国暴雨洪涝主要发生在吉林西部、辽宁西部、山西西部、陕西北部、湖北西部、江西北部、湖南南部、广西北部等地。

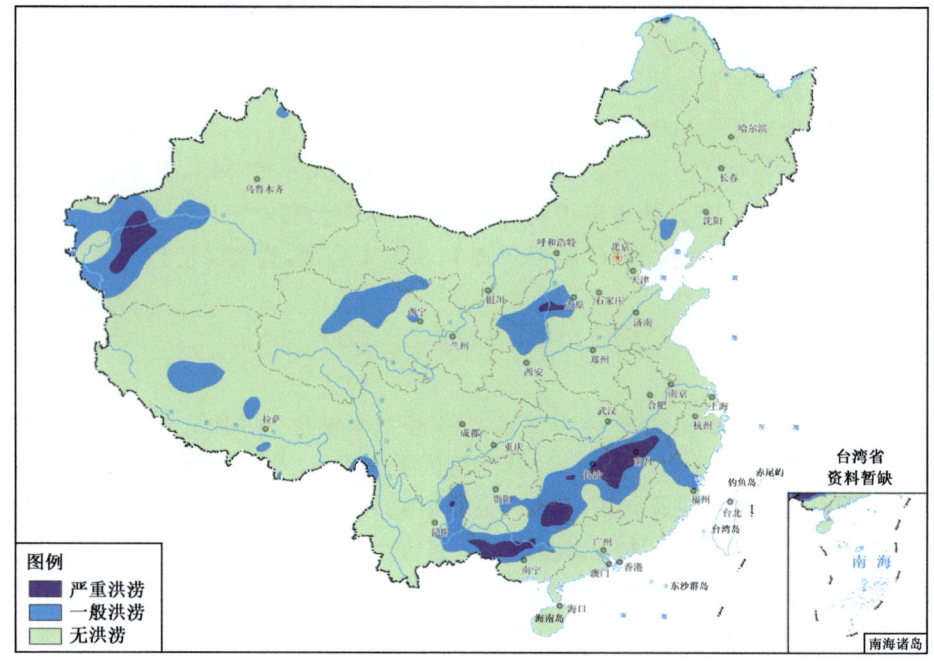

图 2.3.1 2017 年夏季全国雨涝评估等级分布图

**2. 极端降水**

2017 年，全国共出现暴雨（日降水量≥50.0 毫米）6069 站日，接近常年（5992 站日），比 2016 年（8303 站日）明显偏少（图 2.3.2）。华南西部和南部及湖南中部、江西北部、湖北西南部、重庆中东部、江苏东南部等地暴雨日数普遍在 5 天以上，其中，华南南部沿海及广西中部、湖南中部局部、江西北部等地有 7～10 天，局地 10 天以上。全国大部暴雨日数接近常年，仅湖南西部和江西北部的部分地区偏多 3～5 天，局地偏多 5 天以上。

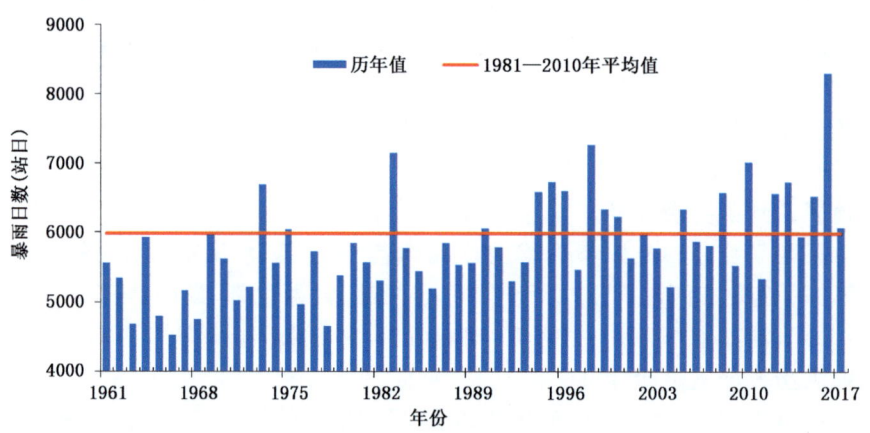

图 2.3.2 1961—2017 年全国年暴雨日数历年变化

年内，全国共有 225 站日降水量达到极端事件监测标准，31 站日降水量突破历史极值（图 2.3.3）。其中多站出现在暴雨少发地区，如内蒙古青龙山（349.7 毫米）和宝国吐（206.4）、陕西子州(171.7毫米)和勉县(165.2毫米)、黑龙江海林(135.6毫米)和萝北(102.5毫米)等。全国共有47站连续降水量突破历史极值,主要出现在湖南、贵州、云南、黑龙江、吉林、内蒙古和青海等地。

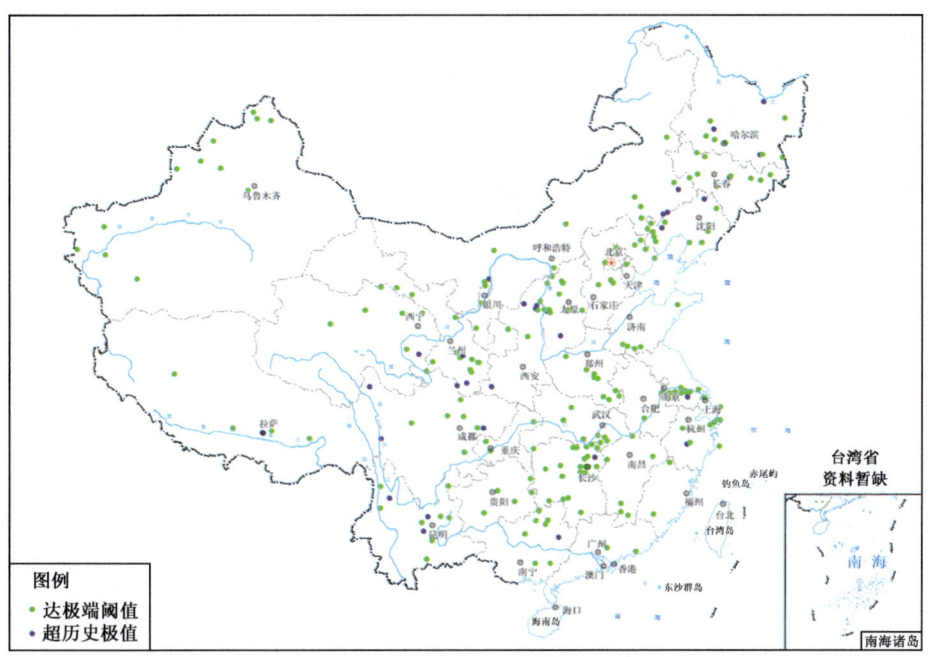

图 2.3.3　2017 年全国极端日降水量事件站点分布图

**3. 雨涝气候指数**

雨涝气候指数是根据日降水量等级与强降水日数的非线性关系计算得到。2017年雨涝气候指数为4.95,较常年(4.4)略偏大,雨涝形势较常年略偏强(图2.3.4)。

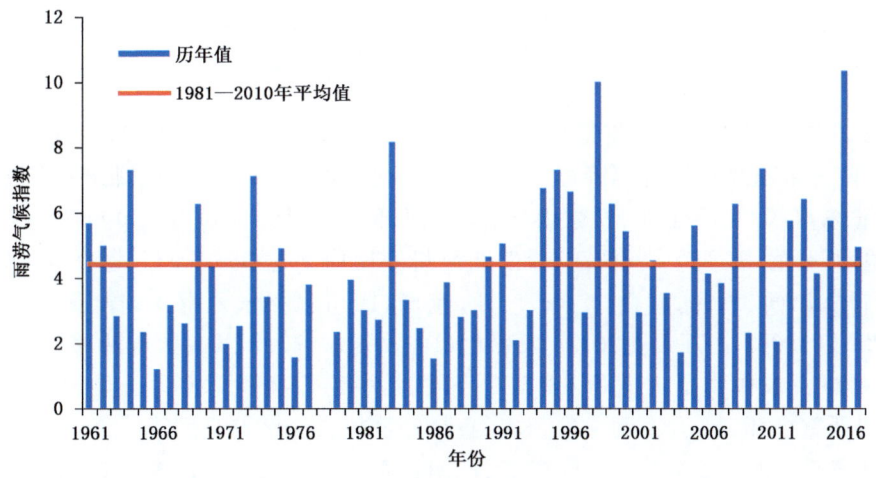

图 2.3.4　1961—2017 年全国雨涝气候指数历年变化

## 二、主要事件及影响

**1. 6月22日至7月2日,南方大部连续遭受2次大范围强降水过程**

持续11天的强降雨天气,雨带维持在湖南、江西、贵州、广西等地摆动,湖南、江西、广西局地累计雨量超过500毫米(图2.3.5)。由于降水过程持续时间长,影响面积广,部分强降水区域叠加导致长江中下游发生区域性大洪水,西南、江南及华南多条河流发生超历史洪水,造成湖南、江西、广西、四川等省份发生严重洪涝灾害及地质灾害,湖北咸宁、广西融县等地出现严重城市内涝,四川阿坝藏族自治州茂县,湖南溆浦县、东安县等地出现山体滑坡,四川凉山彝族自治州普格县等地发生洪涝泥石流灾害。

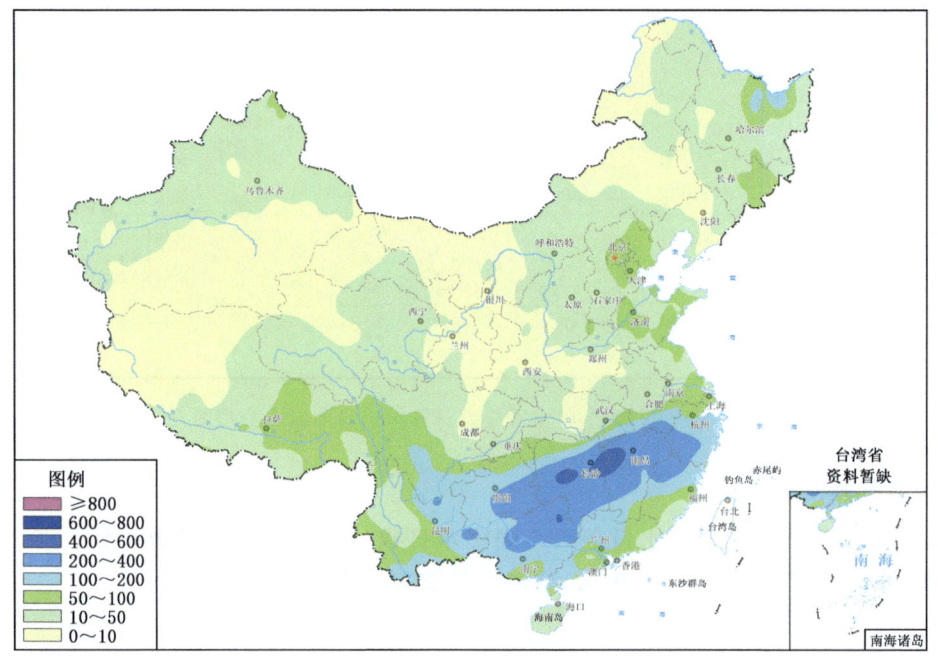

图2.3.5　2017年6月22日至7月2日全国降水量分布图(单位:毫米)

6月22日夜间至28日,贵州至长江中下游一带强降雨。6月22日20时至28日,西南地区东部至江南一带出现区域性强降雨天气过程,云南东部、贵州中部和东北部、广西西部、湖南中北部、湖北东南部、江西北部、安徽南部、浙江西部等地累计雨量有150～300毫米,湖南常德、岳阳、益阳、娄底,江西上饶、九江,云南红河州等地局地达350～534毫米。强降雨导致浙江、安徽、福建、江西、湖北、湖南、广东、广西、重庆、四川、贵州、云南12省(区、市)77市(州)406个县(市、区)1002.3万人受灾,38人死亡,10人失踪,77.7万人紧急转移安置,42.4万人需紧急生活救助;农作物受灾面积66.5万公顷,其中绝收面积7.6万公顷;1.5万间房屋倒塌,2.1万间严重损坏,11.2万间一般损坏;直接经济损失192.9亿元。

6月29日至7月2日,西南地区东部、江南西部、江汉、江淮、黄淮一带强降雨。29日以来,湖南、江西北部、湖北东部、苏皖南部、广西中东部、广东中西部、贵州中南部、云南东部、四川南部等地部分地区累计雨量有100～300毫米,其中广西东部、湖南中部、江西西北部等局地400～500毫米,广西桂林局地691毫米。持续强降雨导致浙江、安徽、江西、湖北、湖南、广东、广西、重庆、四川、贵州、云南等省（区、市）遭受洪涝、滑坡、风雹灾害。上述11省（区）61市（自治州）285个县（市、区）1108.2万人受灾，56人死亡，22人失踪；2.7万间房屋倒塌，3.7万间严重损坏，18.4万间一般损坏；农作物受灾面积76万公顷，其中绝收面积11.4万公顷；直接经济损失252.7亿元。

**2. 8月11—14日，贵州至苏皖一带强降雨**

11日以来，贵州、广西北部至江南一带出现暴雨或大暴雨天气，广西东北部、湖南中部、江西西北部、湖北东南部等地累计降水量100～250毫米（图2.3.6），湖北金沙（372.1毫米）等8站超过250毫米；金沙日降水量（189.3毫米）突破当地日降水量历史极值，贵州从江、湖北咸宁等地日降水量突破8月极值。由于湖北、湖南、广西等省（区）的部分地区累计降水量大，加之受上游来水共同影响，致使珠江和柳江的部分江段出现超警水位。强降水造成湖北咸宁、广西融县等地出现严重洪涝灾害；湖南溆浦县、东安县等地出现山体滑坡。强降雨造成广西、湖南、湖北、江西、贵州等省（区）113.5万人受灾，11人死亡，1人失踪，9.9万人紧急转移安置；直接经济损失25.5亿元。

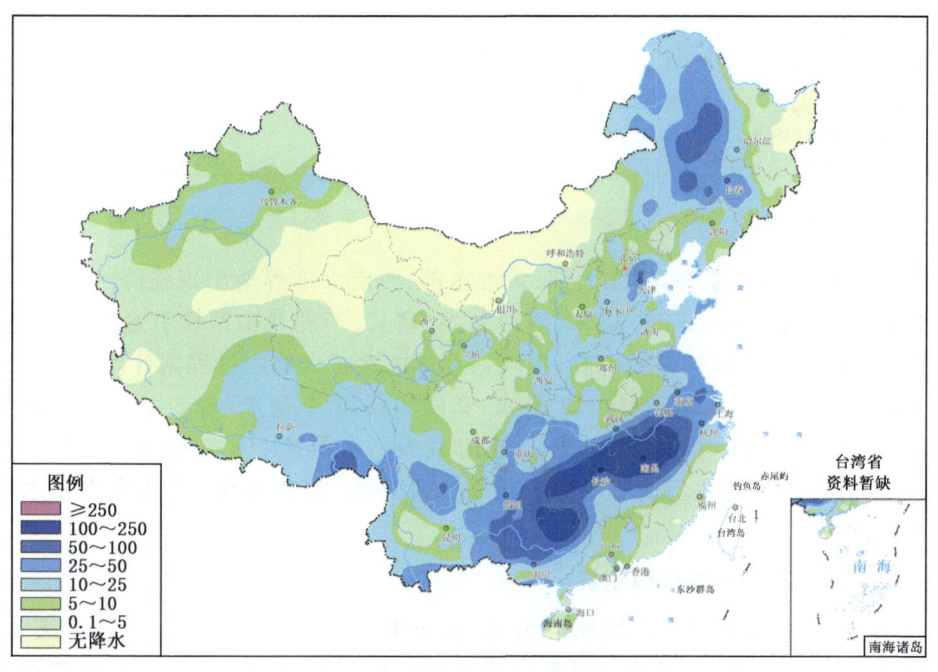

图2.3.6　2017年8月11—14日全国降水量分布图（单位：毫米）

**3. 7月中下旬至8月上旬，东北、西北等地接连出现强降雨过程，局部受灾较重**

7月13—17日，东北大部、华北中南部、黄淮、江淮北部、江汉、西南东部一带出现明显降水过程，吉林中部、山东南部、江苏北部局部超过100毫米，其中吉林中部13—14日出现历史罕见特大暴雨，短时雨量强、累计雨量大、局地性突出，全省共5站出现特大暴雨、80站出现大暴雨、170站出现暴雨，永吉官厅乡1小时雨量107.1毫米，打破吉林省1951年以来小时雨量纪录历史极值（102.9毫米）；6站累计降雨量在244.7毫米以上，打破该省24小时雨量历史极值（234.6毫米）。7月19—21日，东北地区中南部、内蒙古东南部等地出现暴雨，其中吉林中部和东北部降大暴雨,累计雨量100～200毫米,局部超过300毫米(图2.3.7)。吉林永吉两次过程日最大降水量分别达296毫米、389毫米,两度破历史纪录,由于降水强度大、落区重复,永吉两度被淹。

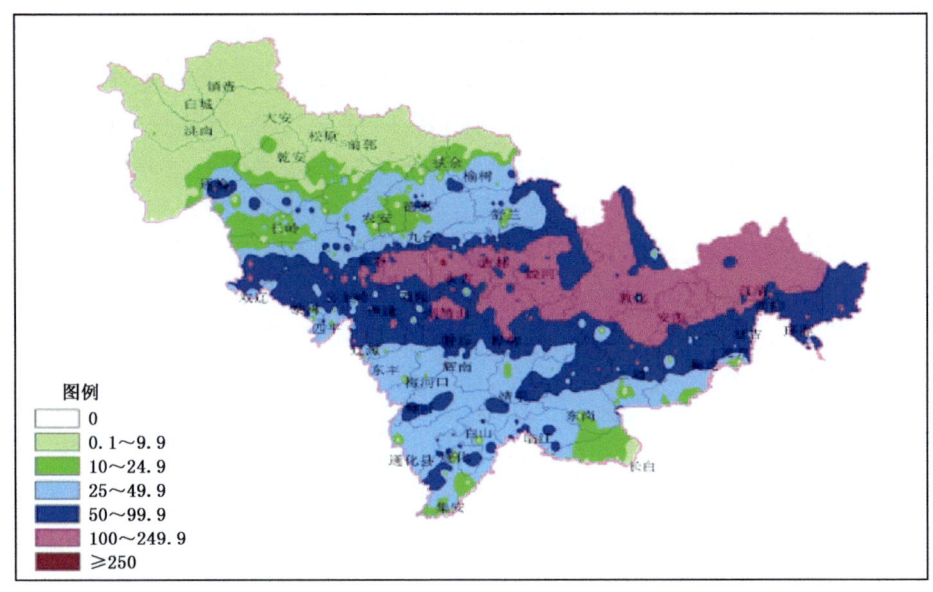

图2.3.7　2017年7月19—21日吉林累计降水量分布图(单位:毫米)

7月25—28日,西北东部、华北大部、黄淮东部、西南大部等地出现强降水过程,其中陕西北部、山西中南部降雨量50～200毫米,陕西吴堡、富县、子洲及山西柳林超过200毫米,降水对缓解山西、甘肃部分地区的旱情有利,但陕西北部此次特大暴雨过程累计雨量大、极端性强、范围广,子洲(218.7毫米)、米脂(140.3毫米)和横山(111.1毫米)有3站日降水量突破历史极值,子洲1小时最大降水量达52毫米,3小时最大降水量达106.9毫米;子洲、绥德、米脂、吴堡4站3小时降水量突破历史极值,有14站(21站次)出现暴雨,榆林境内一水库发生溃坝,引发严重洪涝灾害。

**4. 江淮大部及汉江流域秋雨明显**

9—10月,江淮大部及汉江流域秋雨明显,秋雨雨量大、雨日多、影响大。重庆北部、湖北大部、河南南部、安徽北部、江苏南部等地降水量较常年同期偏多1～2倍,局地超过2倍。江淮、江汉大部雨日有30～40天,普遍比常年同期偏多10～15天,持续降雨造成汉江流域出现明显秋汛。部分地区洪涝灾害严重,局地还引发山体滑坡、泥石流等灾害;西北地区东南部、黄淮西部、江淮、江汉和西南等地出现阴雨寡照天气,对作物秋收秋播不利。据统计,甘肃、陕西、四川、重庆、贵州、湖北、湖南7省(市)遭受暴雨洪涝及其引发的地质灾害,共造成654万人受灾,116人死亡,25人失踪;农作物受灾面积48万公顷,绝收面积12万公顷;直接经济损失121亿元。其中,湖北、贵州、陕西、重庆灾情较重(图2.3.8)。

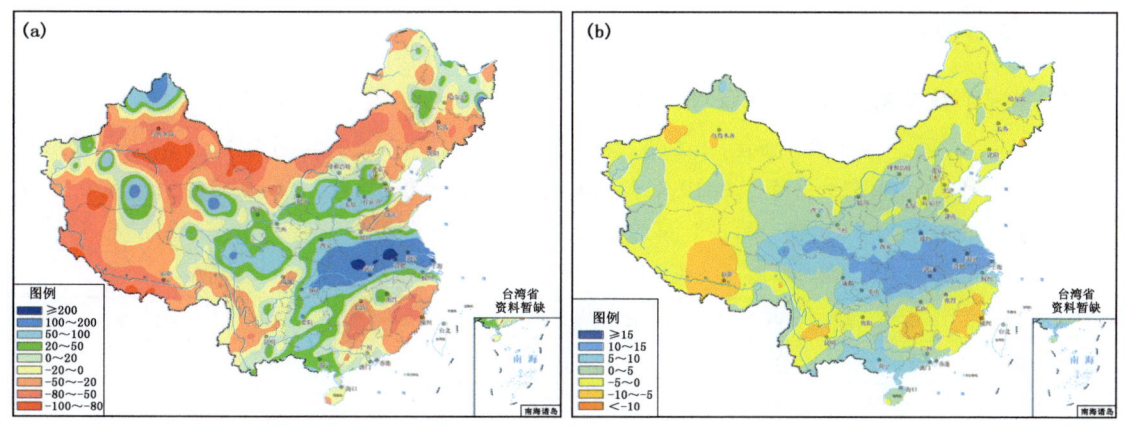

图 2.3.8 2017 年 9—10 月全国降水量距平百分率(a,单位:%)及降水日数距平(b,单位:天)分布图

## 第四节 台风及其影响

2017 年,西北太平洋和南海上共有 28 个台风(中心附近最大风力≥8 级)生成,生成个数较常年（25.5 个）平均值偏多 2.5 个。其中 1702 号"苗柏"(Merbok)、1707 号"洛克"(Roke)、1709 号"纳沙"(Nesat)、1710 号"海棠"(Haitang)、1713 号"天鸽"(Hato)、1714 号"帕卡"(Pakhar)、1716 号"玛娃"(Mawar)和 1720 号"卡努"(Khanun)及一未编号的热带风暴共 9 个台风先后在我国登陆,登陆个数较常年（7.2 个）偏多 1.8 个。其中台风"天鸽"影响较大,其台风灾害影响综合评估指数(CIDT)为 3.8,影响等级均为中灾(气象行业标准 QX/T 170—2012)。

2017 年,影响我国的台风共造成 35 人死亡、9 人失踪,直接经济损失 346.2 亿元;与 1990—2016 年平均值相比,台风造成的直接经济损失偏少,死亡人数明显减少;影响较大的台风是"天鸽",受灾较重的地区是广东。2017 年台风灾害影响综合评估指数(当年各台风 CIDT 之和)为 10.9,较 2000—2016 年平均值(27.7)偏低 16.8(图 2.4.1),因此 2017 年台风灾害为偏轻年份。

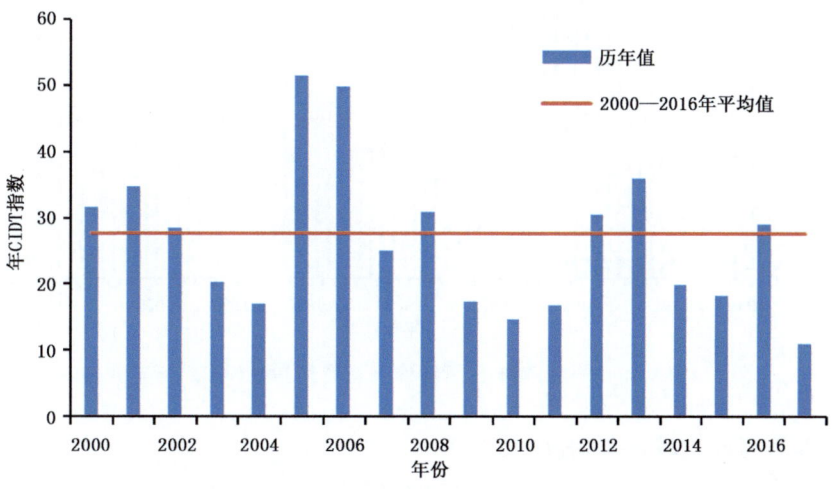

图 2.4.1 台风年灾害影响综合评估指数历年变化

## 一、基本特征

**1. 生成个数较常年偏多,活跃程度较低**

2017年,在西北太平洋和南海上共有28个台风生成(表2.4.1和图2.4.2),生成个数较常年(25.5个)平均值偏多2.5个。2017年台风累积气旋能量指数(Bell et al., 2000)为$4.0\times10^5$,较常年偏低($6.0\times10^5$),表明2017年西北太平洋和南海上台风活跃程度较低(图2.4.3)。

表2.4.1　在西北太平洋和南海上2017年与常年各月及全年台风生成个数

| 时间 | 1月 | 2月 | 3月 | 4月 | 5月 | 6月 | 7月 | 8月 | 9月 | 10月 | 11月 | 12月 | 全年 |
| --- | --- | --- | --- | --- | --- | --- | --- | --- | --- | --- | --- | --- | --- |
| 2017年生成个数 | 0 | 0 | 0 | 1 | 0 | 1 | 8 | 6 | 4 | 4 | 2 | 2 | 28 |
| 常年生成个数* | 0.33 | 0.10 | 0.30 | 0.60 | 1.03 | 1.70 | 3.70 | 5.80 | 4.87 | 3.60 | 2.33 | 1.13 | 25.5 |

\* 为1981—2010年30年平均值。

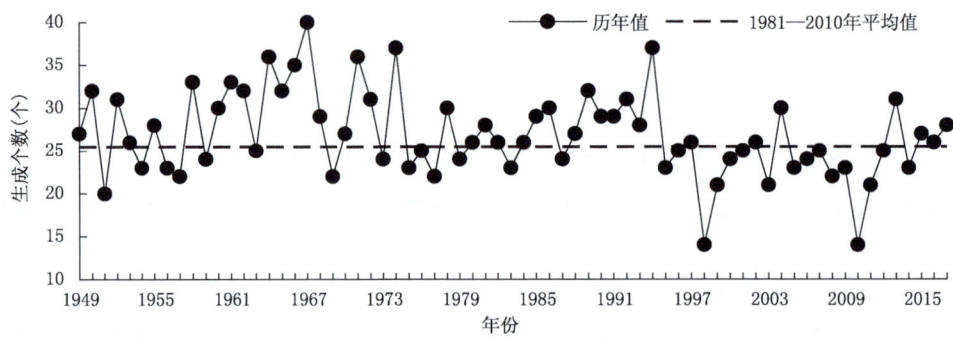

图2.4.2　1949—2017年在西北太平洋和南海上台风生成个数历年变化

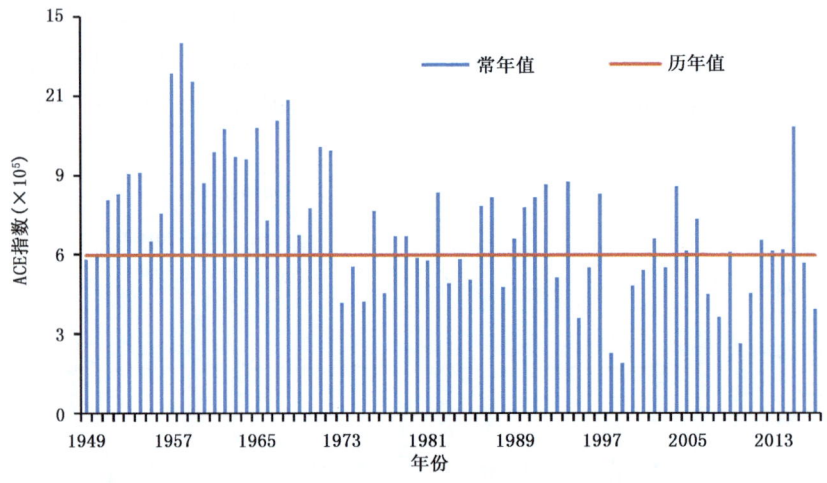

图2.4.3　1949—2017年台风累计气旋能量指数(ACE)历年变化

**2. 起编、停编时间均较常年偏晚**

2017年,最早开始编号的是1701号台风"梅花"(Muifa),其起编时间为4月23日,较常年(3月20日)偏晚44天,比2016年最早起编时间(7月3日)偏早71天。

2017年,最晚停止编号的是1727号台风"天秤"(Tembin),其停编时间为2017年12月26日,较常年(12月15日)偏晚11天,比2016年最晚停编时间(2016年12月28日)偏早2天。

### 3. 登陆个数较常年偏多

2017年共有9个台风(登陆时中心附近最大风力≥8级)在我国沿海登陆(表2.4.2和图2.4.4),登陆个数较常年(平均7.2个)偏多1.8个,较2016年登陆个数偏多1个。台风登陆比例为32.1%,较常年值(28.7%)偏高3.4%(图2.4.5)。2017年我国热带气旋年潜在影响力指数(尹宜舟 等,2013)为271,较常年偏低34,表明台风对我国的潜在影响一般(图2.4.6)。

表2.4.2 2017年与常年4—12月在我国登陆台风个数

| 时间 | 4月 | 5月 | 6月 | 7月 | 8月 | 9月 | 10月 | 11月 | 12月 | 总计 |
| --- | --- | --- | --- | --- | --- | --- | --- | --- | --- | --- |
| 2017年登陆个数 | 0 | 0 | 1 | 3 | 2 | 2 | 1 | 0 | 0 | 9 |
| 常年登陆个数* | 0.03 | 0.07 | 0.63 | 2.00 | 1.93 | 1.77 | 0.53 | 0.13 | 0.03 | 7.2 |

\* 为1981—2010年30年平均值。

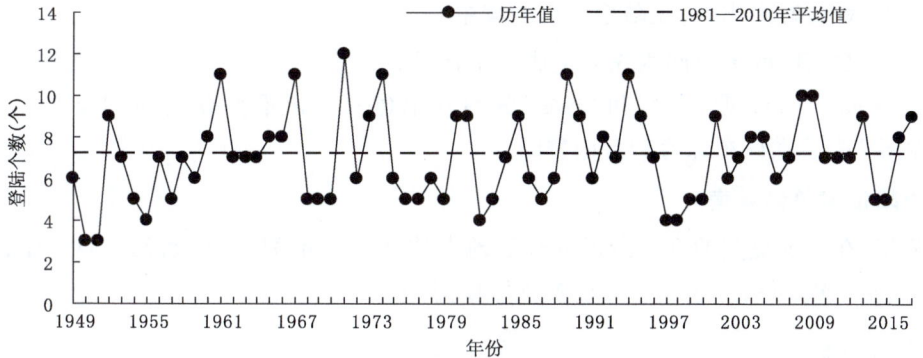

图2.4.4 1949—2017年在我国登陆台风个数历年变化

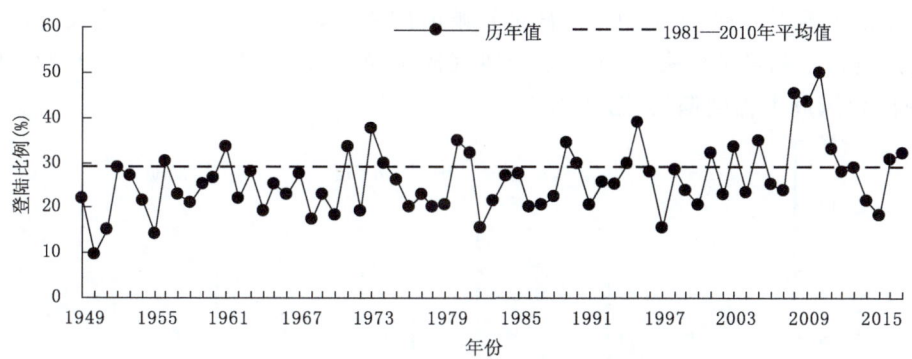

图2.4.5 1949—2017年台风在我国登陆比例历年变化

### 4. 初台登陆时间较常年偏早、终台登陆时间较常年偏晚

2017年第一个在我国登陆的台风是1702号"苗柏"(Merbok),其登陆时间为6月12日,较常年初台登陆时间(平均为6月25日)偏早13天。最后一个在我国登陆的台风是1720号"卡努"(Khanun),其登陆时间为10月16日,比常年末台登陆时间(平均为10月6日)偏晚10天。

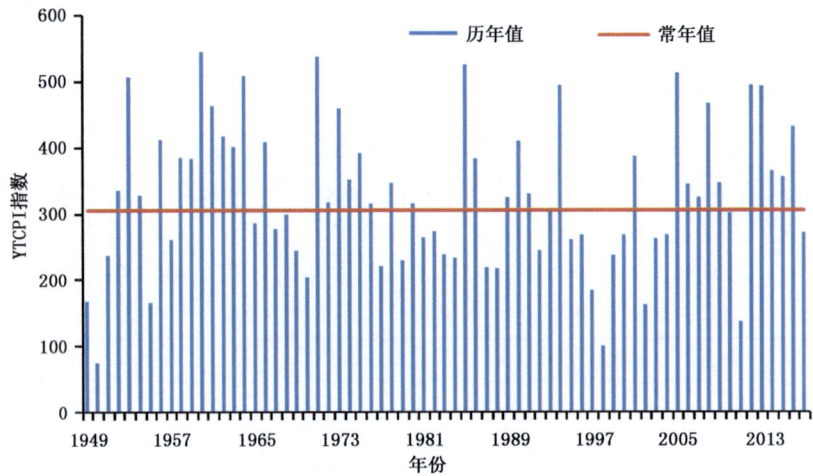

图 2.4.6　1949—2017 年全国热带气旋年潜在影响力指数（YTCPI）历年变化

**5. 生成、登陆时间集中，登陆地点高度集中**

7 月 22—23 日，两天时间内先后生成 4 个台风。

7 月 30—31 日，台风"纳沙"和"海棠"先后在福建福清市沿海登陆；8 月 23—27 日，台风"天鸽""帕卡"先后在广东珠海和台山登陆。

**6. 登陆位置总体偏南**

2017 年，在我国登陆的 9 个台风的登陆地点均在华南沿海，其中台湾 2 次，福建 2 次，广东 5 次，香港 1 次，海南 1 次。登陆位置总体偏南。

## 二、影响评价

2017 年，影响我国的台风带来了大量降水，对缓解南方部分地区的夏伏旱和高温天气以及增加水库蓄水等十分有利，但由于登陆或影响时间集中，部分地区降水强度大、风力强，造成了一定的人员伤亡和经济损失。2017 年台风气候指数为 3.0，较常年值（4.1）偏低 1.1，表明 2017 年我国台风危害程度偏低（图 2.4.7）。

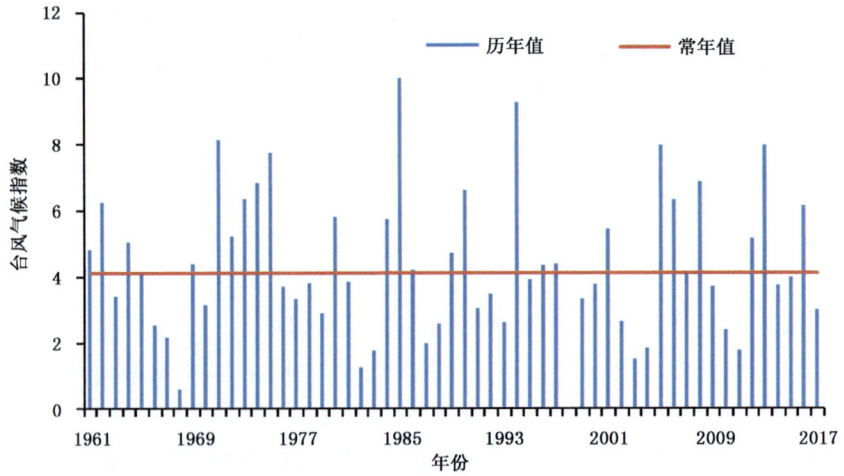

图 2.4.7　1961—2017 年全国台风气候指数历年变化

据统计,2017年全国共有13个省(区、市)受到台风的影响,受灾人口近587.9万人次,造成35人死亡、9人失踪,农作物受灾面积39.4万公顷,直接经济损失346.2亿元(表2.4.3)。其中死亡人数及直接经济损失均少于1990—2016年平均水平。造成损失较重的主要是台风"天鸽"。总体而言,2017年台风造成直接经济损失及死亡和失踪人数均低于近10年平均值。

表2.4.3  2017年全国台风主要灾情统计表

| 国内编号及中英文名称 | 登陆时间(月.日) | 登陆地点 | 最大风力(级)(风速(米/秒)) | 受灾地区 | 受灾人口(万人) | 死亡人口(人) | 失踪人口(人) | 转移安置(万人) | 倒塌房屋(万间) | 受灾面积(万公顷) | 直接经济损失(亿元) |
|---|---|---|---|---|---|---|---|---|---|---|---|
| 1702号"苗柏"(Merbok) | 6.12 | 广东深圳 | 10(25) | 广东 | 12.0 | | | 1.2 | 0.01 | 1.9 | 3.0 |
| | | | | 福建 | 6.7 | | | 1.2 | 0.02 | 0.2 | 2.9 |
| | | | | 江西 | 1.7 | | | | 0.01 | 0.1 | 0.1 |
| 1704号"塔拉斯"(Talas) | | | | 海南 | 21.0 | | | 4.0 | | 0.2 | 0.5 |
| | | | | 云南 | 0.2 | | | | | | |
| 1709号"纳沙"(Nesat) 1710号"海棠"(Haitang) | 7.29 7.30 7.30 7.31 | 台湾宜兰 福建福清 台湾屏东 福建福清 | 13(40) 12(33) 9(23) 8(20) | 福建 | 32.7 | | | 20.6 | 0.05 | 2.3 | 6.6 |
| | | | | 河北 | 38.9 | | | 0.7 | 0.01 | 3.3 | 4.1 |
| | | | | 山东 | 29.7 | | | 0.3 | 0.06 | 3.0 | 5.3 |
| | | | | 江西 | 6.1 | | | 0.1 | | 0.7 | 1.2 |
| | | | | 广东 | 8.4 | | | | | 0.2 | 0.5 |
| | | | | 河南 | 11.0 | | | | | 0.9 | 0.3 |
| 1713号"天鸽"(Hato) | 8.23 | 广东珠海 | 14(48) | 广东 | 142.4 | 13 | | 21.3 | 0.1 | 6.4 | 273.6 |
| | | | | 云南 | 70.7 | 9 | 9 | 1.2 | 0.1 | 3.9 | 13.8 |
| | | | | 广西 | 33.9 | 1 | | 1.0 | | 1.9 | 2.5 |
| | | | | 贵州 | 0.4 | | | | | 0.1 | 0.1 |
| | | | | 湖南 | 0.2 | | | | | | 0.3 |
| | | | | 福建 | 0.2 | | | 0.2 | | | |
| 1714号"帕卡"(Pakhar) | 8.27 | 广东珠海 | 11(30) | 广东 | 7.8 | | | 3.6 | | 1.2 | 6.8 |
| | | | | 云南 | 3.8 | 9 | | 0.2 | | 0.2 | 0.5 |
| | | | | 广西 | 2.7 | 3 | | | | 0.1 | 0.3 |
| | | | | 贵州 | 0.2 | | | | | | |
| 1716号"玛娃"(Mawar) | 9.3 | 广东陆丰 | 8(20) | 广东 | 3.2 | | | 2.2 | | | 0.1 |
| | | | | 福建 | 0.4 | | | 0.4 | | | |
| 1719号"杜苏芮"(Doksuri) | | | | 海南 | 18.3 | | | 4.4 | | 0.4 | 1.0 |
| 1720号"卡努"(Khanun) | 10.16 | 广东徐闻 | 10(25) | 广东 | 72.5 | | | 24.4 | 0.03 | 10.0 | 10.5 |
| | | | | 浙江 | 23.9 | | | 0.6 | | 1.9 | 11.5 |
| | | | | 海南 | 36.1 | | | 21.5 | | 0.4 | 0.7 |
| | | | | 广西 | 0.8 | | | | | | |
| 全年合计 | | | | | 587.9 | 35 | 9 | 109.1 | 0.39 | 39.4 | 346.2 |

1713号台风"天鸽"(Hato)于8月20日下午在台湾东南部洋面上生成,23日12时50分前后在广东珠海南部沿海登陆,登陆时中心附近最大风力14级(45米/秒),中心最低气压945百帕,"天鸽"在经过广东、广西后进入云南,并于24日20时在云南境内减弱停止编号。"天鸽"为2017年登陆我国最强台风,与1991年第11号台风"Fred"并列成为1949年以来8月登陆广东的最强台风。

受"天鸽"影响,8月22—25日,广东东部沿海和西南部、广西南部、云南东南部、贵州西部等地出现强风暴雨,广东珠三角及沿海地区出现11~14级大风,珠海、澳门、香港、珠江口阵风16~17级,局地超过17级(珠海桂山岛最大风速66.9米/秒)。"天鸽"具有鼎盛期登陆、正面袭击珠江口、强风及风暴潮破坏力大的特点。

由于强度强、风力大、雨势猛,又恰逢天文大潮,致使福建、浙江、江西、上海、江苏等省(市)遭受不同程度影响,其中福建受灾严重,厦门全城电力供应基本瘫痪、全面停水、基础设施损坏严重。据统计,台风"天鸽"共造成广东、广西、云南、贵州、福建、湖南6省(区)247.8万人受灾,23人死亡,9人失踪,23.7万紧急转移安置;房屋倒塌2000间,农作物受灾面积12.3万公顷,直接经济损失290.3亿元。另外,台风"天鸽"还造成澳门8人遇难。

## 第五节 雷电、冰雹与龙卷风及其影响

2017年全国共发生雷电灾害685起,其中造成火灾或爆炸16起;全国共有30个省(区、市)、1978个县(市)次出现冰雹或龙卷风,降雹次数比2007—2016年平均值(1742个县次)偏多。

受雷电、冰雹、龙卷风等强对流天气影响,全国累计1965.4万人次受灾,119人死亡,8人失踪;2000间房屋倒塌,13.2万间房屋不同程度损坏;农作物受灾面积226.8万公顷,其中绝收面积22.5万公顷;直接经济损失200.4亿元。2017年全国强对流天气造成的直接经济损失较2007—2016年平均值(339亿元)明显偏少,且与死亡人口均为2007年以来最少,其他灾情指标均比2007—2016年平均值偏少,特别是受灾面积和绝收面积为2007年以来第二少。其中新疆、山东、河北、山西、陕西等省(区)受灾最为严重。

### 一、基本特征

#### 1. 雷电

2017年全国共发生雷电灾害685起,其中造成火灾或爆炸16起,造成人身事故68起,导致63人身亡、67人受伤。雷电灾害在全国造成大量电子设备、电力系统、建筑物受损,雷击造成建筑物损坏事件87起,办公和家用电子电器损坏事件443起,损坏电子电器设备3990件,造成直接经济损失约0.26亿元,间接经济损失约0.12亿元。一次造成百万元以上直接经济损失的雷电灾害3起。2017年雷电造成的灾害事故主要集中在电力、教育、石化和通信等行业,其中电力行业雷灾事故49起,教育行业20起,石化行业19起,通信行业14起,交通行业4起,金融行业1起。

从2003—2017年全国雷电灾害对比表(表2.5.1)中可以看出,2017年雷电灾害事故、由雷灾造成的伤亡人数,以及导致的经济损失均延续了近年来的下降趋势,雷击死亡率也下降至约48.5%。

表 2.5.1  2003—2017 年全国雷电灾害统计表

| 年份 | 雷灾事故数（个） | 受伤人数（人） | 死亡人数（人） | 雷击死亡率（%） | 直接经济损失（亿元） | 间接经济损失（亿元） |
|---|---|---|---|---|---|---|
| 2003 | 7625 | 391 | 328 | 45.6 | 1.76 | 0.34 |
| 2004 | 8892 | 1059 | 770 | 42.1 | 2.24 | 0.35 |
| 2005 | 11026 | 690 | 646 | 48.4 | 2.45 | 0.28 |
| 2006 | 19982 | 640 | 717 | 52.8 | 3.84 | 0.96 |
| 2007 | 12967 | 718 | 827 | 53.5 | 4.25 | 7.43 |
| 2008 | 8604 | 345 | 446 | 56.4 | 2.24 | 6.21 |
| 2009 | 13481 | 310 | 371 | 54.5 | 2.31 | 6.41 |
| 2010 | 7515 | 261 | 319 | 55.0 | 1.82 | 3.58 |
| 2011 | 3993 | 241 | 253 | 51.2 | 1.99 | 1.78 |
| 2012 | 4600 | 193 | 214 | 52.6 | 1.44 | 1.20 |
| 2013 | 3380 | 177 | 178 | 50.1 | 2.46 | 3.24 |
| 2014 | 2076 | 118 | 170 | 59.0 | 0.72 | 0.44 |
| 2015 | 1346 | 68 | 106 | 60.9 | 0.56 | 0.43 |
| 2016 | 981 | 79 | 78 | 49.7 | 0.37 | 0.23 |
| 2017 | 685 | 67 | 63 | 48.5 | 0.26 | 0.12 |

2017 年全国雷电灾情的空间分布如图 2.5.1 所示。从统计结果可以看出，我国沿海地区，尤其是南方沿海地区，仍是雷电灾害的多发区。2017 年全年雷灾事故过百起的 2 个省份分别为广东和浙江，均为南方沿海省份，年雷灾事故数分别达到 214 起和 126 起。在年雷灾事故数排名前 10 的省份中，沿海省份有占 60%，南方中部地区省份占 20%。

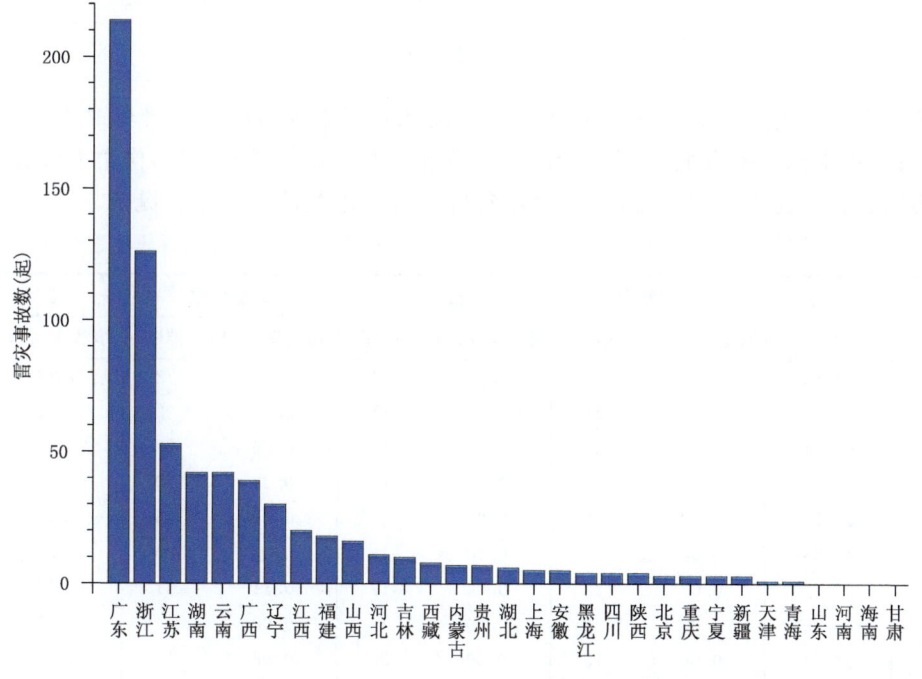

图 2.5.1  2017 年全国各省（区、市）雷灾事故分布

从雷击导致的伤亡人数方面来看(图 2.5.2),全年雷击伤亡超过 10 人的省份有 5 个,分别是湖南(23 人)、云南(23 人)、广西(15 人)、广东(13 人)和四川(10 人)。雷击导致死亡人数最多的是云南(9 人),湖南、广西和广东的死亡人数也较多(7 人)。从伤亡分布来看,西南地区和南方中部地区较为突出。

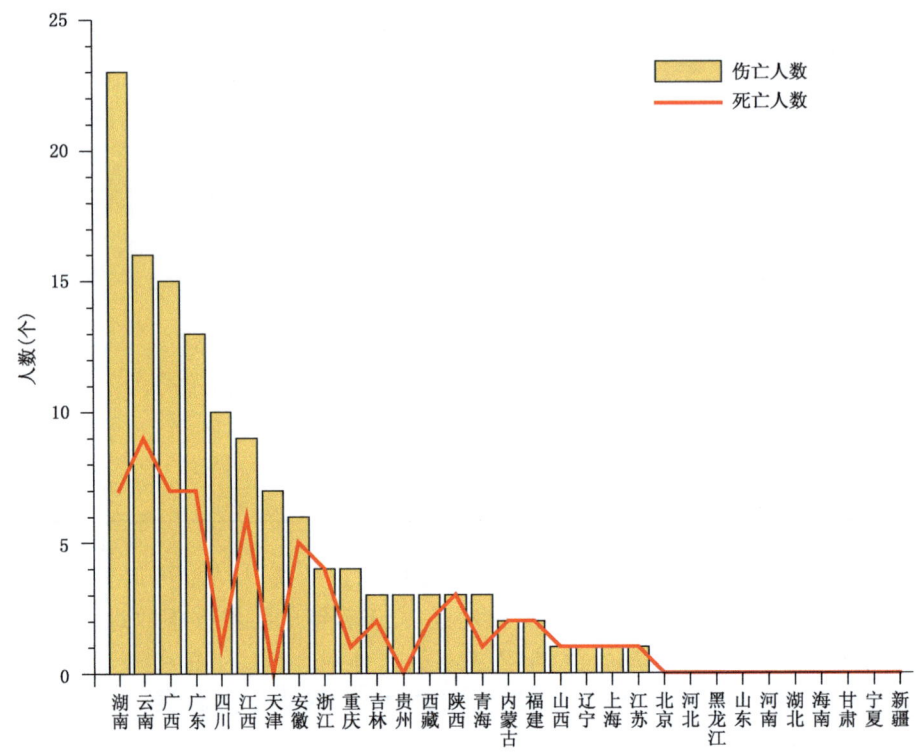

图 2.5.2　2017 年全国各省(区、市)雷击伤亡人数分布

在考虑人口权重(表 2.5.2)后,雷灾事故率浙江和广东等沿海省份排名靠前,西藏自治区升至首位;在雷击伤亡率方面,西藏自治区、天津市和青海省分列前三位,伤亡人数较多的云南省排名第四。在考虑人口权重后,西部地区省份的雷灾相关排名有显著提升。

表 2.5.2　2017 年全国各省(区、市)每百万人口雷击死亡率、受伤率、伤亡率和雷灾事故发生率及其排序统计表

| 省份 | 人口数*（百万） | 雷击死亡 | | 雷击受伤 | | 雷击伤亡 | | 总雷灾事故 | |
|---|---|---|---|---|---|---|---|---|---|
| | | 死亡率(%) | 排序 | 受伤率(%) | 排序 | 伤亡率(%) | 排序 | 事故率(%) | 排序 |
| 北京 | 13.82 | 0.00 | 20 | 0.00 | 14 | 0.00 | 22 | 0.22 | 16 |
| 天津 | 10.01 | 0.00 | 21 | 0.70 | 1 | 0.70 | 2 | 0.10 | 23 |
| 河北 | 67.44 | 0.00 | 22 | 0.00 | 15 | 0.00 | 23 | 0.16 | 19 |
| 山西 | 32.97 | 0.03 | 16 | 0.00 | 16 | 0.03 | 19 | 0.49 | 11 |
| 内蒙古 | 23.76 | 0.08 | 8 | 0.00 | 17 | 0.08 | 15 | 0.29 | 15 |
| 辽宁 | 42.38 | 0.02 | 17 | 0.00 | 18 | 0.02 | 20 | 0.71 | 7 |
| 吉林 | 27.28 | 0.07 | 12 | 0.04 | 12 | 0.11 | 11 | 0.37 | 13 |
| 黑龙江 | 36.89 | 0.00 | 23 | 0.00 | 19 | 0.00 | 24 | 0.11 | 22 |
| 上海 | 16.74 | 0.06 | 13 | 0.00 | 20 | 0.06 | 17 | 0.30 | 14 |
| 江苏 | 74.38 | 0.01 | 18 | 0.00 | 21 | 0.01 | 21 | 0.71 | 6 |

续表

| 省份 | 人口数*(百万) | 雷击死亡 | | 雷击受伤 | | 雷击伤亡 | | 总雷灾事故 | |
|---|---|---|---|---|---|---|---|---|---|
| | | 死亡率(%) | 排序 | 受伤率(%) | 排序 | 伤亡率(%) | 排序 | 事故率(%) | 排序 |
| 浙江 | 46.77 | 0.09 | 7 | 0.00 | 22 | 0.09 | 13 | 2.69 | 2 |
| 安徽 | 59.86 | 0.08 | 9 | 0.02 | 13 | 0.10 | 12 | 0.08 | 26 |
| 福建 | 34.71 | 0.06 | 14 | 0.00 | 23 | 0.06 | 18 | 0.52 | 10 |
| 江西 | 41.40 | 0.14 | 5 | 0.07 | 10 | 0.22 | 7 | 0.48 | 12 |
| 山东 | 90.79 | 0.00 | 24 | 0.00 | 24 | 0.00 | 25 | 0.00 | 28 |
| 河南 | 92.56 | 0.00 | 25 | 0.00 | 25 | 0.00 | 26 | 0.00 | 29 |
| 湖北 | 60.28 | 0.00 | 26 | 0.00 | 26 | 0.00 | 27 | 0.10 | 24 |
| 湖南 | 64.40 | 0.11 | 6 | 0.25 | 4 | 0.36 | 5 | 0.65 | 8 |
| 广东 | 86.42 | 0.08 | 11 | 0.07 | 11 | 0.15 | 8 | 2.48 | 3 |
| 广西 | 44.89 | 0.16 | 4 | 0.18 | 5 | 0.33 | 6 | 0.87 | 5 |
| 海南 | 7.87 | 0.00 | 27 | 0.00 | 27 | 0.00 | 28 | 0.00 | 30 |
| 重庆 | 30.90 | 0.03 | 15 | 0.10 | 8 | 0.13 | 9 | 0.10 | 25 |
| 四川 | 83.29 | 0.01 | 19 | 0.11 | 7 | 0.12 | 10 | 0.05 | 27 |
| 贵州 | 35.25 | 0.00 | 28 | 0.09 | 9 | 0.09 | 14 | 0.20 | 17 |
| 云南 | 42.88 | 0.21 | 2 | 0.16 | 6 | 0.37 | 4 | 0.98 | 4 |
| 西藏 | 2.62 | 0.76 | 1 | 0.38 | 3 | 1.15 | 1 | 3.05 | 1 |
| 陕西 | 36.05 | 0.08 | 10 | 0.00 | 28 | 0.08 | 16 | 0.11 | 21 |
| 甘肃 | 25.62 | 0.00 | 29 | 0.00 | 29 | 0.00 | 29 | 0.00 | 31 |
| 青海 | 5.18 | 0.19 | 3 | 0.39 | 2 | 0.58 | 3 | 0.19 | 18 |
| 宁夏 | 5.62 | 0.00 | 30 | 0.00 | 30 | 0.00 | 30 | 0.53 | 9 |
| 新疆 | 19.25 | 0.00 | 31 | 0.00 | 31 | 0.00 | 31 | 0.16 | 20 |
| 全国 | 1262.28 | 0.07 | | 0.08 | | 0.16 | | 0.54 | |

\* 人口数来自于我国第五次全国人口普查。

2017 年全国雷电灾情时间分布如图 2.5.3 所示。雷灾事故主要集中发生在 6—9 月。雷灾事故数在 7 月达到峰值,雷击受伤人数在 5 月达到峰值,身亡人数则在 8 月达到峰值,分别约占全年的 23.8%、35.8% 和 31.8%。

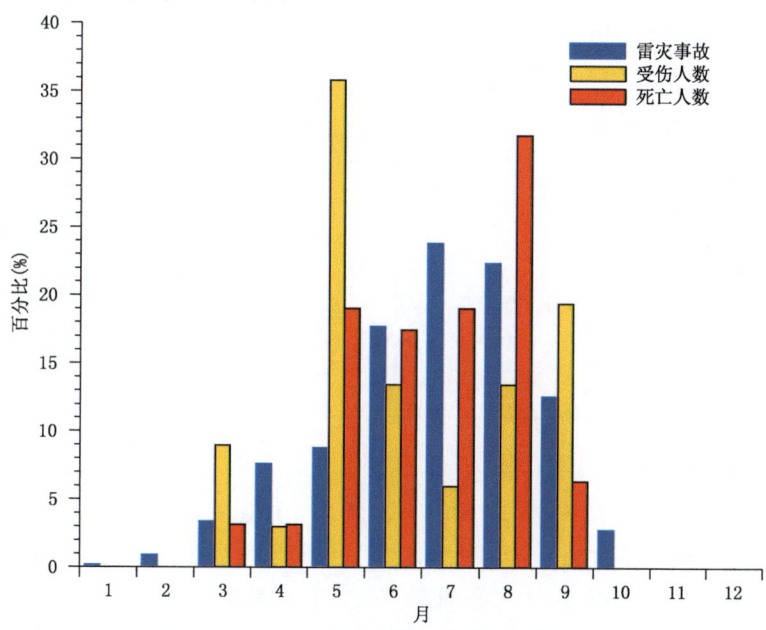

图 2.5.3 2017 年全国雷电灾害百分比月变化

## 2. 冰雹

**(1)降雹次数偏多**

2017年,全国30个省(市、区)遭受冰雹袭击。据统计,共有1964个县(市)次出现冰雹,降雹次数比2007—2016年平均值(1742个县次)偏多。

**(2)初雹、终雹时间均偏早**

2017年,全国最早一次冰雹天气出现在1月4日(云南省德宏傣族景颇族自治州瑞丽市),初雹时间较常年(平均出现在2月上旬)偏早;最晚一次冰雹天气出现在11月23日(云南省德宏傣族景颇族自治州瑞丽市),终雹时间较常年(平均出现在11月中旬)略偏晚。

**(3)降雹主要集中在夏季和春季**

从降雹的季节分布来看,2017年夏季出现冰雹最多,共有1377个县(市)次,占全年降雹总次数的70.1%;春季降雹次多,共有492个县(市)次,占全年的25.1%;秋季共有89个县(市)次降雹,占全年的4.5%;冬季只有6个县(市)次降雹,仅占全年的0.3%。

从各月降雹情况看,2017年7月最多,共有525个县(市)次降雹,占全年的26.7%;6月次多,498个县(市)次降雹,占全年的25.4%;8月、5月和4月分居第三、第四和第五位,分别有354个县(市)次、338个县(市)次、102个县(市)次降雹,各占全年的18.0%、17.2%和5.2%。

**(4)华北、西北、西南地区东部及东北北部等地降雹较多**

2017年,我国降雹较多的是华北、西北、西南地区东部等地。从各省(区)分布来看,云南最多,降雹204县(市)次;河北次多,降雹188县次;甘肃居第三位,降雹160县次;新疆(136县次)、内蒙古(123县次)、陕西(120县次)、山西(119县次)、河南(98县次)、贵州(93县次)和四川(91县次)等省(区)降雹均超过80县次,局部受灾较重。

## 3. 龙卷风

**(1)发生次数明显偏少**

2017年全国有10个省(自治区)18个县(市、区)发生了龙卷风(表2.5.3),龙卷风出现次数较2001—2016平均次数(每年58个县次)明显偏少。

表2.5.3  2017年龙卷风简表

| 发生时间(月.日) | 发生地点 | 发生时间(月.日) | 发生地点 |
| --- | --- | --- | --- |
| 5.11 | 江西省南昌市南昌县 | 8.1 | 江苏省淮安市淮安区 |
| 5.13 | 海南省三亚市 | 8.3 | 吉林省长春市农安县 |
| 6.1 | 河南省信阳市平桥区 | 8.11 | 内蒙古赤峰市克什克腾旗、翁牛特旗 |
| 6.26 | 广东省湛江市雷州市 | 8.11 | 河南省驻马店市确山县 |
| 7.6 | 河南省商丘市虞城县、周口市淮阳县 | 8.16 | 广东省湛江市雷州市 |
| 7.15 | 江苏省扬州市宝应县 | 8.21 | 黑龙江省黑河市嫩江县 |
| 7.18 | 黑龙江省绥化市北林区 | 8.23 | 广西玉林市北流市 |
| 7.20 | 辽宁省铁岭市昌图县 | 9.5 | 吉林省松原市扶余市 |

**(2)主要发生在夏季和春季**

从2017年龙卷风的季节分布来看,夏季最多,出现龙卷风15县次,占全年总数的83.3%;春季次多,出现2县次,占全年的11.1%;秋季出现1县次,占全年的5.6%;冬季没有出现龙卷风。从月际分布来看,8月龙卷风最多,发生8县次,占全年的44.4%;7月次多,发生5县次,占全年的27.8%;5月和6月各发生2县次,分别占全年的11.1%;9月发生1县次,占全年的 5.6%;其他月份未发生龙卷风。

(3)江西、广东、海南、内蒙古发生相对较多

从 2017 年龙卷风发生的地区分布来看,河南最多,有 4 县次,占全国龙卷风总数的 22.2%;广东、江苏、黑龙江、吉林、内蒙古次多,各有 2 县次,分别占全国总数的 11.1%;江西、海南、辽宁、广西各有 1 个县次,分别占全国总数的 5.6%。

## 二、灾情特征

**1. 全国灾情**

2017 年,全国因雷电、冰雹与龙卷风等强对流天气灾害共造成 1965.4 万人次受灾,119 人死亡,8 人失踪;2000 间房屋倒塌,13.2 万间房屋不同程度损坏;农作物受灾面积 226.8 万公顷,其中绝收 22.5 万公顷;直接经济损失 200.4 亿元。2017 年全国强对流天气造成的直接经济损失较 2007—2016 年平均值(339 亿元)明显偏少,且与死亡人口均为 2007 年以来最少,其他灾情指标均比 2007—2016 年平均值偏少,特别是受灾面积和绝收面积为 2007 年以来第二少(图 2.5.4)。

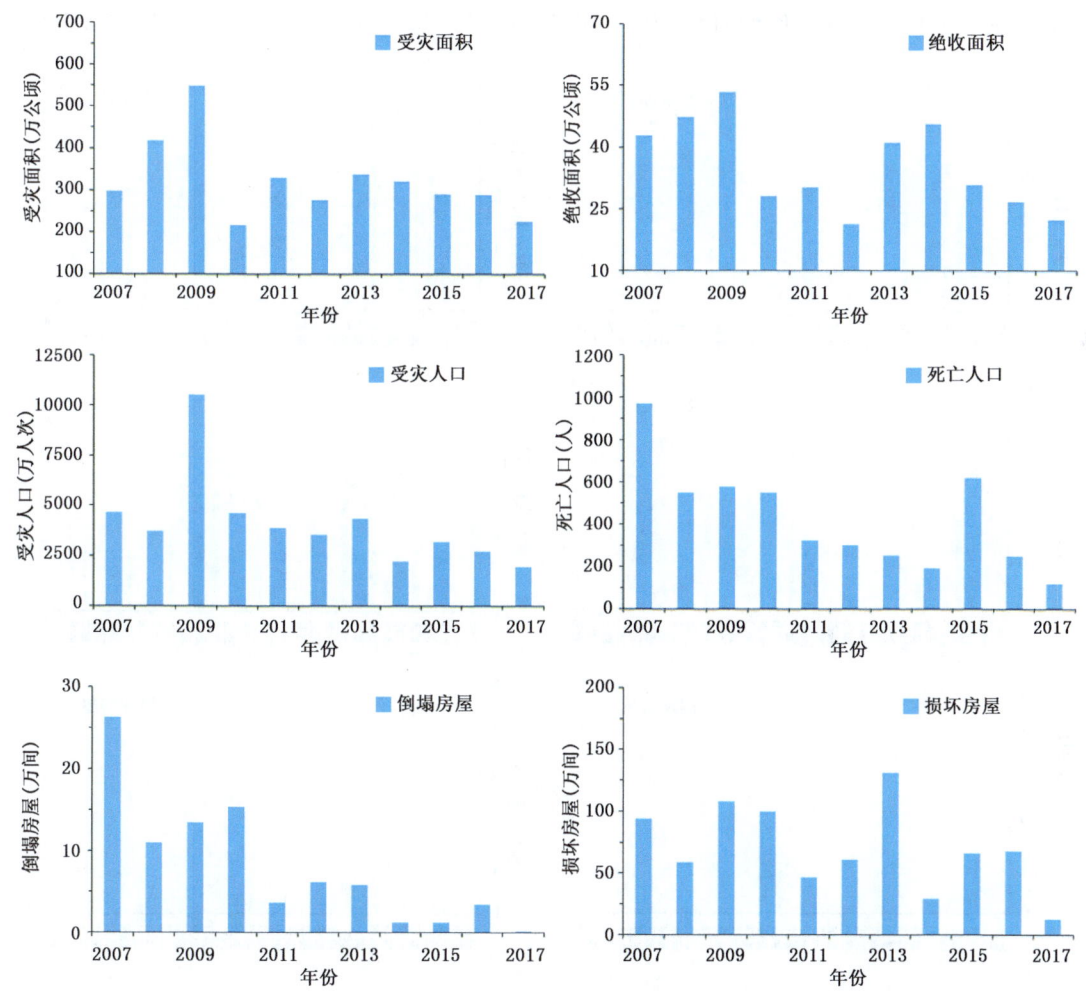

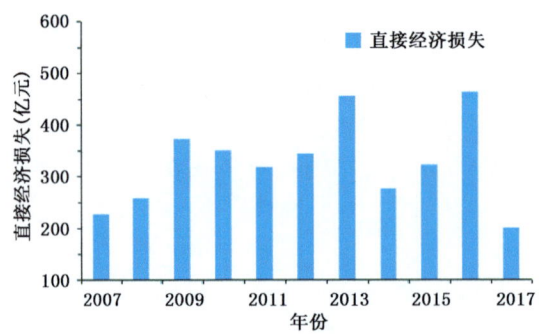

图 2.5.4　全国雷电、冰雹与龙卷风等强对流天气灾情指标

### 2. 各省（区、市）灾情

从 2017 年各省（区、市）灾情来看（图 2.5.5），2017 年因雷电、冰雹与龙卷风等强对流天气灾害受灾面积较大的省（区）为黑龙江、内蒙古、山东，分别为 32.5 万公顷、25.5 万公顷和 22.7 万公顷；绝收面积较大的省（区）为新疆、黑龙江、内蒙古，分别为 4.0 万公顷、3.2 万公顷和 2.9 万公顷；受灾人口较多的省份为河北、山东、河南，分别为 332.6 万人、293.5 万人和 253.6 万人；

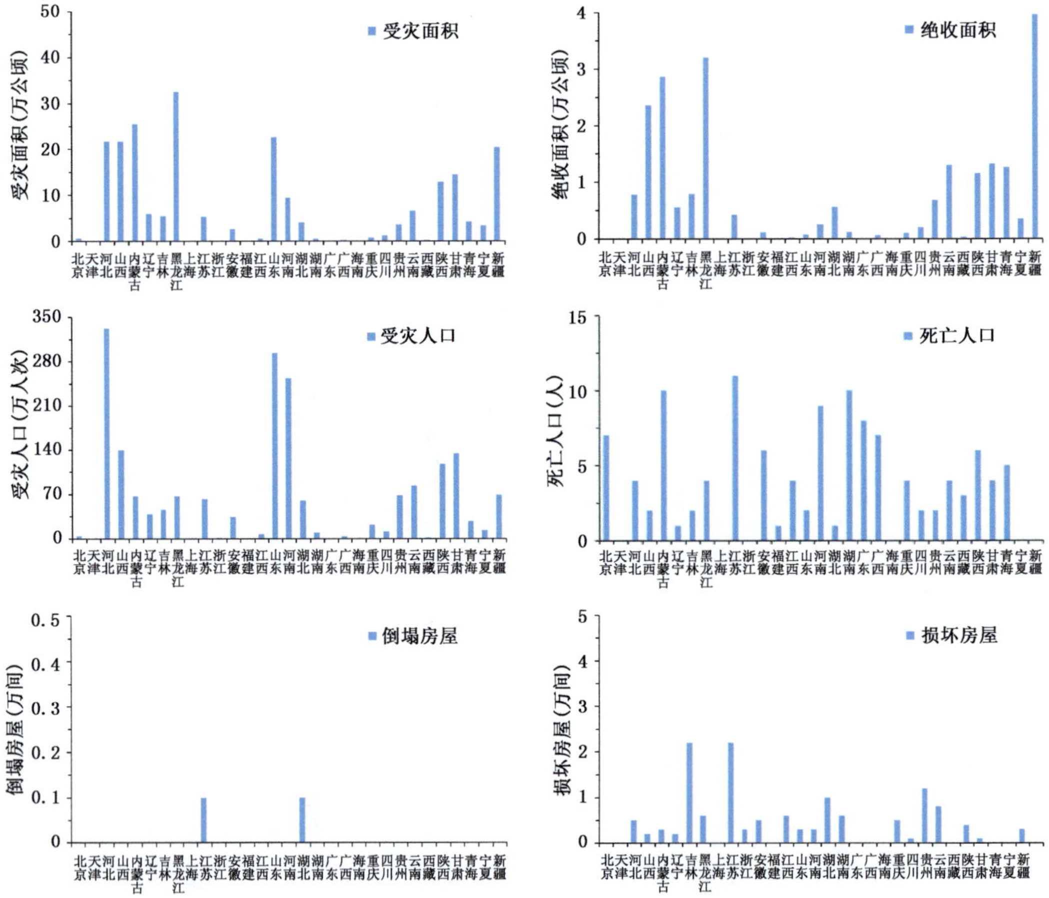

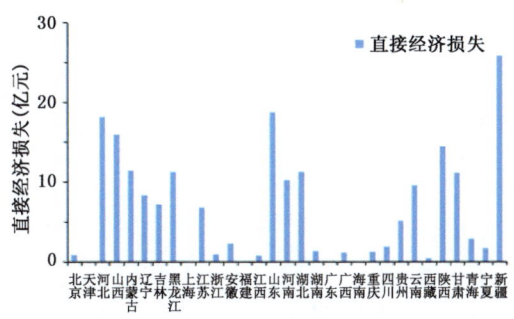

图 2.5.5　2017 年各省(区、市)冰雹与龙卷风等强对流天气灾情指标

死亡人口较多的省(区)为江苏、内蒙古、湖南,分别为 11 人、10 人和 10 人;倒塌房屋较多的省份为江苏,为 0.1 万间;损坏房屋较多的省份为江苏、吉林、贵州,分别为 2.2 万间、2.2 万间和 1.2 万间;直接经济损失较大的省份为新疆、山东、河北,数值分别为 25.8 亿元、18.7 亿元、18.2 亿元。

考虑受灾面积、绝收面积、受灾人口、死亡人口、倒塌房屋、损坏房屋、直接经济损失 7 种灾情指标,定义各省(区、市)灾情综合指数为各省(区、市)各灾情指标占全国比重(单位取%)之和。2017 年的计算结果显示,受灾最为严重的省份为江苏,之后依次为河北、黑龙江,综合灾情指数分别为 86.6、46.2 和 45.5(图 2.5.6)。从单一指标看,江苏倒塌房屋占全国比重最大,为 50.0%;河北受灾人口占全国比重为 16.9%;黑龙江受灾面积占全国比重最大,为 14.3%。另外新疆、内蒙古等省(区)受灾也较为严重,其中新疆直接经济损失占全国比重最大。

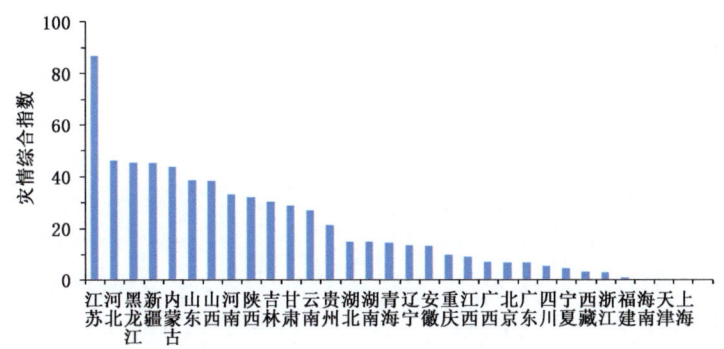

图 2.5.6　2017 年各省(区、市)冰雹与龙卷风等强对流天气灾情综合指数

### 三、主要事件及影响

2017 年全国主要雷电、冰雹与龙卷风事件见附录 B。

## 第六节　低温冷冻和雪灾及其影响

2017 年,全国因低温冷冻和雪灾共造成 161.7 万人次受灾,农作物受灾面积 52.5 万公顷,绝收 8.3 万公顷,直接经济损失 18.9 亿元。与 2012—2016 年平均值相比,死亡人数、受灾面积、经济损失均偏少。总体而言,2017年属低温冷冻及雪灾偏轻年份。

## 一、基本特征

2017年,全国平均霜冻日数(日最低气温≤2℃)112.5天,较常年偏少约9.2天,为1961年以来第三少(图2.6.1),仅次于1998年和2016年。

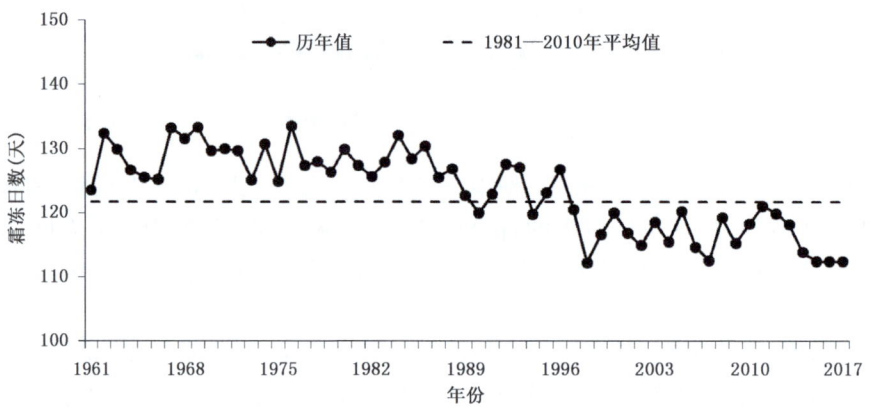

图 2.6.1　1961—2017年全国平均霜冻日数历年变化

2017年,全国平均降雪日数为13.0天,比常年偏少13.3天,为1961年以来最少(图2.6.2)。

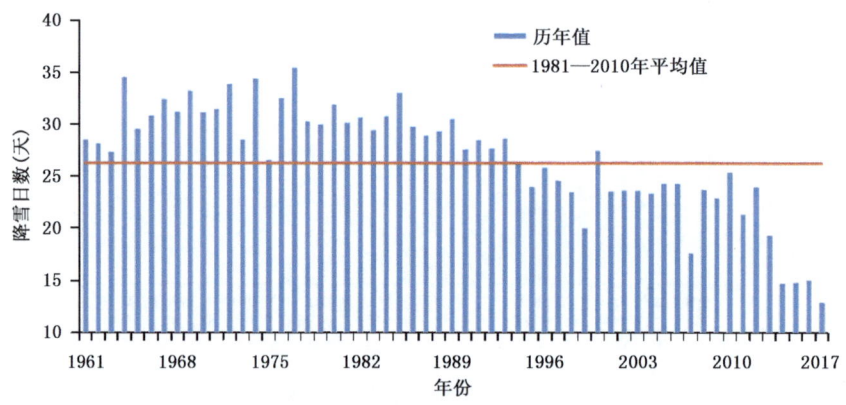

图 2.6.2　1961—2017年全国平均年降雪日数历年变化

2017年降雪日数分布图显示,东北东部和北部、内蒙古东部、新疆北部、青藏高原中东部大部地区降雪日数普遍有30～60天,高原局部、内蒙古局部和吉林局部地区超过60天,全国其余大部不足30天。与常年相比,全国大部地区降雪日数偏少,东北北部和东部、内蒙古东部、新疆北部、青藏高原大部地区偏少20～50天,高原中部和东部部分地区偏少50～70天,新疆和高原的局部地区偏少70天以上(图2.6.3)。

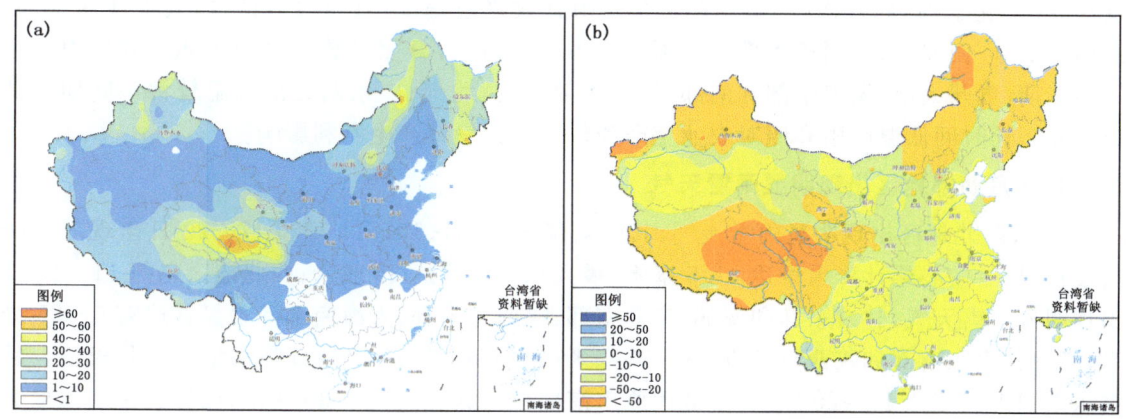

图 2.6.3  2017 年全国降雪日数(a)及距平(b)分布图(单位:天)

## 二、低温冷冻和雪灾的影响

2017 年,我国主要低温冷冻和雪灾事件有:1 月中东部遭遇 3 次大范围冷空气过程;2 月中东部出现两次大范围降温和雨雪天气过程,新疆遭受暴雪袭击;3 月南方大部地区阴雨寡照,东部出现两次强冷空气过程,西部地区部分遭遇雪灾;12 月,5 次冷空气过程影响全国,北方部分地区遭受雪灾。

### 1. 1 月中东部地区遭遇 3 次大范围冷空气

1 月,中东部大部地区受 3 次大范围冷空气影响,其中 19—22 日为强冷空气过程。东北、河北、山西、内蒙古和新疆等地共 52 站日降温幅度达到极端事件标准,其中辽宁西丰(24.3℃)、吉林桦甸(23.0℃)、白山(17.9℃)等 6 站日降温幅度突破历史极值。冷空气导致大风和降雪天气对春运造成不利影响,多条高速封闭,机场航班延误,逾万名旅客出行受阻;渤海海峡部分省际航线停航。

### 2. 2 月中东部遭遇两次强冷空气和雨雪天气过程,新疆遭受暴雪袭击

2 月,受强冷空气过程影响,中东部大部地区出现两次大范围降温雨雪天气过程,其中 20—22 日的过程降温幅度大、雨雪范围广。冷空气和雨雪过程天气给农业基础设施和畜牧业生产及交通出行带来不利影响。2 月 17—21 日北疆大部地区降雪 12~25 毫米,乌鲁木齐等 15 站日降水量居 2 月历史同期第一位,北疆沿天山一带新增积雪深度达 25 厘米以上,乌鲁木齐最大新增积雪 29 厘米。暴雪对高速公路、航班、农牧业都有不同程度的不利影响,乌鲁木齐机场跑道关闭,航班取消 36 架;吐鲁番机场备降 13 个航班;部分地区基础农业设施受损,对牧区放牧牲畜采食不利,造成昌吉州等地居民房屋倒塌,大棚损坏,经济损失较大,喀什地区部分巴旦木花芽受冻。

### 3. 3 月东部地区出现两次强冷空气过程,南方遭遇低温阴雨寡照天气

3 月,东部地区出现两次强冷空气过程。其中,1—2 日长江以北大部地区遭遇强冷空气过程,东北地区及黄淮东部地区降温 6~8℃,东北北部和中部地区降温幅度超过 8℃;东北、华北和黄淮东部地区还出现降雪天气。13—15 日黄河下游以南大部地区遭遇强冷空气过程,江汉、江淮西部、江南西部、华南地区降温幅度普遍在 6℃以上,其中华南西部和中部地区降温幅

度在8℃以上。月内,江南、华南及贵州等地雨日数普遍偏多,日照时数偏少,其中江西中部、湖南南部、广西北部、贵州东南部等地雨日偏多5天以上,日照时数偏少30～60小时,中旬至下旬中期,贵州大部、湖南中部和南部、江西南部、广西北部、广东西北部气温较常年同期偏低1～4℃。长时间低温阴雨寡照对农业生产和作物生长发育产生不利影响。

#### 4. 3月西部地区出现明显雨雪天气

3月,西北地区出现明显雨雪天气,其中新疆3—6日、10—14日和17—22日出现3次降雪过程,降雪中心累计降雪量达41.5毫米,最大积雪深度达36厘米;西北地区东部11—13日出现明显雨雪天气,甘肃东部和南部、宁夏南部、陕西中南部、青海南部降水量普遍有5～25毫米,其中甘肃东南部和陕西南部有25～50毫米;4省(区)有23个站日降水量破3月极值。甘肃东部积雪深度达10～20厘米;宁夏固原市南部积雪深度达15～30厘米,泾源县香水镇最大积雪深度达35厘米。大范围雨雪天气对交通运输和农牧业产生不利影响。

#### 5. 12月5次冷空气过程影响全国,北方部分地区遭受雪灾

12月有5次冷空气过程影响我国。其中11—12日强冷空气过程影响内蒙古东部、东北南部及华北北部,降温幅度达6～12℃。月内,内蒙古、黑龙江、安徽、云南等地14站日降温幅度达到极端事件标准,内蒙古阿尔山和新巴尔虎右旗日降温幅度突破历史极值;云南、海南等地15站连续降温幅度达到极端事件标准,降温幅度达11～17℃。受冷空气影响,新疆西部、西北地区东部、内蒙古中东部、东北、华北大部、黄淮、江汉、江淮北部、四川北部、贵州西部等地出现降雪天气,其中黑龙江、吉林等地出现大到暴雪,吉林东南部局地积雪超过20厘米。降雪过程导致道路结冰,对吉林、河北、河南等地交通造成不利影响。16—20日江南东部、华南大部等地气温偏低2～4℃,气温0℃线南压至华南北部一带,部分地区发生霜冻害或寒害,对露地蔬菜、经济林果等生长发育及设施农业、水产养殖产生不利影响。

## 第七节 高温及其影响

2017年,全国共出现5次区域性高温天气过程,夏季全国平均高温(日最高气温≥35℃)日数为10.7天,比常年同期偏多3.8天,为1961年以来同期最多;北方高温出现早,南方高温强度大。持续高温天气对人体健康、作物生长和用电负荷产生一定影响。

### 一、基本特征

#### 1. 高温日数为1961年以来最多

2017年夏季,全国平均高温(日最高气温≥35℃)日数为10.7天,比常年同期(6.9天)偏多3.8天,为1961年以来同期最多(图2.7.1)。空间分布上,华北东南部、黄淮西部、江淮南部、江汉西部、江南大部、华南东部、西南地区东北部及南疆大部、北疆部分地区、内蒙古西部、陕西东南部等地高温日数有20～40天,其中浙江大部、江西中南部、福建大部、重庆大部及新疆东南部等地超过40天(图2.7.2(a))。与常年同期相比,华北南部、黄淮大部、江淮大部、江汉、江南东部和西部、华南东部、西南地区东北部及新疆、甘肃、内蒙古、宁夏、陕西大部高温日数偏多5～10天,其中上海、重庆大部及河北、山东、山西、河南、江苏、浙江、福建、湖南、贵州、四川、陕西、新疆等地部分地区偏多10天以上(图2.7.2(b))。

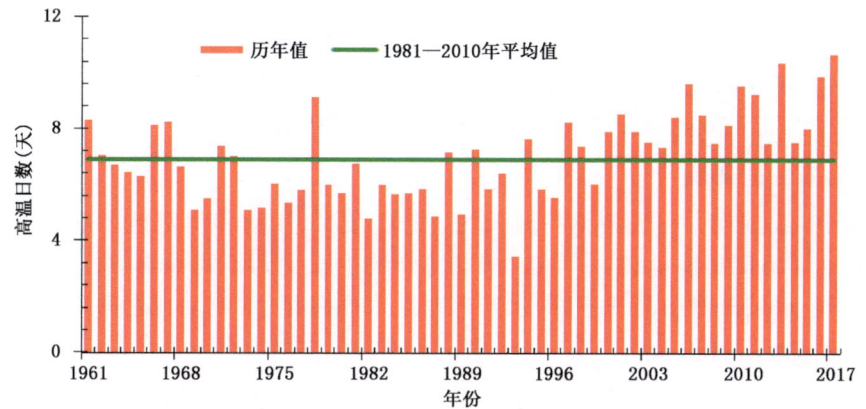

图 2.7.1  1961—2017 年全国夏季高温日数历年变化

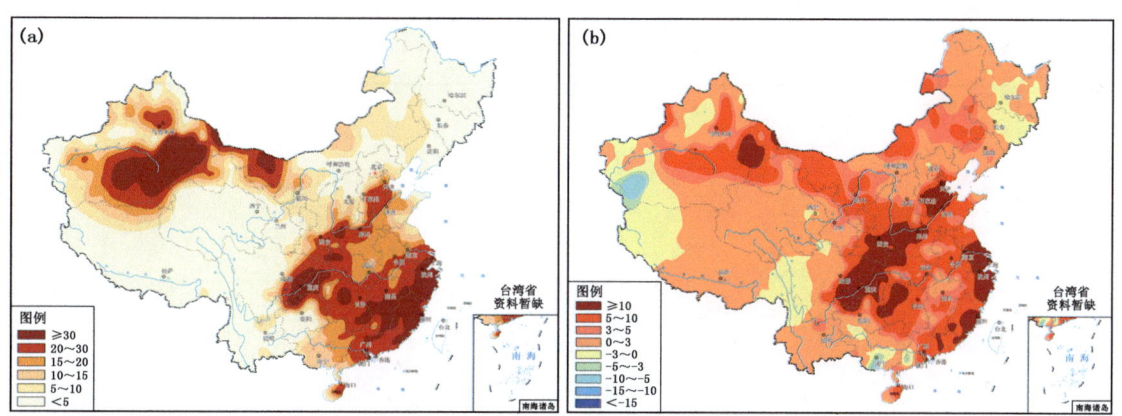

图 2.7.2  2017 年全国夏季高温日数(a)及其距平(b)分布图(单位:天)

**2. 北方高温过程早**

2017年,我国共出现5次区域性高温过程,分别为:5月17—19日、6月27日至7月4日、7月7日至8月25日、8月27—31日和9月24—28日。5月17—19日,东北、华北、黄淮等地出现今年首次高温过程,其中东北、华北为1961年以来最早;68站日最高气温达到或突破当地5月历史极值,内蒙古高力板(43.6℃)、吉林洮南(42.7℃)等地超过42℃。

**3. 南方高温强度大**

7月中下旬,南方地区出现大范围持续高温天气,浙江、江苏、安徽、重庆、陕西、湖北、湖南的部分地区日最高气温超过40℃,其中陕西旬阳(44.7℃)、重庆江津(42.5℃)等6县(区)超过42℃;7月21日上海徐家汇最高气温达40.9℃,打破了徐家汇1873年以来的历史纪录。

## 二、主要影响

**1. 高温对人体健康的影响**

2017年夏季,我国中东部地区热指数达到危险和极端危险等级的日数普遍在30天以上,其中黄淮中南部、江淮、江汉、江南、华南、西南地区东北部及陕西东南部等地有50～70天,福建中南部、江西东南部、广东大部、广西东南部及海南超过70天(图2.7.3)。

受持续高温影响,江苏、浙江、安徽、江西等多地出现高温中暑病例,江苏南京在7月12—18日的一周内共接到78例中暑患者;7月16—25日,浙江杭州萧山区11人中暑死亡;7月26—27日,安徽合肥120急救中心接中暑呼救47次,创历史新高。

**2. 高温对农业的影响**

7月中下旬,我国南方出现持续高温天气,江淮、江汉、江南和华南地区部分农田出现缺墒和旱情,部分地区稻田出现龟裂,一季稻、棉花等作物生长受到不利影响;高温造成茶叶和水果出现灼伤,蔬菜、水果产量和品质下降,水产养殖区水质恶化、水产品死亡率增加。

**3. 高温对能源的影响**

受大范围持续高温天气影响,7月以来,全国发电量持续攀升。截至7月26日零时,全国单日最高发电量达211.22亿千瓦时,已7次创下历史新高。山东、上海、江苏、安徽和湖南等省电网用电负荷突破往年极值。其中,江苏电网24日用电量首次突破1亿千瓦,并于24日晚达到最大负荷10 218万千瓦,成为全国负荷最高的省级电网。

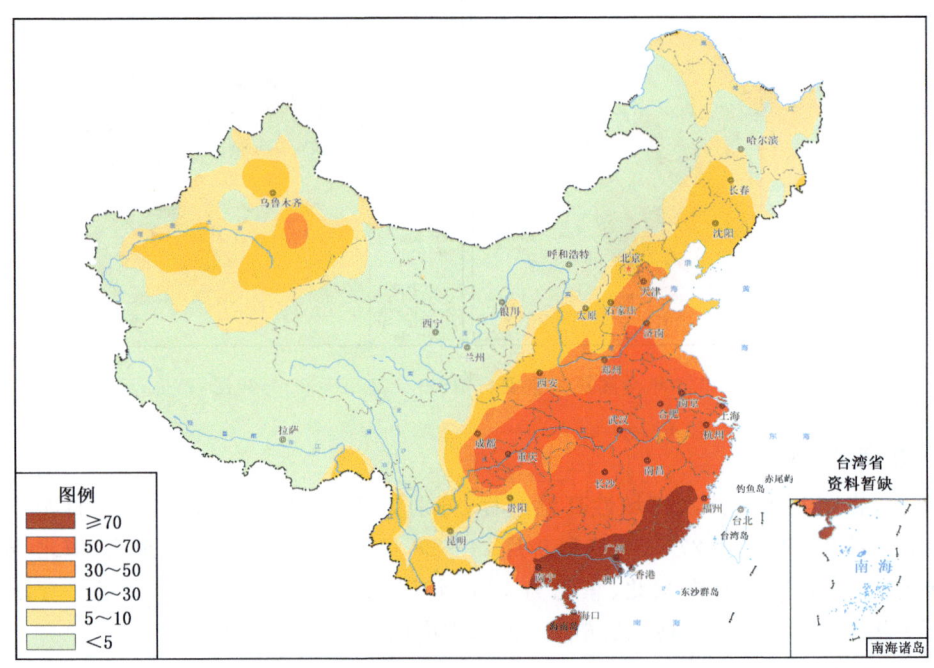

图2.7.3　2017年夏季全国热指数达到危险和极端危险日数分布图(单位:天)

## 第八节　沙尘天气及其影响

2017年,我国共出现8次沙尘天气过程,其中6次出现在春季(3—5月)。2017年春季我国北方沙尘过程总次数与沙尘暴次数均为2000年以来同期最少;沙尘首发时间较常年偏早,较2016年偏早24天;沙尘日数较常年同期明显偏少,为1961年以来同期第一少。

## 一、北方沙尘天气主要特征

2017年,我国共出现8次沙尘天气过程,其中6次出现在春季(3—5月)(表2.8.1)。春季的6次沙尘过程中,有1次沙尘暴和5次扬沙天气过程。2017年春季沙尘天气过程总次数比常年(1981—2010年)同期(17次)偏少11次,比2000—2016年同期平均(11.4次)偏少5.4次(表2.8.2)。

表2.8.1　2017年全国主要沙尘天气过程纪要表(中央气象台提供)

| 序号 | 起止时间 | 过程类型 | 主要影响系统 | 影响范围 |
|---|---|---|---|---|
| 1 | 1月25—26日 | 扬沙 | 地面冷锋、蒙古气旋 | 甘肃中西部、宁夏和内蒙古西部等地出现浮尘或扬沙,宁夏中卫和中宁出现沙尘暴 |
| 2 | 2月19—20日 | 扬沙 | 地面冷锋、气旋 | 甘肃西部、新疆南疆、内蒙古西部,新疆南疆、内蒙古局地出现沙尘暴 |
| 3 | 3月12日 | 扬沙 | 地面冷锋 | 新疆东部和南疆盆地,甘肃西部、内蒙古西部出现扬沙浮尘天气 |
| 4 | 3月23日 | 扬沙 | 地面冷锋、气旋 | 新疆南疆盆地、甘肃河西、内蒙古西部、宁夏北部出现扬沙浮尘天气 |
| 5 | 4月17日 | 扬沙 | 地面冷锋、气旋 | 内蒙古西部、甘肃河西、宁夏北部等地出现扬沙,内蒙古西部局地出现沙尘暴 |
| 6 | 4月18—19日 | 扬沙 | 气旋 | 新疆南疆盆地、内蒙古中西部、甘肃中部等地出现扬沙,局地出现沙尘暴 |
| 7 | 5月3—7日 | 沙尘暴 | 气旋 | 新疆南疆盆地、甘肃中西部、宁夏、内蒙古、陕西北部、山西中北部、河北北部、北京、吉林西部、黑龙江西南部、山东、江苏、湖北、湖南北部等地出现扬沙浮尘天气,内蒙古部分地区有沙尘暴,局地出现强沙尘暴 |
| 8 | 5月28—29日 | 扬沙 | 气旋 | 内蒙古西部、甘肃西部、新疆南疆盆地等地出现扬沙浮尘天气,内蒙古拐子湖出现强沙尘暴 |

表2.8.2　2000—2017年春季(3—5月)及各月全国沙尘天气过程统计表

| 时间 | 3月 | 4月 | 5月 | 总计 |
|---|---|---|---|---|
| 2000年 | 3 | 8 | 5 | 16 |
| 2001年 | 7 | 8 | 3 | 18 |
| 2002年 | 6 | 6 | 0 | 12 |
| 2003年 | 0 | 4 | 3 | 7 |
| 2004年 | 7 | 4 | 4 | 15 |
| 2005年 | 1 | 6 | 2 | 9 |
| 2006年 | 5 | 7 | 6 | 18 |
| 2007年 | 4 | 5 | 6 | 15 |
| 2008年 | 4 | 1 | 5 | 10 |
| 2009年 | 3 | 3 | 1 | 7 |

续表

| 时间 | 3月 | 4月 | 5月 | 总计 |
|---|---|---|---|---|
| 2010年 | 8 | 5 | 3 | 16 |
| 2011年 | 3 | 4 | 1 | 8 |
| 2012年 | 2 | 6 | 2 | 10 |
| 2013年 | 3 | 2 | 1 | 6 |
| 2014年 | 2 | 3 | 2 | 7 |
| 2015年 | 5 | 3 | 3 | 11 |
| 2016年 | 3 | 3 | 2 | 8 |
| 2017年 | 2 | 2 | 2 | 6 |
| 2000—2016年总计 | 66 | 78 | 49 | 193 |
| 2000—2016年平均 | 3.9 | 4.6 | 2.9 | 11.4 |

**1. 春季沙尘过程数较常年同期明显偏少，沙尘暴次数为2000年以来最少**

2017年春季（3—5月），我国共出现6次沙尘天气过程（5次扬沙，1次沙尘暴），较常年同期（17次）明显偏少，较2000—2016年同期平均（11.4次）（表2.8.2）偏少5.4次，为2000年以来第一少。其中沙尘暴过程仅有1次，较2000—2016年同期平均次数（6.4次）偏少5.4次，较2016年同期偏少2次，为2000年以来第一少（图2.8.1）。6次沙尘天气过程中有2次出现在3月，2次出现在4月，2次出现在5月（表2.8.2）。

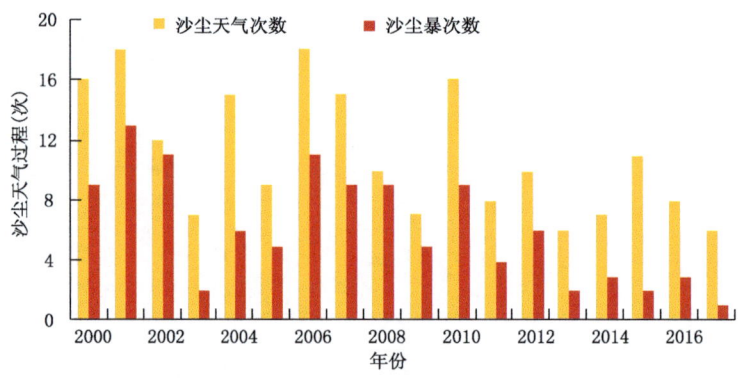

图2.8.1 春季全国沙尘天气过程次数及沙尘暴过程次数历年变化

**2. 沙尘首发时间较常年偏早**

2017年，我国首次沙尘天气过程发生时间为1月25日，较2000—2016年平均首发时间（2月15日）偏早，较2016年（2月18日）偏早24天（表2.8.3）。

**3. 沙尘日数偏少，为1961年以来同期最少**

2017年春季，我国北方平均沙尘日数为1.9天，较常年（1981—2010年）同期（5.1天）偏少3.2天，比2000—2016年同期（3.5天）偏少1.6天，为1961年以来历史同期第一少（图2.8.2）。平均沙尘暴日数为0.1天，分别比常年同期（1.1天）和比2000—2016年同期（0.7）偏少1.0天和0.6天，为1961年以来历史同期第一少（图2.8.3）。

表 2.8.3　2000—2017 年全国历年沙尘天气最早发生时间表

| 年份 | 最早发生时间 | 年份 | 最早发生时间 |
| --- | --- | --- | --- |
| 2000 | 1 月 1 日 | 2009 | 2 月 19 日 |
| 2001 | 1 月 1 日 | 2010 | 3 月 8 日 |
| 2002 | 3 月 1 日 | 2011 | 3 月 12 日 |
| 2003 | 1 月 20 日 | 2012 | 3 月 20 日 |
| 2004 | 2 月 3 日 | 2013 | 2 月 24 日 |
| 2005 | 2 月 21 日 | 2014 | 3 月 19 日 |
| 2006 | 2 月 20 日 | 2015 | 2 月 21 日 |
| 2007 | 1 月 26 日 | 2016 | 2 月 18 日 |
| 2008 | 2 月 11 日 | 2017 | 1 月 25 日 |

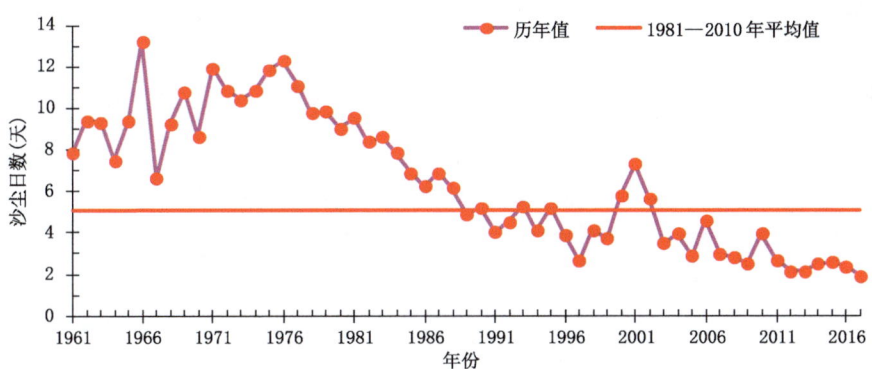

图 2.8.2　1961—2017 年春季(3—5 月)全国北方沙尘(扬沙以上)日数历年变化

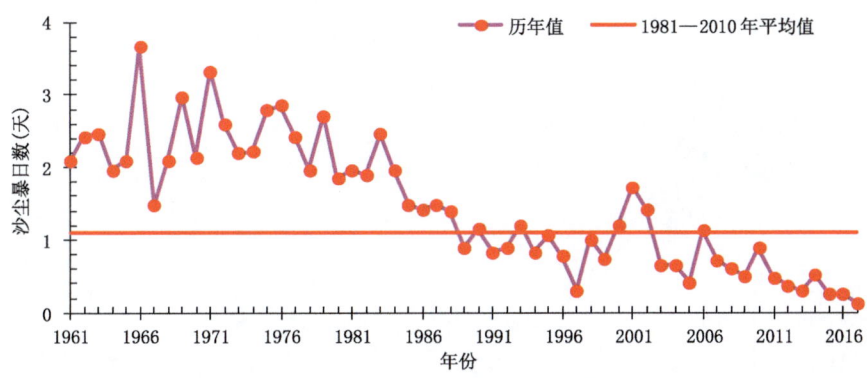

图 2.8.3　1961—2017 年春季(3—5 月)全国北方沙尘暴日数历年变化

从空间分布来看，2017 年春季沙尘天气范围主要集中于新疆南部、甘肃西部、宁夏大部、内蒙古西部和中部、青海西北部等地，其中南疆盆地、内蒙古西部和中部等地部分地区沙尘日数在 5 天以上，部分地区在 10 天以上；东北西部和中部及内蒙古东部、甘肃中部、青海西北部、陕西北部、山西西北部、河北北部和中部等地沙尘日数为 1~5 天(图 2.8.4)。与常年同期相比，北方大部地区都是偏少的，尤其是新疆西南部、内蒙古西部、甘肃北部、宁夏大部等地偏少 5~10 天，部分地区偏少 10 天以上(图 2.8.5)。

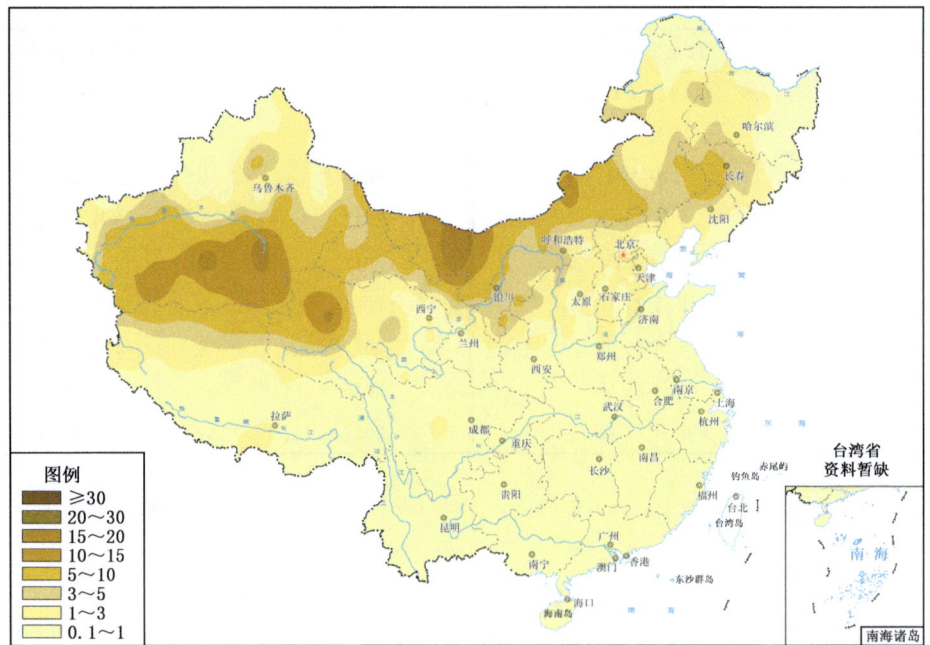

图 2.8.4　2017 年春季全国沙尘日数分布图(单位:天)

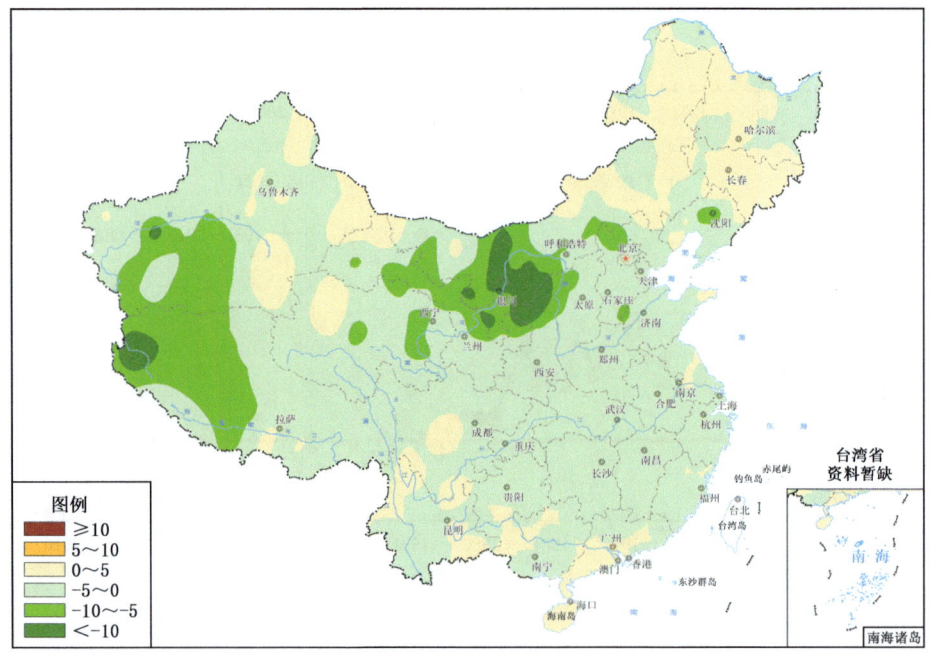

图 2.8.5　2017 年春季全国沙尘日数距平分布图(单位:天)

## 二、沙尘天气影响

2017年沙尘天气的影响总体偏轻。5月3—7日的沙尘暴天气过程是2017年沙尘强度最强的一次。

5月3—7日,我国北方地区出现2017年以来首次沙尘暴天气过程,沙尘影响面积达163

万平方千米,主要影响地区为新疆南疆盆地、甘肃中西部、宁夏、内蒙古、陕西北部、山西中北部、河北北部、北京、吉林西部、黑龙江西南部等地。北京5月4日出现浮尘天气,能见度仅有1~2千米,大部地区$PM_{10}$浓度超过1000微克/立方米。

3月12日,新疆东部和南疆盆地、甘肃西部、内蒙古西部等地出现扬沙浮尘天气;3月23日,新疆南疆盆地、甘肃河西、内蒙古西部、宁夏北部出现扬沙天气,其中铁干里克和塔中地区出现沙尘暴,最小能见度不足500米,此次沙尘过程持续时间较长,给当地居民生产生活、出行及道路交通安全带来不利影响。4月17日,内蒙古西部、甘肃河西、宁夏北部等地出现扬沙,内蒙古西部局地出现沙尘暴;4月18—19日,新疆南疆盆地、内蒙古中西部、甘肃中部等地出现扬沙,局地出现沙尘暴。沙尘天气给当地居民生产生活、出行及道路交通安全带来不利影响。

## 第九节 雾和霾及其影响

2017年,我国雾主要分布在华北东南部、黄淮中部、江淮东部、江南东北部和西部以及四川盆地、云南南部、福建北部、广东西部、新疆北疆等地;霾主要分布在黑龙江南部、吉林中南部、北京、天津、河北、河南、陕西南部、山西南部、山东西部、湖南中北部、江苏等地。全年全国共出现6次大范围的雾霾天气过程,雾霾天气对交通运输、人体健康产生较大影响。

### 一、雾日分布特点

2017年,我国雾主要出现在100°E以东地区,中东部地区及新疆北部雾日数一般有10~50天,重庆、安徽南部、浙江西部、福建中东部、广东中部、广西北部、贵州南部、云南南部等地在50天以上(图2.9.1)。

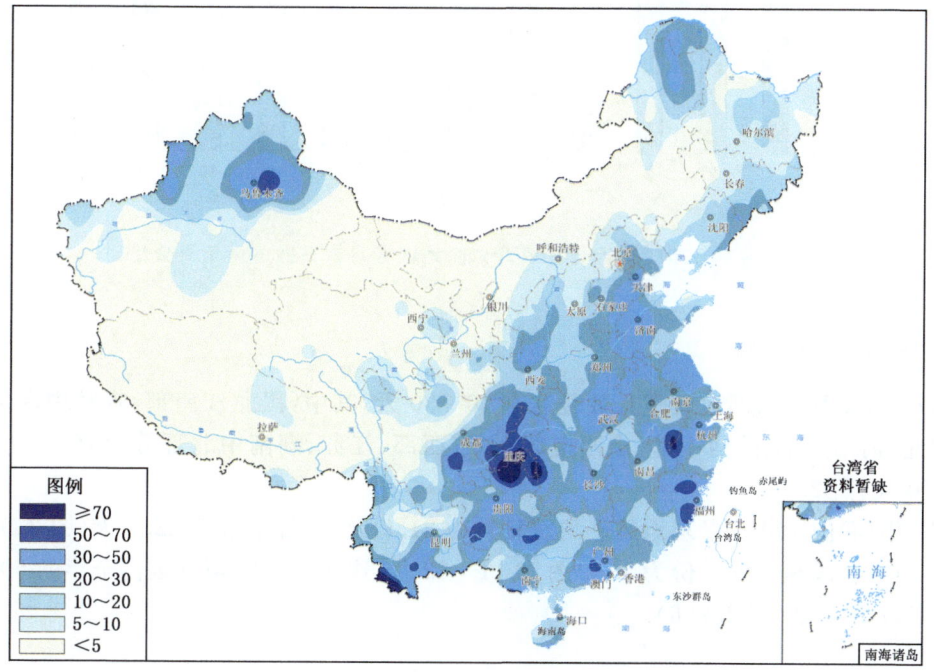

图 2.9.1　2017年全国雾日数分布图(单位:天)

2017年，我国100°E以东地区平均雾日数21.4天，较常年偏少1.1天(图2.9.2)。

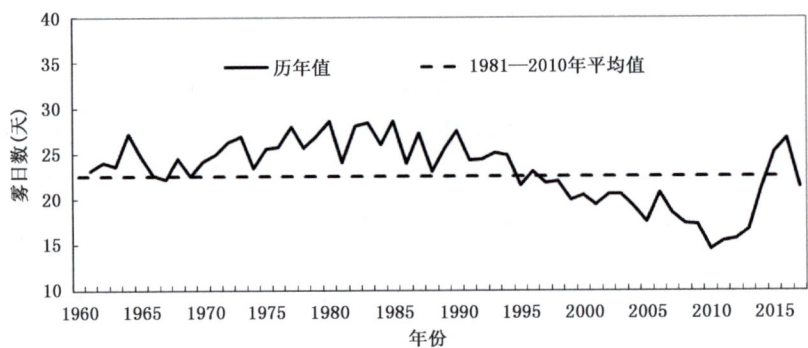

图2.9.2　1961—2017年全国100°E以东地区平均年雾日数历年变化

从各月雾日数占全年的百分比可以看到(图2.9.3)，雾多发月份为1月、3月和10月，分别占全年雾日数的13％、11％和9％。

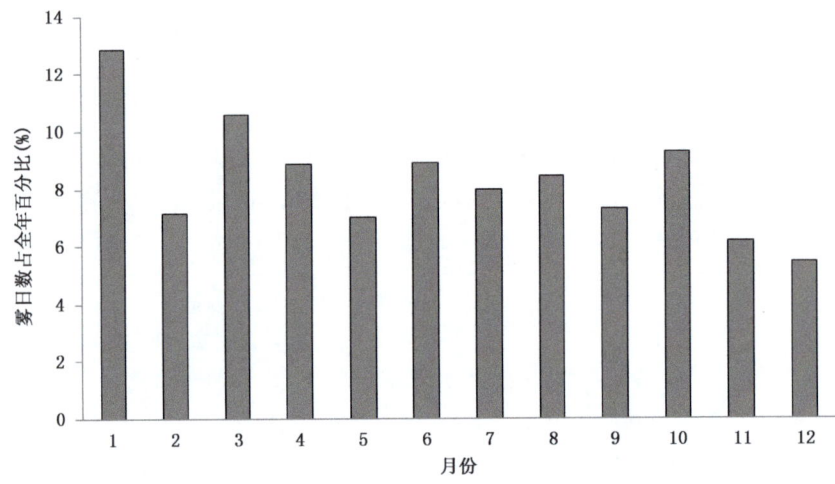

图2.9.3　2017年全国100°E以东地区各月雾日数占全年百分比

## 二、霾日分布特点

2017年，我国中东部地区霾日数普遍有10~30天，其中，黑龙江南部、吉林中南部、北京、天津、河北、河南大部、陕西中部、山西南部、山东西部、江苏、湖南中北部等地有30~70天，局地超过70天(图2.9.4)。

2017年，我国100°E以东地区平均霾日数为21.9天，比常年偏多12.4天(图2.9.5)。

2017年，我国霾多发月份为1—2月和11—12月，这4个月的霾日数占全年的59％，其中12月最多、1月次多(图2.9.6)。

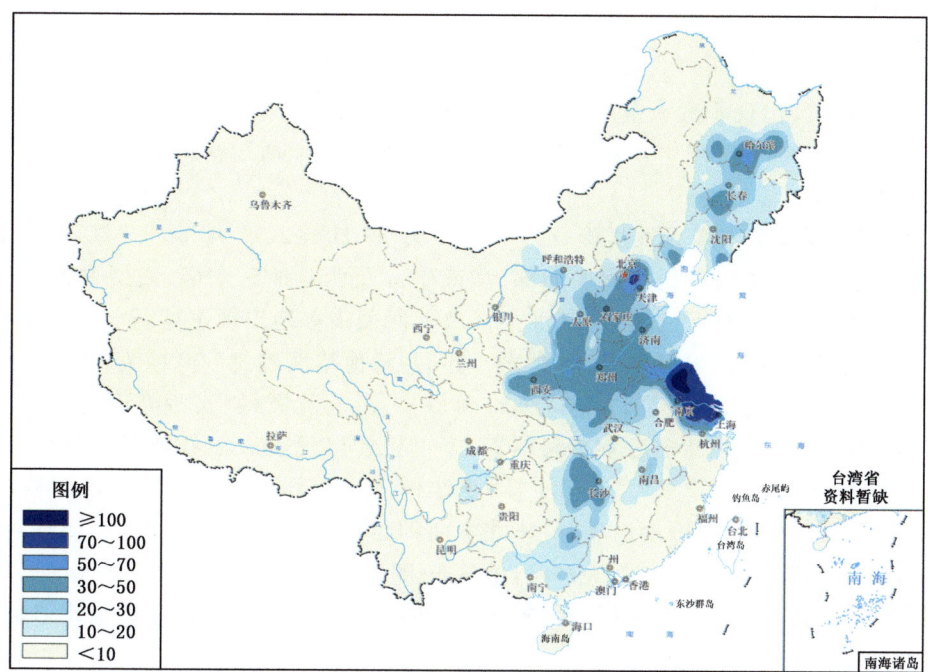

图 2.9.4　2017 年全国霾日数分布图(单位:天)

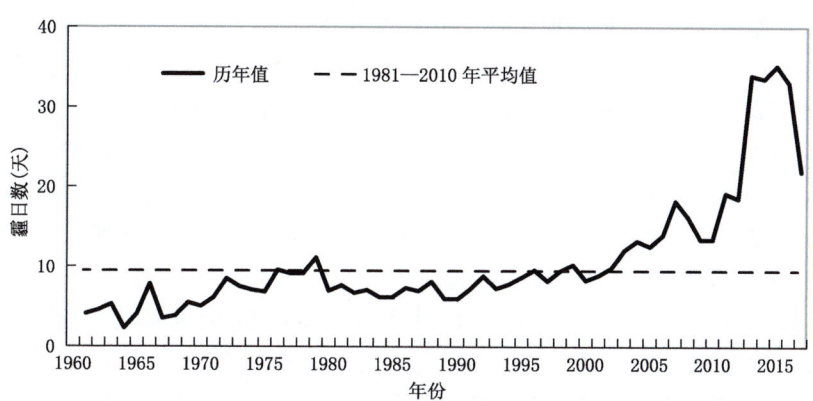

图 2.9.5　1961—2017 年全国 100°E 以东地区平均年霾日数历年变化

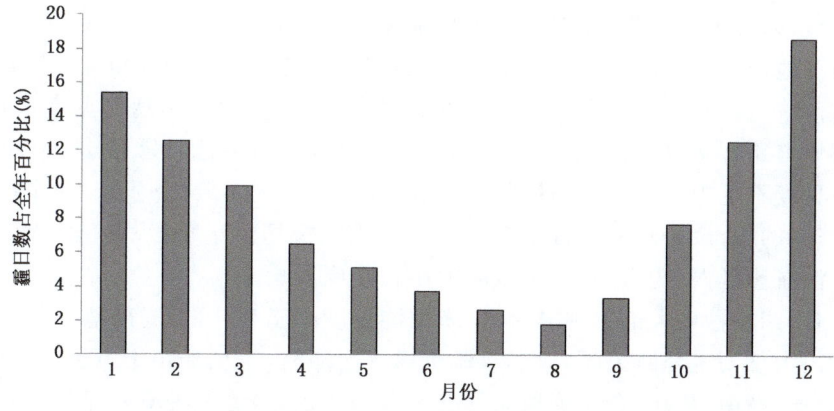

图 2.9.6　2017 年全国 100°E 以东地区各月霾日数占全年的百分比

### 三、雾和霾的影响

2017年,我国共出现6次大范围、持续性雾和霾天气过程(主要集中在1月和2月),过程次数少于2016年。部分时段空气污染程度重,能见度低,对交通运输、交通安全影响大。2017年的主要雾和霾天气影响有:

1月,我国主要有2次霾天气过程:2016年12月30日至2017年1月7日,东北地区中南部、华北大部、黄淮、江淮、江汉、江南中北部、华南中部及西北地区东部、四川盆地等地出现大范围霾,辽宁中部、华北中南部、黄淮、江淮大部及陕西关中等地出现重度霾。全国受霾影响面积达280万平方千米,京津冀多地出现"爆表",$PM_{2.5}$峰值浓度超过500微克/米$^3$,北京一度超过600微克/米$^3$。此次过程为2017年持续时间最长、影响范围最广、污染程度最重的霾天气过程。受其影响,京津冀鲁豫多地发布霾预警,多个机场出现航班大量延误和取消,多条高速公路关闭;呼吸道疾病患者增多。24—26日,东北地区中南部、华北大部、黄淮中西部、江汉、江南西北部、四川盆地、陕西等地出现霾,华北中南部、黄淮西部、陕西关中等地出现重度霾,河北局地$PM_{2.5}$峰值浓度超过500微克/米$^3$,北京一度超过250微克/米$^3$。2—3日、5日和23日,盆地雾天气导致四川省多条高速公路关闭,成都双流机场多架次航班延误或取消,滞留旅客上万人次。

2月,3—5日,东北地区中南部、华北大部、黄淮、陕西等地出现霾,华北中南部、黄淮西部、陕西关中等地出现重度霾,河北局地$PM_{2.5}$峰值浓度超过500微克/米$^3$,北京一度超过250微克/米$^3$。13—16日,东北地区中南部、华北大部、黄淮、江淮、江汉、四川盆地、陕西等地出现霾,华北中南部、黄淮西部、陕西关中等地出现重度霾,河北局地$PM_{2.5}$峰值浓度超过500微克/米$^3$,北京一度超过250微克/米$^3$。14日,鲁西北东部和鲁中北部部分地区出现能见度不足500米的雾,局部地区能见度不足50米。24日,受雾天气影响,昆明长水国际机场能见度仅有600~1000米,造成90班航班取消,延误103架次。25日,G93成渝环线高速遂宁段,S17遂西高速吉祥站、明月站、赤城站,S2成巴高速盐亭站至八角站因雾关闭。

10月,19日,石家庄机场出现雾天气,能见度不足200米,受其影响37个出港航班、23个进港航班延误,4个航班备降外场。25—28日,东北地区中南部、华北中南部、黄淮北部等地出现轻至中度霾,河北中部、北京南部、天津有重度霾,河北局地$PM_{2.5}$峰值浓度超过250微克/米$^3$,北京一度超过200微克/米$^3$,天津发布了霾黄色预警。

11月,1日,因雾天气突袭,成都机场大量航班延误,近万名旅客滞留机场。4日,受雾天气影响,重庆多地最小能见度仅有100米,其中綦江最小能见度不足100米,多条高速因大雾实行了交通管制。14—15日,安徽大部地区出现雾天气,部分地区出现能见度不足50米的强浓雾,致早高峰道路拥堵,多条高速封闭或限速。26日,湖南多地遭雾侵袭,长沙、浏阳、邵东等25县市能见度不足1000米,其中邵阳、永顺能见度不足100米,受雾天气影响,衡阳、邵阳、湘潭等多地境内的10余条高速实行了交通管制。成都机场由于雾天气,能见度不足100米,造成66个出港航班延误,约有8000名旅客的出行受到影响。

12月,4日,四川盆地大部出现雾天气,多地能见度小于200米,局部地方小于50米,受其影响,四川境内大量高速公路关闭,成都双流机场一度停航,机场滞留上万人。5日,重庆大部地区遭遇雾天气,潼南、垫江、合川等地能见度不足100米,导致重庆境内部分高速路入口被交通管制。19日,重庆多地出现最低能见度在1000米以下的雾,其中,綦江能见度不足100米,受其影响,境内高速公路多个路段实施交通管制。28—30 日,东北地区中南部、华北中南部、黄淮、江汉、江淮西部、四川盆地等地出现轻至中度霾,其中天津、河北东部、河南东部、安徽中北部、江苏西部等地的部分地区有重度霾,河北局地 $PM_{2.5}$ 峰值浓度超过 500 微克/米$^3$,北京一度超过 250 微克/米$^3$。受雾和霾天气影响,河北除秦皇岛、唐山、承德、张家口辖区外,石家庄周边高速上道口全部关闭。29—31 日,江苏大部浓雾弥漫,其中,南京、宿迁、淮安、盐城、镇江、扬州等地能见度不足 50 米,局地能见度甚至不足 10 米。30 日,重庆多地最低能见度小于 500 米,忠县和梁平最低能见度不足 100 米,境内高速公路多个路段实施交通管制。

## 第十节 2017 年全球气候事件概述

### 一、非洲和地中海沿岸多国受干旱影响

非洲是世界范围内受干旱影响最严重的地区。2017 年 2 月,苏丹北达尔富尔省旱情严重,莱索托、津巴布韦和南非大多数省份宣布进入灾害状态。由于过去两年降雨急剧减少,干旱天气导致非洲多国的粮食歉收,水库干涸,大批牲畜死亡,约 3200 万人面临饥荒。3—5 月,索马里、肯尼亚和埃塞俄比亚南部地区降水量比常年同期(1981—2010 年)偏少 20% 以上,其中肯尼亚北部和索马里局部地区偏少 50% 以上。索马里南部持续干旱引发饥荒和霍乱,仅 2 天内就有 110 人死亡。索马里半数人口面临粮食短缺,约有 670 万人急需粮食援助,每天有超过 3000 人因干旱逃离家园。埃塞俄比亚和肯尼亚分别有 560 万人和 270 万人急需救助。

2017 年地中海地区降水量普遍偏少,其中意大利全年降水量比常年偏少 26%,创历史新低。西班牙、葡萄牙、摩洛哥、法国、土耳其、以色列等其他地中海沿岸国家的降水量也远低于历史同期,分别遭受了不同程度的干旱影响。此外,北美洲中部地区(美加边境地带)在下半年经历了严重旱情,引发了多起森林大火;南美洲的巴西、智利等地延续了多年来的干旱状态;亚太地区的朝鲜半岛在上半年也出现了异常旱情,下半年逐渐缓解。

### 二、暴雨洪涝侵袭全球多地

2017 年,全球大范围降水异常偏多的区域明显减少,但区域性极端降水事件频发,在世界各地造成了严重人员伤亡和财产损失,其中南亚地区受灾最为严重。印度北部、孟加拉国北部和尼泊尔东部等地在雨季期间(6—9 月)频繁遭遇严重洪水,8 月中旬印度和尼泊尔边境地区的单日降水量一度超过 400 毫米;季风洪水导致印度、尼泊尔和孟加拉国超过 1200 人丧生,4000 万人受灾,并且出现了不同程度的大范围传染病事件。

夏季,中国南方持续性暴雨引发了流域汛情和区域性洪涝灾害。6 月下旬,中国南方大部连续遭受 2 次大范围强降水过程,湖南、江西和广西的局地累计雨量超过 500 毫米,导致长江中下游地区发生区域性大洪水,西南、江南及华南多条河流发生超历史洪水,造成湖南、江西、广西、四川等省发生严重洪涝及地质灾害,56 人因灾死亡,直接经济损失高达 50 亿美元。

在欧洲地区,1 月上旬德国东北部海岸遭遇 2006 年以来最大规模的洪水袭击,波罗的海水位比平时高出 1.7 米,导致多个沿岸城市受灾,造成大量交通事故和财产损失。

在南美洲地区,3 月份秘鲁遭遇持续性强降水天气,引发特大洪水及山体滑坡,许多道路、桥梁被毁,全国半数以上地区宣布进入紧急状态,75 人因灾死亡,63 万人受灾,7 万余人流离

失所;4月1日,哥伦比亚南部地区由于连日暴雨导致多个区域发生泥石流,造成320人死亡,100余人失踪。

在非洲地区,8月1—14日塞拉利昂遭遇强降水过程,累计降水量达1459.2毫米,超过历史同期4倍以上,首都弗里敦及周边地区因强降雨引发洪水和泥石流灾害,造成至少500人死亡,超过2000人无家可归。

### 三、世界各地经受高温热浪天气,北美和欧洲林火频发

在全球变暖的大背景下,2017年北美洲、欧洲、西南亚、东亚、大洋洲、南美洲等多个地区都遭受到高温热浪天气的影响。在北美洲地区,美国西南部经受了异常炎热的夏季,7月份加州死亡谷地区月均气温达到41.9℃,突破历史极值;7月7日凤凰城最高气温达47℃,创历史同日最高气温纪录(1905年7月7日凤凰城的日最高气温是46℃);7月8日洛杉矶好莱坞受高温影响出现大面积断电,约14万人受影响;由于连续高温,7月上旬美国西部多个州山火频发,加拿大西部的不列颠哥伦比亚省也发生多起森林火灾;9月初加州海岸带地区气温再次刷新历史同期纪录,其中旧金山最高温度达到41.1℃;10月上中旬,美国加州北部再次遭遇山火,过火面积达750平方千米,导致5700栋房屋被烧毁,44人因灾死亡,直接经济损失超过94亿美元。

在欧洲地区,6月上旬至7月上旬,土耳其和塞浦路斯经受高温热浪天气,其中7月1日土耳其安塔利亚最高气温达45.4℃;6月17—18日,葡萄牙中部地区发生森林大火,造成至少64人死亡,160多人受伤;6月27日,西班牙南部发生大规模森林火灾,高温和强风天气加剧火势;7月8—15日,欧洲南部遭遇罕见热浪袭击,意大利、西班牙、希腊等国多地的日最高气温超过40℃,西班牙科尔多瓦、格拉纳达、巴尔霍斯等多个城市的最高气温突破历史极值(其中科尔多瓦7月13日最高气温达到46.9℃),意大利南部地区及西西里岛由于大风、干燥等因素频繁发生林火;8月上旬,意大利及巴尔干半岛地区再次出现高温热浪天气,意大利佩斯卡拉、坎波巴索等多个气象站观测到创纪录的极端高温事件;10月17—18日,葡萄牙北部和中部以及西班牙北部发生森林大火,造成45人死亡。

在西南亚地区,5月下旬巴基斯坦、伊朗、阿曼、阿联酋等国家遭遇极端高温天气,上述国家的局部地区日最高温度均突破50℃,其中5月28日巴基斯坦西南部城市图尔伯德最高气温达到54.0℃,刷新历史纪录。在东亚,7月中下旬中国南方地区出现大范围持续高温天气,浙江、江苏、安徽、重庆、陕西、湖北、湖南的部分地区日最高气温超过40℃,7月21日上海徐家汇最高气温达40.9℃,打破了徐家汇1873年以来的历史纪录。

在大洋洲地区,澳大利亚新南威尔士州北部的莫里市从2016年12月28日至2017年2月19日连续54天气温高于35℃,创该州历史最高纪录;其中2月11—12日,新南威尔士州的多个城市刷新了历史单日最高温度记录,持续性高温导致该州东部地区发生森林大火。

在南美洲地区,2016年12月至2017年2月,智利经历了持续性干燥和高温天气,引发史上最严重的森林大火,过火面积达61.4万公顷,11人因灾死亡;与此同时,1月下旬智利和阿根廷的多个气象站观测到突破历史极值的最高气温,其中1月27日阿根廷玛德琳港气温一度达到43.4℃。

### 四、北美和欧洲遭受寒流和暴风雪侵袭

1月上旬,美国加利福尼亚州大部分地区出现暴风雪天气,高速公路部分路段封闭。1月

6—7日，美国东海岸受到暴雪天气影响，导致交通事故多发、电力中断、航班取消，至少5人因灾死亡。2月9日，美国东北部地区遭遇暴雪，约6000万人生活受到影响。3月14日，暴风雪再次肆虐美国东北部，5000多万人生活受到严重影响，6500余航班被取消。此外，2017年底至2018年初，美国东部和加拿大遭遇被称为"炸弹气旋"的大范围持续性寒潮过程，大部地区气温连续两周以上低于冰点；多地迎来创纪录的低温，纽约、费城等地最低气温达−13℃，波士顿则连续7天最高温度低于−7℃，刷新历史纪录；严寒天气导致美国22人死亡。

在欧洲中部和东南部地区，许多国家经历了近30年来最寒冷的1月。其中，1月6—11日意大利、捷克、波兰、罗马尼亚、塞尔维亚、保加利亚、克罗地亚、希腊、土耳其、拉脱维亚、俄罗斯等多国遭遇低温寒流和暴风雪袭击，在塞尔维亚南部，一些地区的积雪高达2米，导致交通瘫痪，学校停课，居民日常生活受到严重影响，至少60人在寒流中丧生。此外，4月下旬瑞士、奥地利、乌克兰、罗马尼亚、斯洛文尼亚等国家遭遇了"倒春寒"天气，霜冻导致农业生产严重受损，直接经济损失达33亿美元。

在全球其他地区，1月中旬日本多地连降暴雪，部分地区积雪达到2米以上，6人因灾死亡，300人受伤。这次过程导致日本交通出现严重混乱，全日空和日航两家航空公司两天内取消约130班航班，东海道新干线严重延误。2月上旬阿富汗各地连降大雪，中部和北部省份发生多起雪崩事件，摧毁众多民宅，超过100人死亡，2座村庄被掩埋。阿富汗邻国巴基斯坦也因气候恶劣造成灾情，西北部地区至少有13人死于雪崩或暴风雪。

### 五、全球多地受热带气旋影响

2017年，全球范围内共生成84个热带气旋，与常年基本持平；北大西洋飓风异常活跃，9月份累积气旋能量指数（ACE）创历史新高；太平洋地区气旋数量接近常年，但气旋能量偏低；南半球气旋数量和能量都低于常年，其中西南印度洋和西南太平洋气旋数量明显偏少，南半球累积气旋能量指数创历史新低。

8月底至10月初，相继有4个极具破坏力的飓风登陆美国及加勒比海地区，其中飓风"厄玛"和"玛丽亚"都是最高等级的5级飓风，给当地造成巨大损失。8月25日至9月1日，美国遭遇超强飓风"哈维"袭击，飓风在美国得克萨斯州停留数天，狂风暴雨造成44人死亡，130万人受灾，10万间房屋损毁，直接经济损失高达1250亿美元，位列美国飓风史第三位（仅次于2005年飓风"卡特里娜"和2012年飓风"桑迪"）；9月6—10日，5级飓风"厄玛"横扫美国和加勒比海地区，共造成100多人死亡，直接经济损失500亿美元，其中美国580万户家庭断电，700万人紧急撤离，加勒比海地区巴布达岛受灾最为严重，创纪录的强降水和3米高的风暴潮摧毁了当地90%以上的财产，整座岛屿几乎沦为废墟；9月19—23日，飓风"玛丽亚"袭击加勒比海地区，造成60多人死亡，直接经济损失900亿美元，其中多米尼克和波多黎各受灾最为严重，数十万群众被疏散撤离；10月5—7日，飓风"纳特"在中美洲地区引发局地洪涝，造成31人死亡，随后于7日和8日在美国路易斯安那州和密西西比州两次登陆，造成美国超过10万户断电。

在东亚地区，8月23日台风"天鸽"在中国广东沿海登陆，最大风力达45米/秒，广东、广西、云南、贵州、香港、澳门等地出现强风暴雨，造成246万人受灾，40人死亡失踪，直接经济损失60亿美元。在东南亚地区，12月下旬台风"天秤"穿越菲律宾东南部，引发洪水导致当地129人死亡。在南亚地区，5月29日气旋风暴"莫拉"在孟加拉国登陆，暴雨洪涝导致当地177

人死亡,109人失踪;12月上旬气旋风暴"奥奇"袭击印度西南部,25人因灾死亡,86人失踪,失踪人员多为出海作业的渔民。在非洲地区,3月中旬南印度洋热带气旋"爱娜沃"袭击了马达加斯加,引发暴雨洪涝导致81人丧生,给当地基础设施和农业生产造成重大损失。在大洋洲地区,3月下旬飓风"黛比"袭击了澳大利亚东海岸,昆士兰州25 000人被紧急疏散,飓风带来的强风暴雨导致码头设施损坏和电力供应中断,直接经济损失13亿美元。

### 六、强对流天气袭击美国和欧洲

美国是世界上遭受龙卷风侵袭最为频繁的国家之一。1月1—3日,美国东南部地区遭遇风暴袭击,暴雨、冰雹和龙卷风导致至少5人死亡,数万住宅停电。1月19—23日,美国南部多个州遭遇致命的龙卷风和强风暴,造成广泛破坏,至少有19人在风灾中丧生。2月7日,美国路易斯安那州东南部遭龙卷风袭击,风灾造成约20人受伤,当地约1万户民居停电。

春夏季,欧洲中部和东部地区强对流天气多发。3月6—7日,法国西北部地区遭遇2010年以来最强风暴"宙斯"袭击,最大风速达54米/秒;5月29日,莫斯科遭遇雷暴天气,风速超过30米/秒,造成11人丧生;7月10日,维也纳南部地区遭遇龙卷风和冰雹袭击;7月27—30日,伊斯坦布尔多次遭遇强风和冰雹袭击,风速高达46米/秒,冰雹最大直径超过9厘米;8月12日,芬兰遭遇大范围雷暴天气,超过5万间房屋电力中断;9月11日,克罗地亚突发暴雨山洪,12小时内降水量达283毫米,突破历史极值;10月下旬,奥地利和捷克遭遇暴风雨袭击,最大风速47米/秒,共计11人丧生。

# 第三章 气候对行业影响评估

## 第一节 气候对农业的影响

2017年，我国早稻生育期内，江南、华南出现暴雨洪涝、低温阴雨寡照、高温等灾害性天气，气候条件较差。晚稻、一季稻产区气候条件偏好，对农业生产比较有利。冬小麦和玉米全生育期内，光热充足，降水量接近常年同期或偏多，土壤墒情适宜，气象灾害偏轻，气候条件较好。

### 一、气候对水稻的影响

#### (一)早稻

**1. 农业气候条件评估**

2017年早稻生长季内(2—7月)，主产区(江南、华南)大部≥10℃有效积温接近常年，其中湖南北部、江西北部等地较常年偏多，热量条件较为充足(图3.1.1(a))；产区大部的降水量接近常年同期或偏多(图3.1.1(b))，日照时数接近常年同期或略偏多。

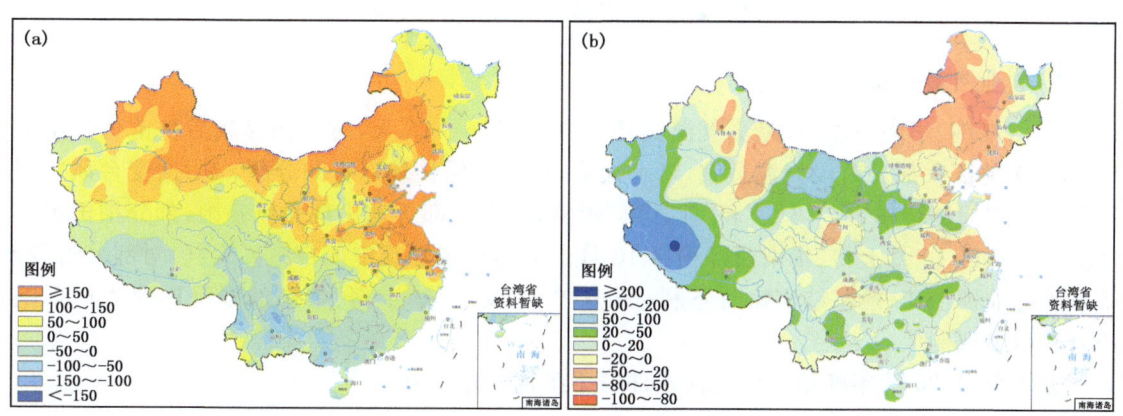

图3.1.1　早稻生长季(2017年2—7月)≥10℃有效积温距平(a,单位：℃·d)及降水量距平百分率(b,单位：%)分布图

**2. 农业气象灾害评估**

3—4月，华南多阴雨天气，早稻秧苗长势偏弱，发生白化病和恶苗病；5月，江南北部、华南中西部出现3~8天的大雨天气，部分稻田遭受洪涝灾害，对早稻生产造成一定不利影响；6月下旬，浙江中部、江西中北部、湖南北部和东南部、广西北部等地的部分地区出现了暴雨或大暴

雨,使处于抽穗扬花期的早稻遭受暴雨洗花;7月中下旬,江南大部遭受持续高温天气,对部分地区晚稻移栽和秧苗生长产生一定不利影响;7月末,受台风"纳沙"和"海棠"的影响,高温干旱得到一定缓解,但台风带来的强降水对水稻收获不利。

总体来看,2019年早稻生长季气候条件属于较差年景。

### (二)晚稻

**1. 农业气候条件评估**

2017年晚稻生育期内(6—11月),主产区(江南、华南)大部≥10℃有效积温比常年同期偏多,其中浙江、福建等地偏多150℃·天以上(图3.1.2(a));江南大部、华南西部降水量较常年偏多2~5成,福建、浙江等地偏少(图3.1.2(b));江南大部、华南西部日照时数偏少。

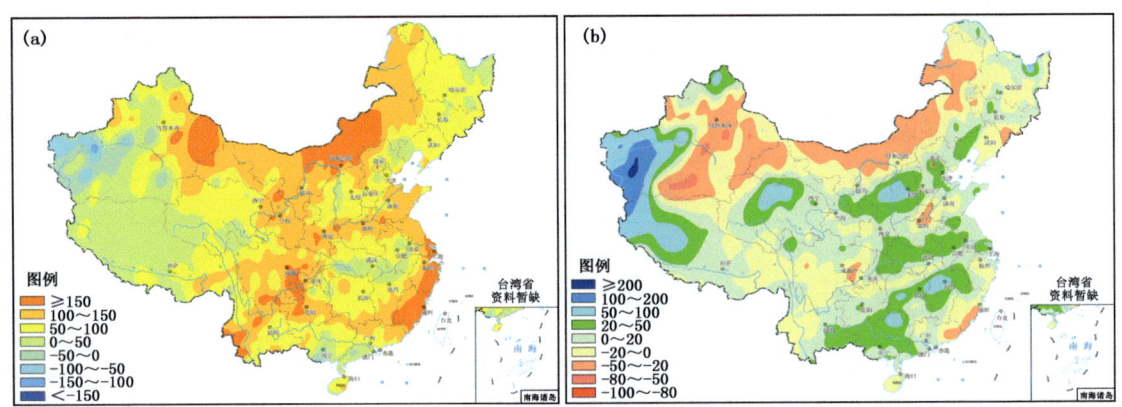

图3.1.2 晚稻生长季(2017年6—11月)≥10℃有效积温距平(a,单位:℃·天)及降水量距平百分率(b,单位:%)分布图

**2. 农业气象灾害评估**

7月,江南、华南高温(日最高气温≥35℃)日数有6~15天,对晚稻移栽后秧苗生长不利。8月,华南地区大部分时段光温适宜,降水偏多,利于晚稻移栽返青和分蘖。9月,受台风"塔拉斯""洛克""天鸽""帕卡""玛娃"和"杜苏芮"影响,华南南部等地出现强风暴雨,部分稻田被淹。江南大部稻区10月上旬、华南西部稻区10月中下旬出现轻至中度寒露风天气,对部分迟栽或晚熟晚稻抽穗扬花、灌浆结实略有不利;10月中旬,受台风"卡努"带来的强降雨及大风影响,部分晚稻出现倒伏。

总体来看,2017年晚稻产区气候条件属于正常偏好年景。

### (三)一季稻

**1. 农业气候条件评估**

2017年一季稻主要生长季内(4月中旬至10月上旬),主产区(东北地区、江淮、江汉、江南东部、西南地区)大部≥10℃有效积温接近常年同期或偏多(图3.1.3(a)),降水量接近常年同期,吉林中部、安徽中部、湖北西部和江苏南部的部分区域偏多(图3.1.3(b))。除黑龙江大部、吉林东北部日照偏少外,产区大部日照时数接近常年同期。

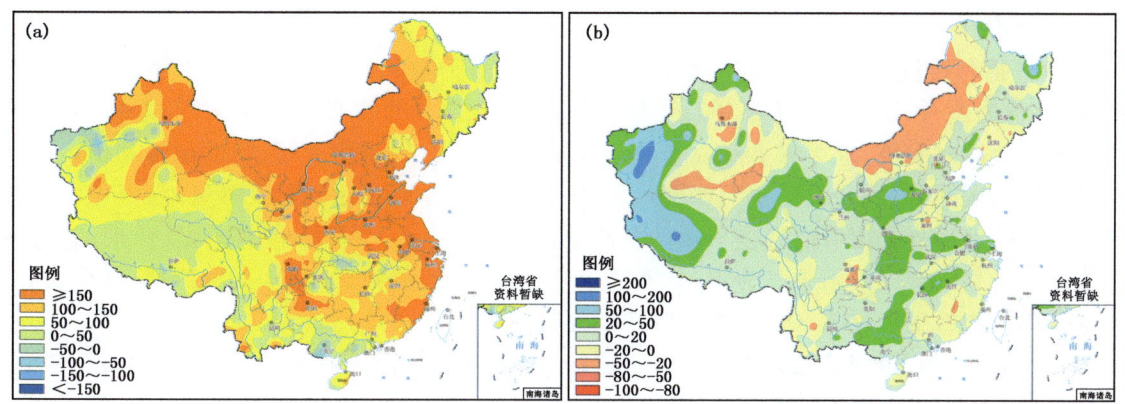

图 3.1.3　一季稻生长季(2017 年 4 月中旬至 10 月上旬)≥10℃有效积温距平(a,单位:℃·天)及降水量距平百分率(b,单位:%)分布图

**2. 农业气象灾害评估**

2017 年一季稻生长季内,5 月,江南北部、西南地区东北部等地大雨以上日数有 3~8 天,部分一季稻遭受洪涝灾害;6 月,江南及贵州、重庆多阴雨天气,阴雨寡照对一季稻分蘖拔节产生不利影响;8 月,四川盆地东部、江南等地的持续高温天气影响一季稻抽穗扬花,造成空壳率增加,产量受损;9 月中下旬,长江中下游出现强降雨天气,对一季稻收晒造成一定影响。

总体来看,2017 年一季稻产区气候年景好于常年。

## 二、气候对冬小麦的影响

**1. 农业气候条件评估**

2017 年我国冬小麦全生育期内(2016 年 10 月至 2017 年 6 月),大部地区热量充足,≥0℃有效积温普遍较常年同期偏多,其中江淮、黄淮等地大部偏多 200℃·天(图 3.1.4(a));麦区大部的降水量接近常年同期或偏多,其中江苏南部、安徽中部等地偏多 5 成至 1 倍(图 3.1.4(b));日照时数偏少。

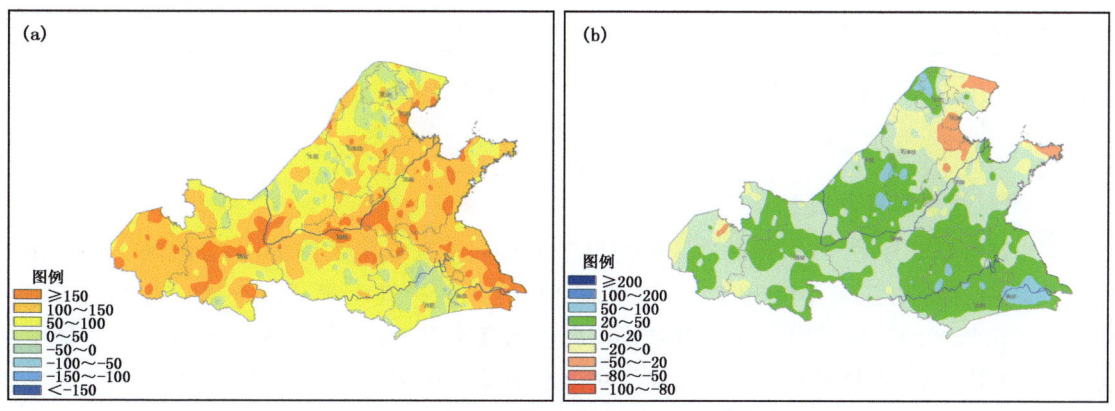

图 3.1.4　冬麦区 2016 年 10 月至 2017 年 6 月≥0℃有效积温距平(a,单位:℃·天)及降水量距平百分率(b,单位:%)分布图

**2. 农业气象灾害评估**

10月播种阶段,冬小麦大部产区墒情适宜,小麦播种顺利,仅江淮、江汉连阴雨导致小麦晚播,苗情偏差;11月下旬,受寒潮天气影响,冬麦区大部的日最低气温降至-12~-4℃,但由于低温持续时间短,未对冬小麦造成明显冻害;5月中旬,河南中北部、河北南部和山东中部部分地区出现了1~2天的轻度干热风天气,其中河南部分地区达到重度等级,河南中北部和河北南部等地部分土壤墒情偏差田块的冬小麦灌浆受到一定不利影响;6月,夏收期间,北方冬麦区以晴到多云或阵雨天气为主,总体利于冬小麦收晒,但西北东部、黄淮西部、江淮、江汉等地的部分地区受较强降水过程影响对冬小麦收晒不利。

总体来看,2017年冬麦区大部光温水匹配较好,气象灾害较轻,冬小麦生长气候条件好于常年。

## 三、气候对玉米的影响

### (一)春玉米

**1. 农业气候条件评估**

2017年我国春玉米全生育期内(2017年4—9月),产区热量充足,≥10℃有效积温东北南部、西北东部等地普遍较常年同期偏多200℃·天以上,江汉、西南等地较常年略偏多(图3.1.5(a));产区大部降水量接近常年同期(图3.1.5(b));东北大部、西南北部日照时数偏多,西南南部日照时数略偏少。

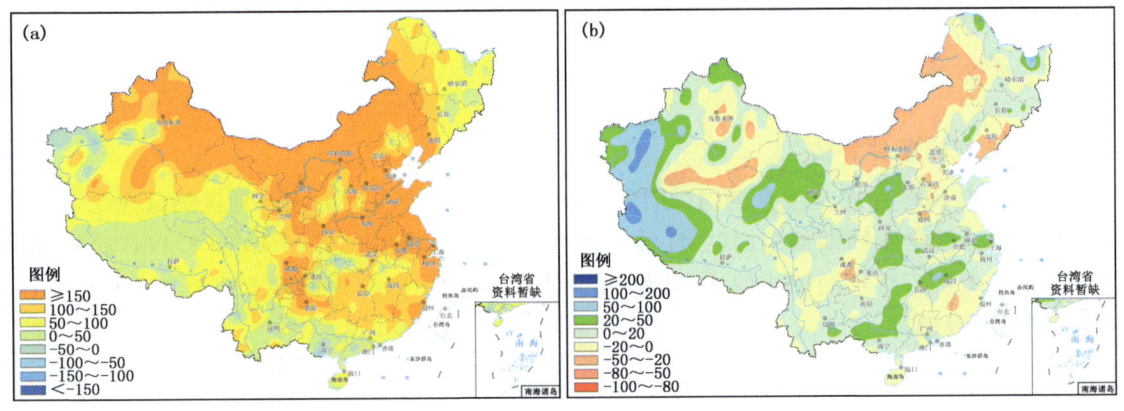

图3.1.5 春玉米生长季(2017年4—9月)≥10℃有效积温距平(a,单位:℃·天)及降水量距平百分率(b,单位:%)分布图

**2. 农业气象灾害评估**

4月下旬至5月中上旬,东北地区西部以及内蒙古中东部降水偏少,部分地区土壤耕作层墒情较差,不利于春玉米播种出苗;6月,东北地区西部的持续干旱导致玉米长势偏差,江南、华南及西南地区的阴雨寡照天气对玉米拔节吐丝和灌浆不利;7月,吉林中部等地遭受暴雨洪涝,玉米农田被淹;西南南部阴雨寡照天气对玉米抽雄开花和吐丝不利;8月,西南地区出现强降雨,部分玉米作物受淹;9月,西北地区东南部、江汉、西南地区东部等地多阴雨天气,影响秋收作物成熟收晒,秋收进度有一定延缓。

总体来看,2017年春玉米生长季气候条件属于正常偏好年景。

### (二)夏玉米

**1. 农业气候条件评估**

2017年我国夏玉米全生育期内(2017年6—9月),产区(华北、西南、新疆等地)热量充足,华北、新疆东部等地≥10℃有效积温较常年同期偏多100℃·天以上,西南地区大部略偏多(图3.1.6(a));华北北部、西南大部、新疆东部等地降水量偏少(图3.1.6(b));华北和西南部分地区日照时数偏多。

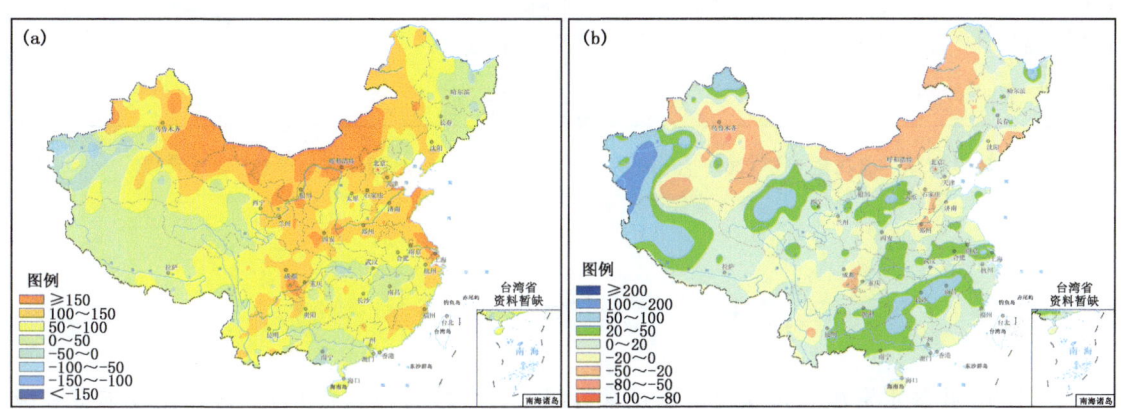

图3.1.6 夏玉米生长季(2017年6—9月)≥10℃有效积温距平(a,单位:℃·天)及降水量距平百分率(b,单位:%)分布图

**2. 农业气象灾害评估**

7月,华北、西南等地部分地区出现强降水,部分玉米农田遭受暴雨洪涝和风雹袭击;8月,山东、河南、河北、山西、陕西等省的局部地区出现暴雨洪涝和风雹灾害,部分农田受淹,玉米出现倒伏;9月下旬,黄淮南部出现强降雨天气,影响玉米成熟收晒,部分农田被淹。

总体来看,2017年夏玉米气候条件属于正常偏好年景。

### 四、气候对棉花的影响

**1. 农业气候条件评估**

2017年棉花生育期内(2017年4—10月),全国大部棉区≥10℃有效积温较常年同期偏多(图3.1.7(a)),热量条件较好。新疆西部、安徽中部、湖北大部、江苏南部等地降水偏多,新疆东部降水偏少,其他地区接近常年同期(图3.1.7(b)),生育期内大部时段土壤墒情较为适宜。

**2. 农业气象灾害评估**

4月中旬,江淮、江汉多阴雨,部分农田土壤过湿,影响棉花播种;5月,长江流域棉区频繁强降水,造成部分棉花被淹、被毁;6月,江苏、安徽、湖南等地多阴雨天气,阴雨寡照对棉花现蕾开花不利;7—8月,长江中下游地区出现20~40天的持续高温天气(日最高气温≥35℃),棉花开花结铃受到不利影响。

总体来看,2017年我国棉区光照、气温和降水条件较好,农业气象灾害较轻,气候条件属正常偏好年景。

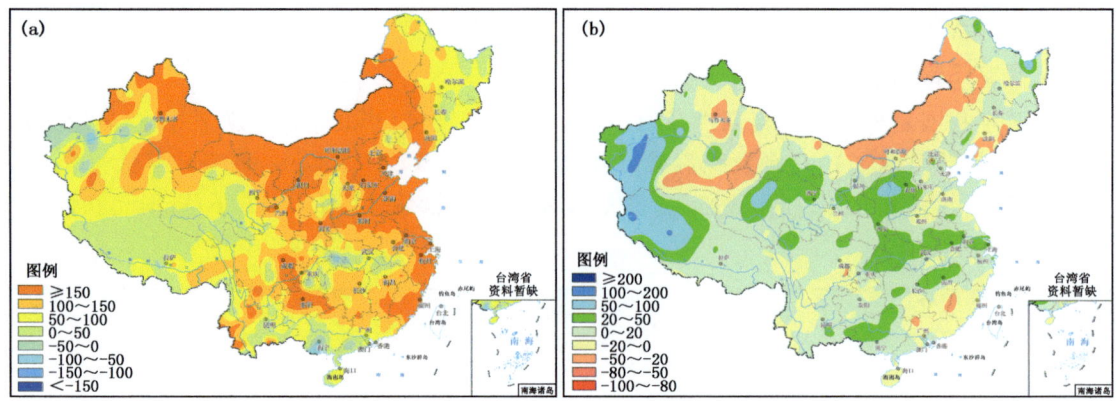

图 3.1.7　棉花生长季(2017 年 4—10 月)≥10℃有效积温距平 (a,单位:℃·天)和
降水量距平百分率(b,单位:%)分布图

## 第二节　气候对水资源的影响

2017 年,我国水资源总量状况属于正常等级。大多数省(区、市)为正常和比较丰富等级,仅辽宁和内蒙古为比较欠缺年份。全国 75 个大型水库中有 60% 的水库上游流域平均年降水量较常年偏多。

### 一、年降水资源量

**1. 全国年降水资源状况**

2017 年,全国降水资源量为 61 532.3 亿立方米,比常年偏多 1769.1 亿立方米,比 2016 年偏少 5822.3 亿立方米。从中国年降水资源丰枯评定指标来看,2017 年属于正常年份(图 3.2.1)。

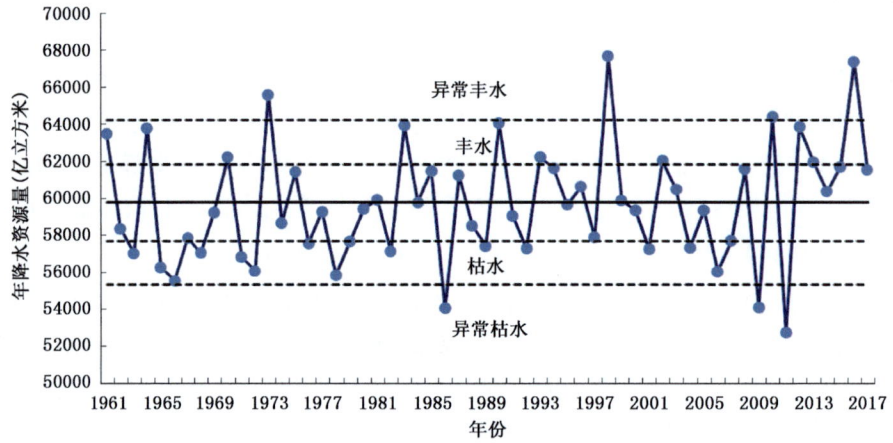

图 3.2.1　1961—2017 年全国年降水资源变化趋势
(平均值为 1981—2010 年)

## 2. 各省(区、市)年降水资源

2017年,全国年降水量分布不均。由表3.2.1可见,海南居全国第一,年降水量有1930.3毫米,其次为广西(1806.9毫米)和江西(1732.6毫米)。新疆的年降水量为全国最少,仅有178.0毫米,内蒙古和宁夏分别为286.4毫米和336.2毫米。

与2016年相比,全国大部分省(区、市)降水量减少,福建、广东减幅超过500毫米,其中福建减幅最大为904.9毫米;仅广西、陕西、甘肃等7省(区、市)增加,其中广西增幅最大为167.7毫米,陕西为144.1毫米。

表3.2.1　2017年各省(区、市)年降水资源量、平均年降水量与2016年对比表

| 省(区、市) | 年降水资源量<br>(亿立方米) | 与2016年相比<br>(亿立方米) | 平均年降水量<br>(毫米) | 与2016年相比<br>(毫米) |
| --- | --- | --- | --- | --- |
| 北　京 | 104.3 | −9.9 | 620.5 | −59.0 |
| 天　津 | 58.7 | −14.9 | 519.6 | −131.9 |
| 河　北 | 898.7 | −215.3 | 478.8 | −114.7 |
| 山　西 | 899.8 | −39.9 | 575.7 | −25.5 |
| 内蒙古 | 3317.7 | −569.2 | 286.4 | −49.1 |
| 辽　宁 | 761.1 | −285.4 | 523.1 | −196.2 |
| 吉　林 | 1095.4 | −325.6 | 584.5 | −173.7 |
| 黑龙江 | 2417.7 | −205.7 | 531.5 | −45.2 |
| 上　海 | 79.1 | −17.1 | 1255.3 | −270.8 |
| 江　苏 | 1116.7 | −432.8 | 1093.7 | −423.9 |
| 浙　江 | 1507.1 | −378.1 | 1461.8 | −366.7 |
| 安　徽 | 1809.5 | −532.1 | 1297.2 | −381.4 |
| 福　建 | 1843.9 | −1121.1 | 1488.2 | −904.9 |
| 江　西 | 2876.2 | −381.9 | 1732.6 | −230.1 |
| 山　东 | 941.5 | −79.6 | 614.1 | −51.9 |
| 河　南 | 1284.6 | 17.4 | 778.1 | 10.5 |
| 湖　北 | 2541.7 | −293.1 | 1367.2 | −157.6 |
| 湖　南 | 3122.8 | −259.6 | 1474.4 | −122.6 |
| 广　东 | 3022.5 | −978.2 | 1710.5 | −553.6 |
| 广　西 | 4277.0 | 396.9 | 1806.9 | 167.7 |
| 海　南 | 656.3 | −67.7 | 1930.3 | −199.1 |
| 重　庆 | 1050.4 | 6.5 | 1274.7 | 7.9 |
| 四　川 | 4634.2 | −44.5 | 954.7 | −9.2 |
| 贵　州 | 2142.6 | −7.3 | 1216.0 | −4.1 |
| 云　南 | 4529.5 | 206.3 | 1149.3 | 52.3 |
| 西　藏 | 5482.1 | −159.6 | 455.9 | −13.3 |
| 陕　西 | 1547.7 | 296.0 | 753.5 | 144.1 |
| 甘　肃 | 1725.6 | 516.5 | 432.7 | 129.5 |
| 青　海 | 2953.1 | −67.0 | 408.6 | −9.3 |
| 宁　夏 | 174.2 | 21.9 | 336.2 | 42.2 |
| 新　疆 | 2932.1 | −931.2 | 178.0 | −56.5 |

根据各省(区、市)年降水资源丰枯评估等级指标(表3.2.2),得到2017年各地年降水资源的丰枯状况(图3.2.2)。2017年,湖北、北京、山西、青海、重庆、宁夏、陕西、广西为丰水年份,辽宁、内蒙古为枯水年份,其余大部分省(区、市)均属正常年份。

表 3.2.2  各省(区、市)年降水资源丰枯评定指标(单位:亿立方米)

| | 指标 1 | 指标 2 | 指标 3 | 指标 4 |
|---|---|---|---|---|
| 北　京 | 118.1 | 104.0 | 79.3 | 65.3 |
| 天　津 | 80.1 | 69.6 | 51.3 | 40.8 |
| 河　北 | 1183.0 | 1056.0 | 833.8 | 706.7 |
| 山　西 | 901.5 | 816.6 | 667.9 | 583.0 |
| 内蒙古 | 4483.9 | 4061.4 | 3322.1 | 2899.6 |
| 辽　宁 | 1207.0 | 1065.0 | 816.5 | 674.4 |
| 吉　林 | 1393.4 | 1264.0 | 1037.6 | 908.2 |
| 黑龙江 | 2875.5 | 2619.8 | 2172.3 | 1916.6 |
| 上　海 | 93.4 | 83.2 | 65.3 | 55.0 |
| 江　苏 | 1276.3 | 1151.0 | 931.8 | 806.5 |
| 浙　江 | 1815.3 | 1669.1 | 1413.3 | 1267.1 |
| 安　徽 | 2065.7 | 1869.0 | 1524.6 | 1327.8 |
| 福　建 | 2474.8 | 2245.3 | 1843.6 | 1614.0 |
| 江　西 | 3351.1 | 3048.1 | 2517.8 | 2214.7 |
| 山　东 | 1293.3 | 1130.2 | 844.8 | 681.7 |
| 河　南 | 1560.0 | 1384.3 | 1076.8 | 901.1 |
| 湖　北 | 2700.7 | 2454.3 | 2023.0 | 1776.5 |
| 湖　南 | 3490.0 | 3221.7 | 2752.2 | 2484.0 |
| 广　东 | 3826.3 | 3471.8 | 2851.5 | 2497.0 |
| 广　西 | 4381.3 | 3988.0 | 3299.7 | 2906.4 |
| 海　南 | 722.3 | 657.7 | 544.6 | 480.0 |
| 四　川 | 1093.4 | 1005.8 | 852.5 | 764.9 |
| 重　庆 | 5185.2 | 4895.4 | 4388.1 | 4098.3 |
| 贵　州 | 2362.1 | 2210.6 | 1945.5 | 1794.0 |
| 云　南 | 4893.2 | 4581.4 | 4035.7 | 3723.8 |
| 西　藏 | 6560.2 | 6011.5 | 5051.4 | 4502.8 |
| 陕　西 | 1622.9 | 1451.8 | 1152.2 | 981.1 |
| 甘　肃 | 1917.0 | 1749.5 | 1456.3 | 1288.7 |
| 青　海 | 3100.9 | 2881.5 | 2497.5 | 2278.1 |
| 宁　夏 | 180.4 | 160.3 | 125.3 | 105.3 |
| 新　疆 | 3438.1 | 3060.1 | 2398.6 | 2020.6 |

注:全国 2000 多个站;年降水资源量(R)丰枯等级划分标准为:R＞指标 1 为异常丰水;指标 1≥R≥指标 2 为丰水;指标 2＞R＞指标 3 为正常;指标 3≥R≥指标 4 为枯水;指标 4＞R 为异常枯水。

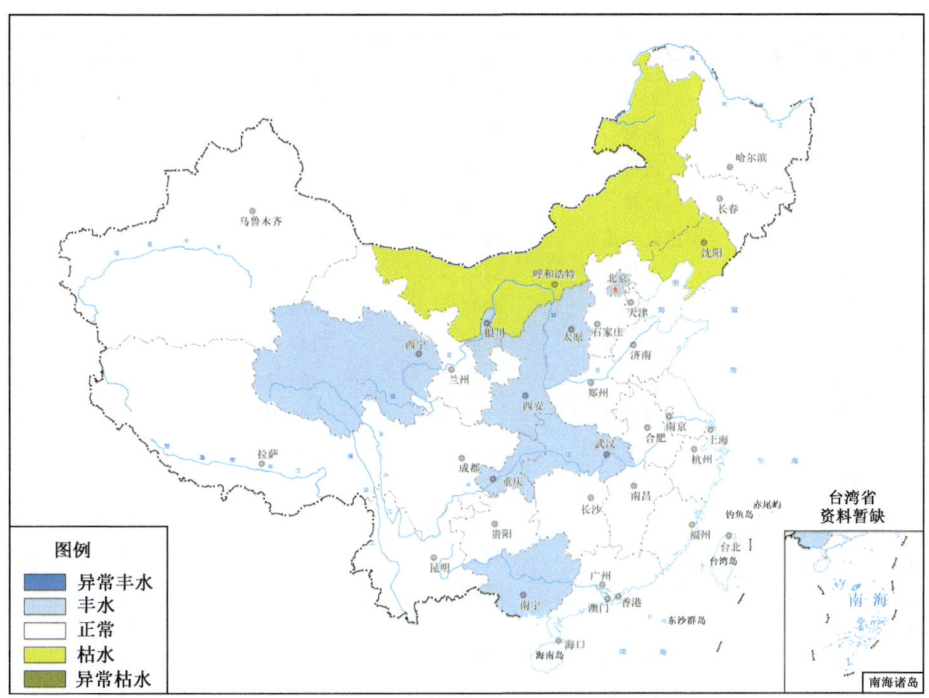

图 3.2.2　2017 年全国年降水资源丰枯评估等级分布图

## 二、年水资源总量

### 1. 全国及各省(区、市)水资源量

经统计,2017 年水资源总量 28 553.7 亿立方米。评估结果如下:2017 年全国年水资源总量属于正常年份。湖北、北京、山西、青海、重庆、宁夏、陕西、广西为比较丰富年份,辽宁、内蒙古为较为欠缺年份,其余大部分省(区、市)均属正常年份(表 3.2.3)。

表 3.2.3　2017 年全国及各省(区、市)水资源总量评估结果和采用的指标及参数(单位:亿立方米)

| | 年水资源总量 | 评估结果 | 指标 1 | 指标 2 | 指标 3 | 指标 4 |
|---|---|---|---|---|---|---|
| 北　京 | 31.7 | 比较丰富 | 37.7 | 31.6 | 21.0 | 15.0 |
| 天　津 | 12.5 | 正常 | 22.4 | 17.6 | 9.1 | 4.2 |
| 河　北 | 145.5 | 正常 | 230.6 | 192.5 | 126.0 | 88.0 |
| 山　西 | 120.8 | 比较丰富 | 121.1 | 107.9 | 84.8 | 71.5 |
| 内蒙古 | 407.8 | 比较欠缺 | 682.1 | 582.8 | 408.9 | 309.5 |
| 辽　宁 | 192.2 | 比较欠缺 | 494.3 | 398.1 | 229.7 | 133.5 |
| 吉　林 | 368.6 | 正常 | 533.8 | 462.1 | 336.6 | 264.9 |
| 黑龙江 | 804.6 | 正常 | 1075.2 | 924.0 | 659.4 | 508.2 |
| 上　海 | 39.7 | 正常 | 53.4 | 43.6 | 26.5 | 16.8 |
| 江　苏 | 436.4 | 正常 | 558.9 | 462.8 | 294.5 | 198.4 |
| 浙　江 | 953.4 | 正常 | 1271.3 | 1120.6 | 856.8 | 706.0 |
| 安　徽 | 842.7 | 正常 | 1052.4 | 891.4 | 609.6 | 448.5 |

续表

| | 年水资源总量 | 评估结果 | 指标1 | 指标2 | 指标3 | 指标4 |
|---|---|---|---|---|---|---|
| 福建 | 1025.3 | 正常 | 1566.7 | 1369.7 | 1025.0 | 827.9 |
| 江西 | 1677.4 | 正常 | 2070.3 | 1819.6 | 1381.0 | 1130.4 |
| 山东 | 237.8 | 正常 | 428.2 | 339.9 | 185.4 | 97.1 |
| 河南 | 414.4 | 正常 | 573.4 | 471.9 | 294.2 | 192.7 |
| 湖北 | 1252.4 | 比较丰富 | 1376.9 | 1183.8 | 845.8 | 652.7 |
| 湖南 | 1888.0 | 正常 | 2146.2 | 1957.6 | 1627.4 | 1438.8 |
| 广东 | 1756.8 | 正常 | 2325.4 | 2074.7 | 1635.9 | 1385.1 |
| 广西 | 2329.9 | 比较丰富 | 2399.9 | 2135.9 | 1673.9 | 1409.8 |
| 海南 | 401.8 | 正常 | 471.5 | 403.2 | 283.8 | 215.5 |
| 重庆 | 625.5 | 比较丰富 | 658.6 | 591.0 | 472.6 | 405.0 |
| 四川 | 2489.0 | 正常 | 2856.7 | 2663.3 | 2325.0 | 2131.6 |
| 贵州 | 1059.6 | 正常 | 1204.0 | 1104.3 | 929.8 | 830.1 |
| 云南 | 2284.3 | 正常 | 2544.7 | 2321.5 | 1931.1 | 1708.0 |
| 西藏 | 4368.9 | 正常 | 4746.2 | 4554.3 | 4218.5 | 4026.6 |
| 陕西 | 481.0 | 比较丰富 | 516.6 | 435.6 | 293.9 | 212.9 |
| 甘肃 | 229.2 | 正常 | 254.3 | 232.2 | 193.7 | 171.7 |
| 青海 | 730.9 | 比较丰富 | 778.4 | 707.9 | 584.6 | 514.1 |
| 宁夏 | 10.8 | 比较丰富 | 10.9 | 10.4 | 9.5 | 9.0 |
| 新疆 | 934.9 | 正常 | 1004.9 | 952.5 | 860.8 | 808.4 |
| 全国 | 28553.7 | 正常 | 30155.1 | 28738.8 | 26260.2 | 24843.8 |

注:中国2000多个站;年水资源总量($W$)丰枯等级划分标准为:$W$>指标1为异常丰富;指标1≥$W$≥指标2为比较丰富;指标2>$W$>指标3为正常;指标3≥$W$≥指标4为较为欠缺;指标4>$W$为异常欠缺。

根据联合国水资源短缺状况评估指标和等级,2017年我国人均年水资源量为2056.7米$^3$/人,水资源短缺状况为脆弱等级。水资源极缺的区域主要分布在北京、天津、河北、山西、山东、河南、上海、宁夏、辽宁,均不足500米$^3$/人,其中天津、北京、宁夏、上海、河北不足200米$^3$/人;江苏、甘肃属于缺水区域;陕西、安徽、吉林、广东、内蒙古、浙江属于水资源紧张等级;重庆、湖北、黑龙江属于水资源脆弱等级(图3.2.3)。

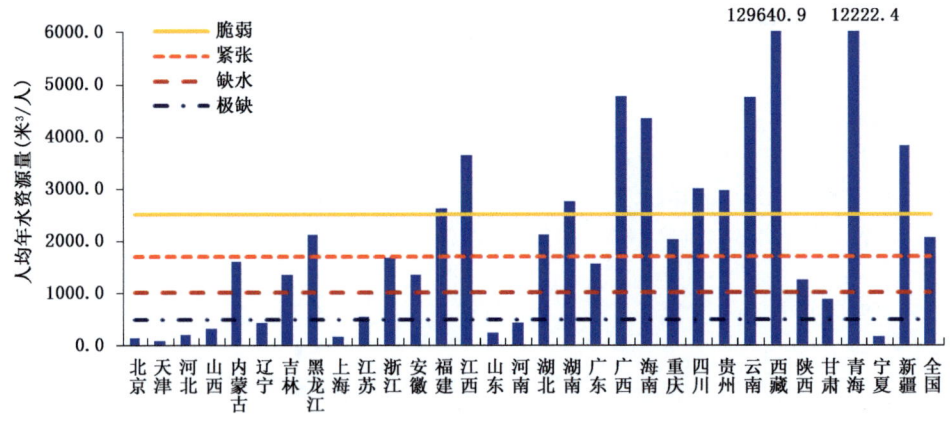

图3.2.3　2017年全国及各省(区、市)水资源短缺状况评估

## 2. 十大流域水资源量

2017年，松花江、辽河、海河、东南诸河、西南诸河流域地表水资源量均较常年(1981—2010年)偏少；其他流域(黄河、淮河、长江、珠江和西北内陆河流域)均较常年同期偏多(图3.2.4)。

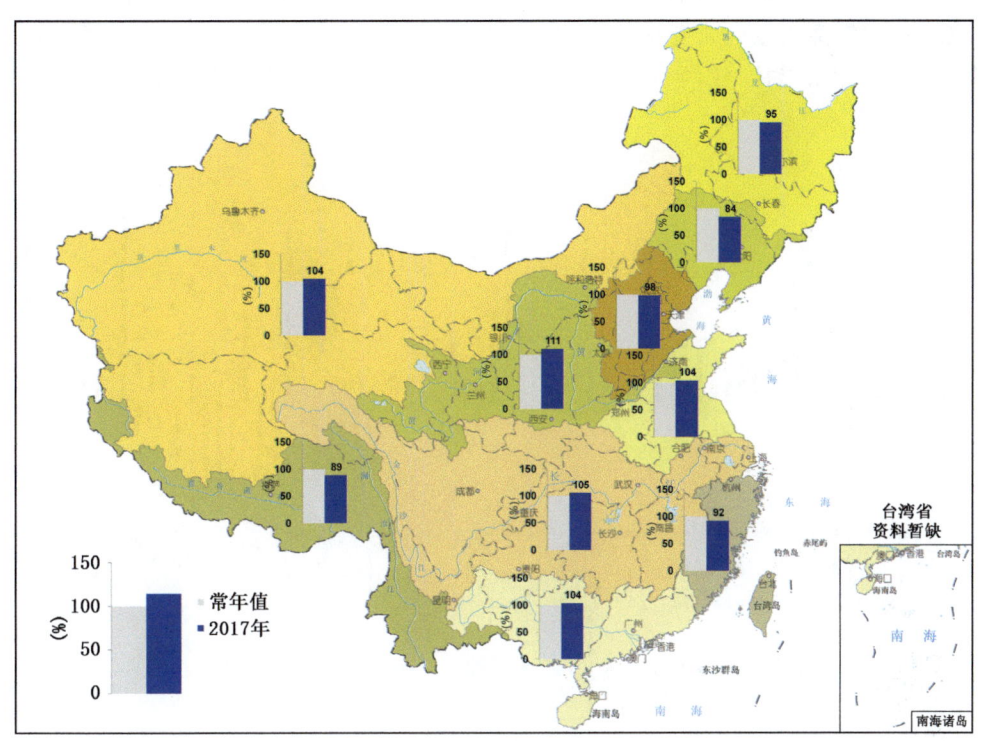

图3.2.4　2017年十大流域地表水资源量相当于常年百分比分布图

辽河流域地表水资源量326亿立方米，较常年偏少16.0%；西南诸河流域4623亿立方米，偏少11.1%；东南诸河流域1624亿立方米，偏少8.0%；松花江流域978亿立方米，偏少4.5%；海河流域112亿立方米，偏少1.7%。黄河流域地表水资源量533亿立方米，较常年偏多10.8%；长江流域10 927亿立方米，偏多5.1%；珠江流域4702亿立方米，偏多4.5%；西北内陆河流域330亿立方米，偏多4.2%；淮河流域832亿立方米，偏多3.7%。

## 三、对水资源影响

### 1. 江淮、江汉等地伏旱影响区域水资源

2017年6月中旬至8月上旬前期，江淮、江汉、西北地区东南部等地降水量比常年同期偏少2~5成，江淮东部、江汉东部、陕西关中偏少5~8成。同期，上述大部地区气温较常年同期偏高1~2℃，部分地区偏高2~4℃；期间，长江中下游地区出现10~15天的高温(日最高气温≥35℃)天气，最高气温达38~40℃，部分地区超过40℃。干旱造成河流湖泊及水库蓄水不足，给人民生活、农业和畜牧业生产造成不利影响。

**2. 全国年降水量偏多有利于大部分水库蓄水**

通过对 75 座大 1 型水库(个别为大 2 型(1 亿～10 亿立方米))上游流域年降水量的统计分析表明,全国有 60%的水库上游流域平均年降水量较常年偏多,安徽、甘肃、广西、贵州、黑龙江、湖北、宁夏、青海、山西、陕西、四川、西藏、新疆、重庆的全部水库及广东、河北、河南、湖南、吉林、江西、辽宁、内蒙古等省(区)部分水库较常年偏多,对水库蓄水有利;其余 40%的水库上游流域平均年降水量较常年偏少,包括北京、山东、江苏、天津、云南、浙江的全部水库及广东、河北、河南、湖南、吉林、江西、辽宁、内蒙古等省(区)的部分水库(图 3.2.5)。

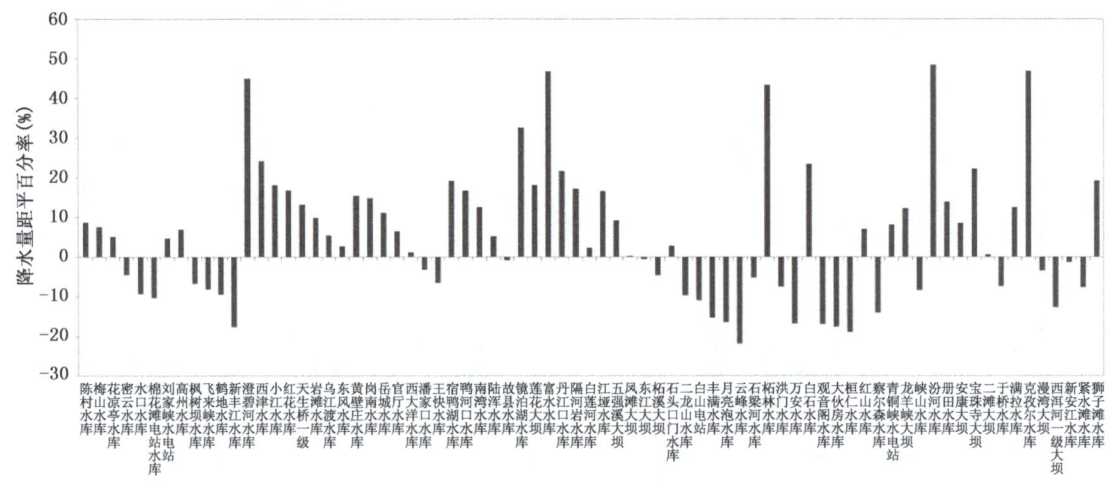

图 3.2.5　2017 年 75 座大 1 型水库年降水量距平百分率

## 第三节　气候对生态的影响

2017 年 5—9 月,全国平均气温 19.95℃,较 2001—2010 年同期偏高 0.43℃。华北大部、黄淮、江淮、西北地区北部及内蒙古中西部、辽宁中部、浙江东部、福建南部、贵州中部、四川东部等地气温偏高 0.5～1.0℃,其中内蒙古中部、河北东南部、山东大部、河南中东部、江苏北部等地偏高 1～2℃;全国其余大部地区气温接近常年同期(图 3.3.1(a))。全国平均降水量 477.2 毫米,较 2001—2010 年同期偏多 4.9%。内蒙古中西部及呼伦贝尔部分地区、青海西北部、新疆东南部及北部部分地区偏少 2～5 成,黑龙江北部部分地区、吉林中部和东北部、辽宁西部、内蒙古东南部、江苏南部、安徽南部、江西中北部、湖南中部、广西西北部、贵州东南部、西藏西部、新疆西南部及北部部分地区、青海中北部、甘肃东北部、宁夏南部、陕西北部、山西中西部等地偏多 2～5 成,其中江西中北部、西藏西部、新疆西南部及北部部分地区偏多 5 成至 1 倍,新疆南部部分地区偏多 2 倍以上;全国其余大部地区降水量接近常年同期(图 3.3.1(b))。

2017 年入春至 6 月上中旬,内蒙古呼伦贝尔及锡林郭勒盟等地降水异常偏少,不利于植被生长。河北、山东、河南等地部分地区生长季降水量偏少,不利于植被生长。青海东南部、四川中西部等地在生长季前期气温正常或偏低,7 月份降水量异常偏少,不利于植被生长。东北、华北西部、江汉、江南、西南、西北地区东部等地生长季降水量接近常年同期或偏多,气温正常或略偏高,利于植被生长。

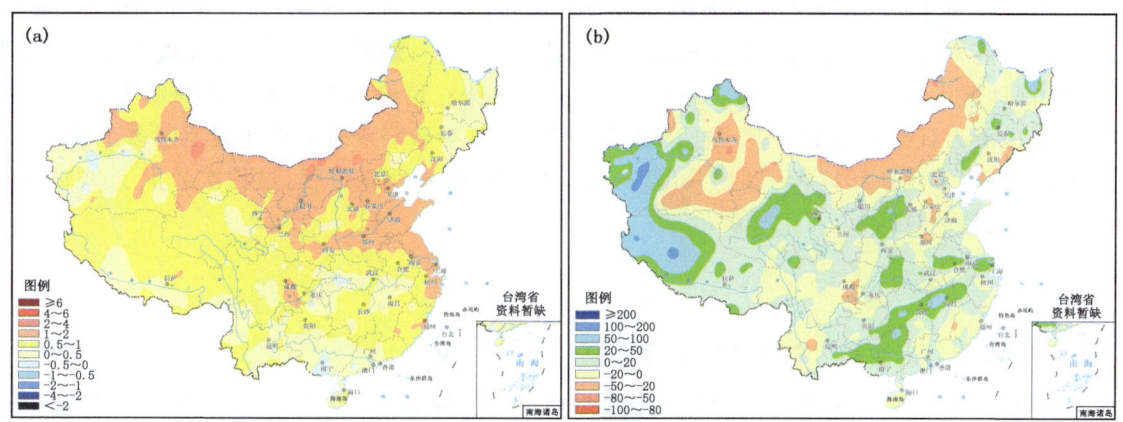

图 3.3.1　2017 年植被生长季(5—9 月)全国平均气温距平(a,单位:℃)
与全国降水量距平百分率(b,单位:%)分布图

根据 MODIS 增强型植被指数(EVI)监测显示:2017 年 5—9 月,秦岭及淮河以南大部分地区、东北大部、华北大部、黄淮大部、西北东南部及内蒙古东北部植被覆盖较好或好;西北大部、青藏高原中西部及内蒙古中西部等地植被覆盖较差(图 3.3.2(a))。与 2001—2010 年同期平均相比,我国东部地区植被长势总体偏好,其中,东北中西部及内蒙古东南部、西北东部、华北西部和北部、江南大部、华南、西南东部等地偏好程度较明显;内蒙古呼伦贝尔市西部及锡林郭勒盟中东部、河北东部和南部、河南中北部、山东东部、陕西中部、江苏中南部、浙江北部、四川西部、青海东南部及云南西北部等地植被长势偏差(图 3.3.2(b))。

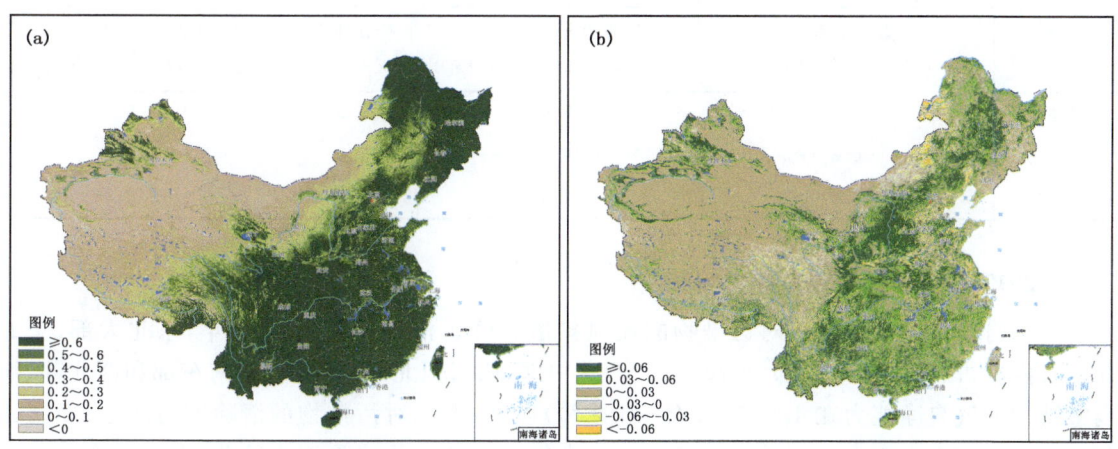

图 3.3.2　2017 年植被生长季(5—9 月)全国植被指数(a)与植被指数差异
(2017 年植被生长季与 2001—2010 年同期平均水平之差)(b)分布图

## 第四节　气候对大气环境的影响

2017年,东北大部、华北北部及内蒙古、山东半岛东部、青海南部、西藏中部、四川西北部和南部、云南东部和西北部、海南等地的大气自净能力较强;新疆西部大气自净能力较差;全国其余大部地区大气自净能力一般。京津冀、长三角和珠三角地区平均大气自净能力均低于常年,低自净能力日数均多于常年,强通风日数少于常年,有效降水日数京津冀地区多于常年、珠三角地区少于常年。2017年,我国共出现5次大范围、持续性霾过程,过程次数少于2016年;年初霾天气持续时间长,污染程度最重。

### 一、基本特征

**1. 1961年以来全国大气自净能力变化**

1961—2017年,全国大气污染防控重点地区的京津冀、长三角、珠三角地区平均大气自净能力指数呈下降趋势,低自净能力日数(大气自净能力指数低于1.4(吨/(天·千米$^2$))呈上升趋势(表3.4.1和图3.4.1)。全国大气污染防控重点地区的京津冀、长三角和珠三角年平均大气自净能力下降速率,分别为0.3(吨/(天·千米$^2$·10年))、0.3(吨/(天·千米$^2$·10年))和0.2(吨/(天·千米$^2$·10年)),低自净能力日数呈上升速率,分别为7.0天/10年、6.8天/10年和8.3天/10年。京津冀和长三角地区年平均大气自净能力下降趋势较为显著,长三角地区全年低自净能力日数增加趋势较为显著。珠三角地区全年低自净能力日数年际波动相对较大,近20年全年低自净能力日数增幅超60天。2017年,京津冀、长三角、珠三角地区平均大气自净能力指数较常年(1981—2010年)偏低8.9%～16.8%;京津冀地区平均低自净能力日数偏高2.5%,珠三角地区偏低8.4%,长三角地区与常年平均水平相当。

表3.4.1　2017年大气污染防控重点地区大气自净能力和低自净能力日数变化特征

| 地区 | 大气自净能力指数 | | 低自净能力日数 | |
| --- | --- | --- | --- | --- |
| | 变化速率<br>(吨/(天·千米$^2$·10年)) | 距平百分率(%)<br>(2017年相对1981—2010年) | 变化速率<br>(天/10年) | 距平百分率(%)<br>(2017年相对1981—2010年) |
| 京津冀 | -0.3 | -8.9 | 7.0 | 2.5 |
| 长三角 | -0.3 | -16.8 | 6.8 | -0.6 |
| 珠三角 | -0.2 | -12.5 | 8.3 | -8.4 |

**2. 2017年全国大气自净能力特征**

大气自净能力反映大气对污染物的通风扩散和降水清洗能力。2017年,东北大部、华北北部及内蒙古、山东半岛东部、青海南部、西藏中部、四川西北部和南部、云南东部和西北部、海南等地的大气自净能力在4.5(吨/(天·千米$^2$))以上,大气对污染物的清除能力较强;新疆西部大气自净能力小于2.5(吨/(天·千米$^2$)),大气对污染物的清除能力较差;全国其余大部地区为2.5～4.5(吨/(天·千米$^2$)),大气对污染物的清除能力一般(图3.4.2)。

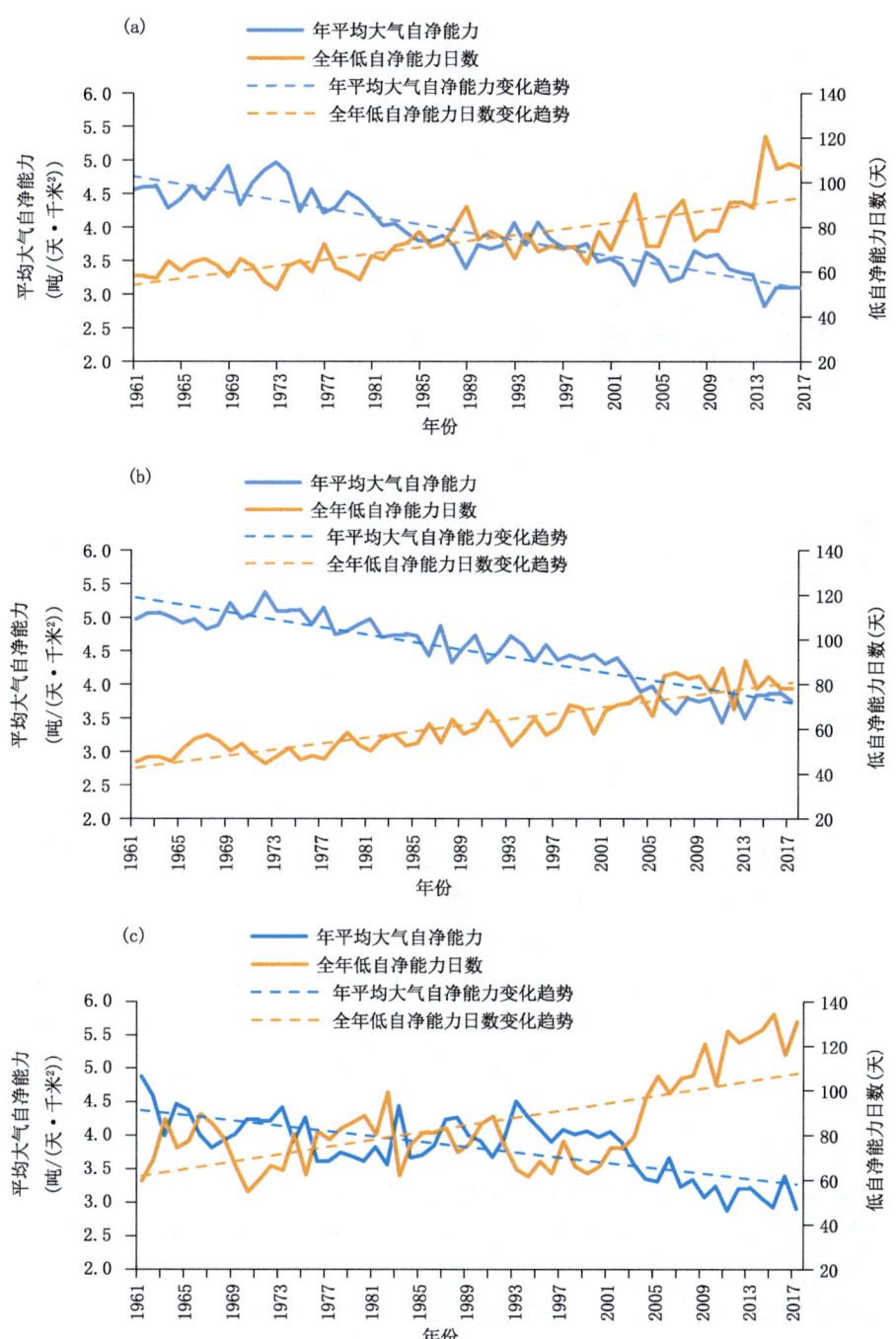

图 3.4.1 1961—2017 年京津冀(a)、长三角(b)、珠三角(c)地区年平均大气自净能力和低自净能力日数历年变化

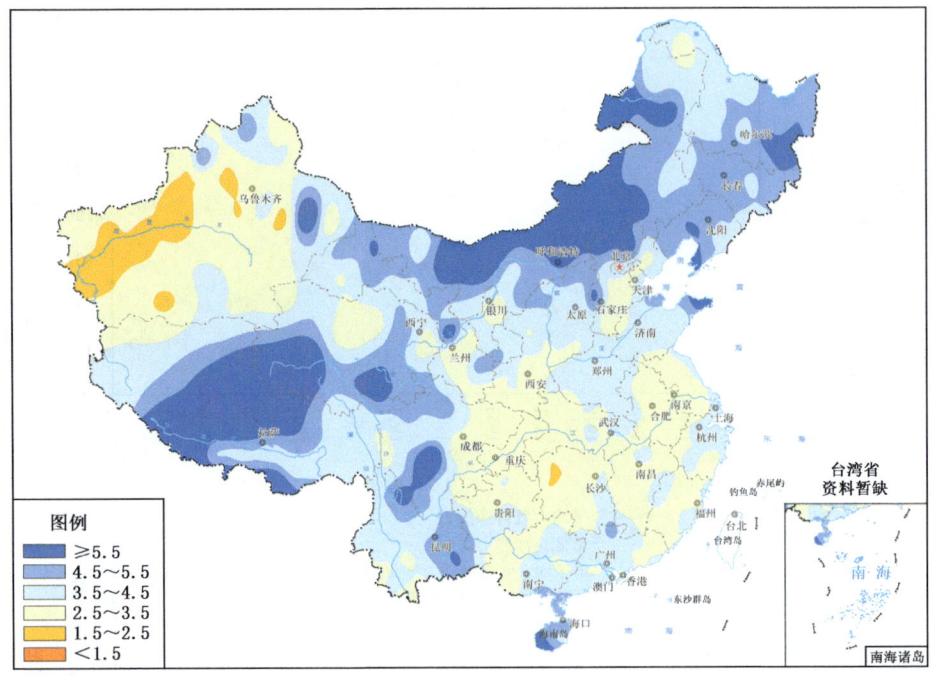

图 3.4.2　2017 年全国平均大气自净能力指数分布图（单位：吨/（天·千米²））

低自净能力日数较多代表该地区大气对污染物的清除能力较差的日数偏多。2017 年，东北北部、华北东部、黄淮大部、江淮东部、江南大部、华南大部、西南东部以及新疆西北和东部、内蒙古东部等地区低自净能力日数在 60～150 天，其中湖南中西部、四川盆地、新疆西北和东部部分地区低自净能力日数一般多于 120 天，局地多于 150 天；其他地区低自净能力日数一般少于 60 天，大气对污染物的清除能力较强（图 3.4.3）。与常年同期相比，东北大部、华北东部、黄淮东部、江淮大部、华南东部及湖南大部、贵州大部、云南西部和南部、海南大部、宁夏大部、陕西南部、青海中西部、新疆中部等地偏多 5 天以上，大气扩散条件较差。其中北京、河北中南部、山东大部、江苏大部、安徽大部、浙江东部、湖南大部、贵州大部、云南西部和南部、陕西南部、宁夏东北部、新疆和青海交界地区及广州等地的低自净能力日数偏多 20 天以上，大气对污染物通风扩散能力较差（图 3.4.4）。

2017 年与常年同期相比，京津冀、长三角和珠三角地区平均大气自净能力（3.4.5（a））偏低，低自净能力日数（3.4.5（b））偏多，强通风量日数（3.4.5（d））偏少，有效降水日数（3.4.5（c））京津冀和长三角地区偏多、珠三角地区偏少。珠三角地区大气自净能力指数、强通风量、有效降水和低自净能力日数较常年分别偏低 24%、67%、7.8% 和 60%，有效降水较少、大气水平扩散能力较差导致该地区大气自净能力显著降低。京津冀和长三角地区大气自净能力分别偏低 15.4% 和 14.0%，低自净能力日数分别偏多 41% 和 20%，而有效降水日数分别偏多 6.7% 和 2.7%，强通风量日数偏低 40% 左右，相对降水因素，大气水平扩散能力是影响上述地区大气自净能力降低的主要因素。

气候对行业影响评估 第三章

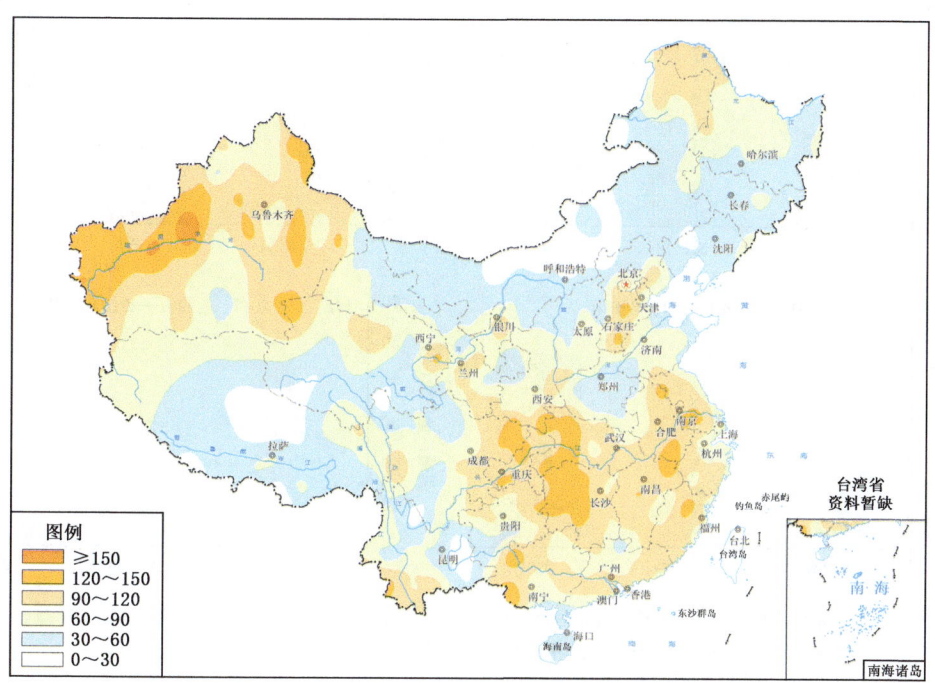

图 3.4.3　2017 年全国年低自净能力日数分布图(单位:天)

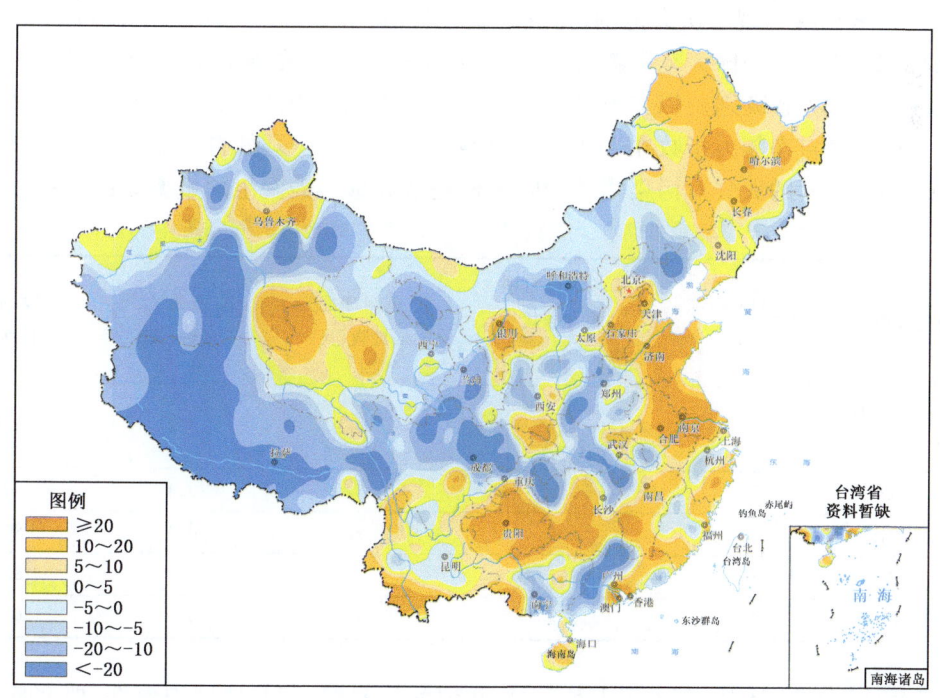

图 3.4.4　2017 年全国年低自净能力日数距平分布图(相对 1981—2010 年平均值)(单位:天)

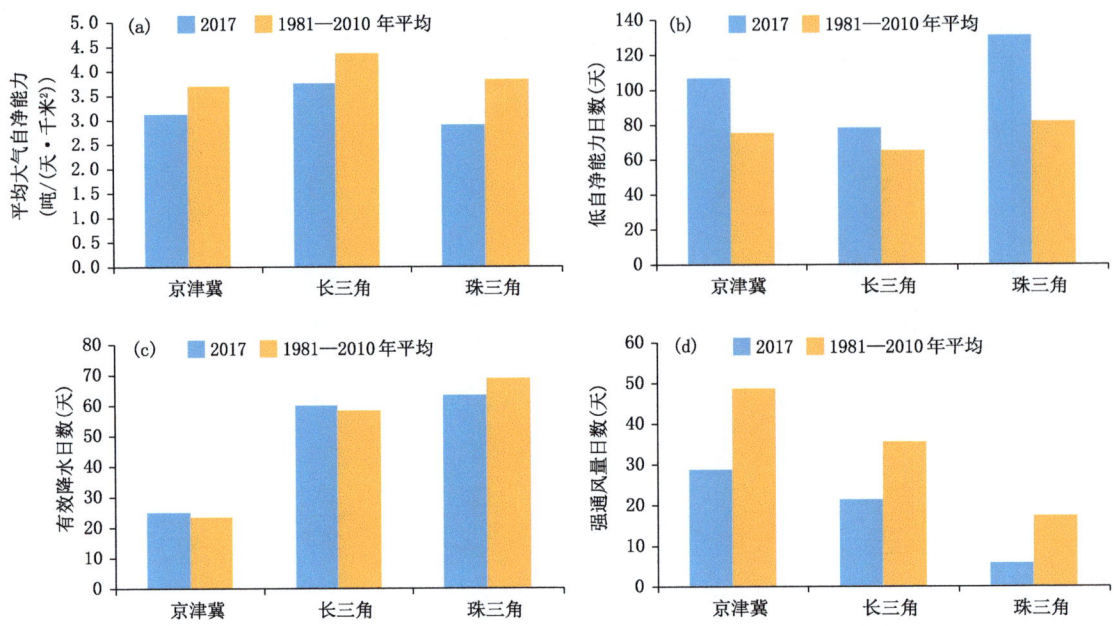

图 3.4.5 京津冀、长三角和珠三角地区 2017 年平均大气自净能力(a)、低自净能力日数(b)、有效降水日数(c)、强通风量日数(d)与常年同期(1981—2010 年)的对比

## 二、典型事件分析

2017 年,我国共出现 5 次大范围、持续性霾过程(其中 1 月 2 次,2 月 2 次,10 月 1 次),过程次数少于 2016 年。全国大范围霾天气过程中,中东部地区影响较为严重,部分地区空气质量达到重度污染以上级别。以京津冀地区为例,5 次大范围霾天气过程的气象条件见表 3.4.2。平均大气自净能力指数在 1.7~3.7(吨/(天·千米²)),低自净能力日数较长、强通风日数较短,持续不利的大气对污染物的清除条件是造成重污染发生的重要原因之一。

表 3.4.2 2017 年大范围霾天气过程京津冀地区的气象条件

| 霾天气过程 | 持续时间（天） | 平均大气自净能力指数（吨/(天·千米²)) | 低自净能力日数（天） | 强通风日数（天） | 平均混合层高度（米） |
| --- | --- | --- | --- | --- | --- |
| 2016 年 12 月 30 日至 2017 年 1 月 7 日 | 8 | 1.7 | 4.9 | 0.24 | 571.2 |
| 1 月 24—26 日 | 2 | 2.1 | 1.9 | 0.4 | 627.9 |
| 2 月 3—5 日 | 2 | 2.9 | 1.1 | 0.4 | 807.1 |
| 2 月 13—16 日 | 3 | 3.7 | 1.4 | 1.0 | 830.4 |
| 10 月 25—28 日 | 3 | 2.4 | 1.9 | 0.5 | 614.6 |

2016 年 12 月 30 日至 2017 年 1 月 7 日,正值元旦假期,东北地区中南部、西北地区东部、华北大部、黄淮、江淮、江汉、江南中北部、华南中部及四川盆地等地出现大范围霾,华北中南部、黄淮、江淮大部及辽宁中部、陕西关中等地出现重度霾。全国受霾影响面积达 280 万平方

千米，PM$_{2.5}$峰值浓度超过500微克/米$^3$。此次过程为2017年持续时间最长、影响范围最广、污染程度最重的霾天气过程。受其影响，京津冀鲁豫多地发布霾预警，多个机场出现航班大量延误和取消，多条高速公路关闭；呼吸道疾病患者增多。

2017年2月发生两次大范围霾天气过程。2月3—5日，东北地区中南部、华北大部、黄淮、陕西等地出现霾，华北中南部、黄淮西部、陕西关中等地出现重度霾。2月13—16日，东北地区中南部、华北大部、黄淮、江淮、江汉、四川盆地、陕西等地出现霾，华北中南部、黄淮西部、陕西关中等地出现重度霾。两次雾霾过程中，河北局地PM$_{2.5}$峰值浓度均超过500微克/米$^3$，北京部分区域PM$_{2.5}$峰值浓度均超过250微克/米$^3$。

## 第五节 气候对能源需求的影响

2016/2017年冬季采暖季，北方冬季平均气温较常年同期偏高，采暖度日较常年同期偏少，采暖需求减少；北方大部采暖初日较常年略偏晚，采暖结束日期较常年偏早，平均采暖期长度比常年（151天）偏少6天。2017年夏季，全国大部地区气温较常年同期偏高，使得降温耗能较常年同期偏高，夏季全国用电量为17 307亿千瓦时，同比增长7.6%。

### 一、气候对北方冬季采暖耗能影响

**1. 采暖季气温**

2016/2017年采暖季（2016年11月至2017年3月），北方地区平均气温为−3.2℃，较常年同期（−4.5℃）偏高1.3℃（图3.5.1）。与常年相比，本采暖季东北、华北和西北地区气温分别偏高0.9℃、1.5℃和1.4℃。

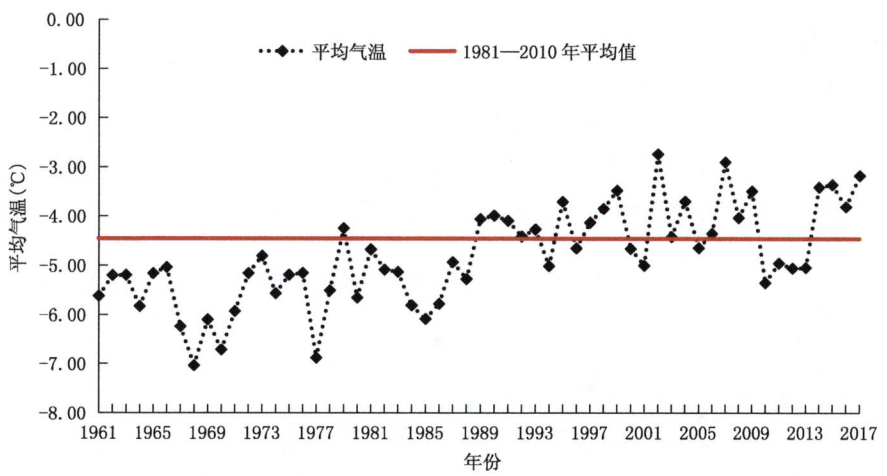

图3.5.1　1961—2017年采暖季（11月至次年3月）北方平均气温变化

**2. 采暖期长度及采暖度日**

（1）采暖初日和终日

2016/2017年北方大部采暖初日较常年偏晚，其中华北西部、黄淮西部、西北东部、新疆南部、西藏西部等地偏晚5~10天，局部地区达10~20天。全国大部地区采暖结束日期偏早，其中东北南部、内蒙古中部、华北东部、黄淮东部以及青海西部、新疆东部等地偏早5～10天,局部地区偏早10天以上;西北东部以及西藏部分地区较常年同期偏晚1～5天,局部地区偏晚10天以上(表3.5.1)。

表3.5.1　2016/2017年北方省会城市采暖初、终日期和采暖期长度及距平(单位:天)

| 站点 | 初日<br>(年-月-日) | 初日距平 | 终日<br>(年-月-日) | 终日距平 | 采暖期长度 | 采暖期长度距平 |
|---|---|---|---|---|---|---|
| 北京 | 2016-11-20 | 3.0 | 2017-02-25 | −15.9 | 98 | −19.0 |
| 哈尔滨 | 2016-10-19 | −5.4 | 2017-04-02 | −8.2 | 166 | −2.9 |
| 呼和浩特 | 2016-10-24 | −3.6 | 2017-03-29 | −3.7 | 157 | −0.1 |
| 济南 | 2016-12-20 | 18.3 | 2017-02-25 | 0.8 | 68 | −17.5 |
| 兰州 | 2016-11-20 | 8.6 | 2017-03-16 | 0.4 | 117 | −8.2 |
| 沈阳 | 2016-10-26 | −10.2 | 2017-03-28 | −3.9 | 154 | 6.2 |
| 石家庄 | 2016-11-21 | −0.3 | 2017-02-24 | −9.4 | 96 | −9.1 |
| 太原 | 2016-11-20 | 9.5 | 2017-03-11 | −9.9 | 112 | −19.4 |
| 天津 | 2016-11-21 | 3.0 | 2017-02-25 | −17.3 | 97 | −20.3 |
| 乌鲁木齐 | 2016-10-16 | −14.7 | 2017-04-07 | 6.5 | 174 | 21.2 |
| 西宁 | 2016-10-27 | 2.2 | 2017-03-27 | −7.5 | 152 | −9.8 |
| 银川 | 2016-11-16 | 8.8 | 2017-03-27 | 4.9 | 132 | −3.8 |
| 长春 | 2016-10-20 | −8.5 | 2017-04-02 | −5.9 | 165 | 2.6 |
| 郑州 | 2016-12-21 | 16.9 | 2017-02-21 | −11.9 | 54 | −28.8 |
| 北方平均 | — | — | — | — | 144.4 | −6.1 |

注:初、终日距平负值表示日期提前,正值表示日期推迟;采暖期长度距平负值表示缩短,正值表示延长。

(2)采暖期长度

由于采暖初日偏晚、采暖终日偏早,导致2016/2017年北方地区平均采暖期偏短,比常年(150.5天)少6.1天(图3.5.2)。从空间分布看,除新疆北部、西藏大部以及黑龙江北部、辽宁等地采暖期长度偏长外,北方大部地区的采暖期长度较常年同期偏短1～10天,内蒙古西部、华北、黄淮以及陕西南部、青海中部、新疆东部等地采暖期偏短10～20天(表3.5.1)。

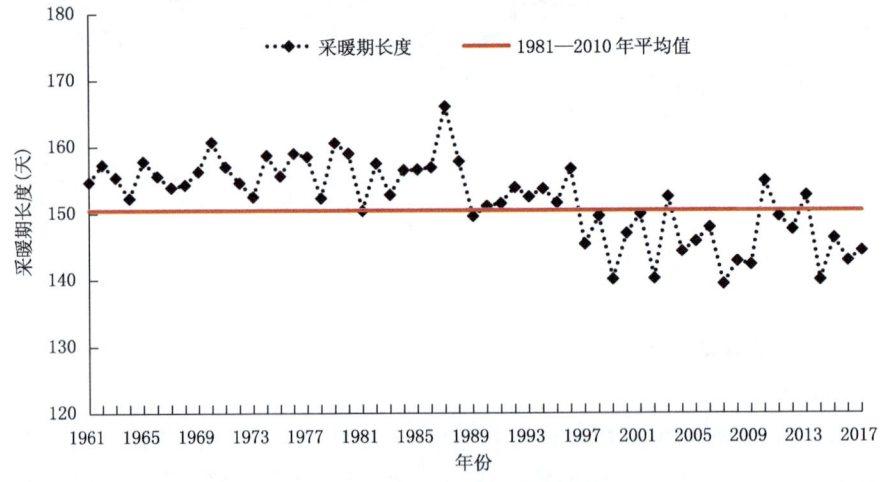

图3.5.2　1961—2017年北方地区平均采暖期长度变化

(3)采暖期度日

2016/2017年冬季北方地区采暖季气温偏高,采暖期偏短,采暖需求减少。采暖期度日总量为1340.3℃·天,较常年偏少197.3℃·天(图3.5.3)。

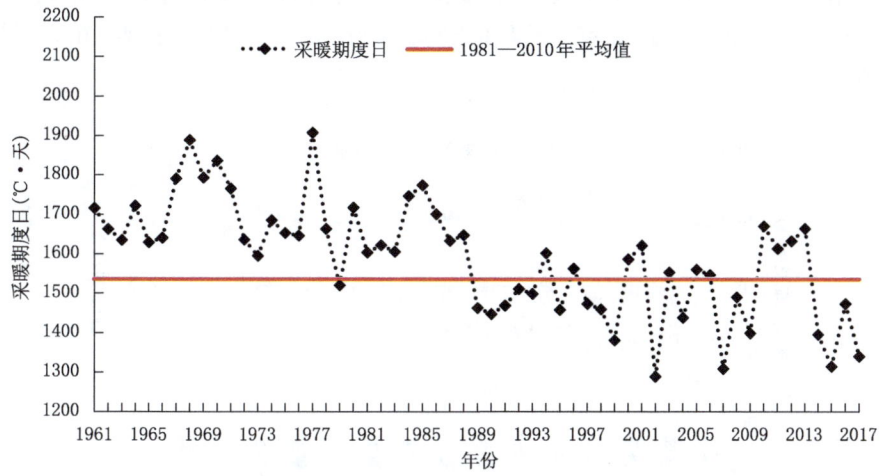

图3.5.3　1961—2017年北方地区采暖期度日总量变化

**3. 温度变化对北方冬季采暖影响评价**

(1)单站采暖耗能

表3.5.2显示,2016年12月,北方省会城市除西宁气温较常年同期偏低外,其余城市气温均偏高,采暖耗能不同程度减少,减幅为1%~24%。2017年1月,除乌鲁木齐气温较常年同期偏高外,其余城市气温均偏低,采暖耗能增加,增幅为1%~19%。2017年2月,除呼和浩特、西宁、银川、兰州较常年同期偏低,采暖耗能增幅为1%~17%外,其余城市气温均偏高,采暖耗能减幅为3%~33%,其中郑州减幅达55%。从整个冬季来看,所选省会城市气温除呼和浩特、哈尔滨外均偏高,采暖耗能较常年减少,减幅为0~10%,其中郑州减幅达31%。

表3.5.2　2016/2017年北方部分站点月、冬季气温距平(℃)和采暖耗能变率(%)

| 站点 | 12月 | | 1月 | | 2月 | | 冬季 | |
|---|---|---|---|---|---|---|---|---|
| | 气温距平 | 耗能变率 | 气温距平 | 耗能变率 | 气温距平 | 耗能变率 | 气温距平 | 耗能变率 |
| 北京 | 1.4 | −21.2 | 1.5 | −16.0 | 2.0 | −34.0 | 1.6 | −23.7 |
| 哈尔滨 | 0.9 | −3.7 | 1.0 | −4.3 | 1.3 | −7.3 | 1.1 | −5.1 |
| 呼和浩特 | 3.1 | −21.9 | 2.0 | −11.4 | 0.5 | −4.8 | 1.9 | −12.7 |
| 济南 | 1.8 | — | 1.4 | −19.7 | 1.8 | −41.4 | 1.7 | |
| 兰州 | 2.5 | −28.3 | 2.5 | −23.3 | 1.9 | −31.0 | 2.3 | −27.5 |
| 沈阳 | 1.1 | −8.0 | 2.2 | −13.1 | 1.5 | −12.6 | 1.6 | −11.2 |
| 石家庄 | 1.1 | −32.7 | 0.8 | −9.6 | 1.8 | −35.9 | 1.2 | −26.1 |
| 太原 | 2.4 | −25.0 | 2.5 | −22.9 | 1.4 | −20.1 | 2.1 | −22.7 |
| 天津 | 1.4 | −23.0 | 1.8 | −19.7 | 1.9 | −33.5 | 1.7 | −25.4 |
| 乌鲁木齐 | 4.2 | −29.2 | 0.9 | −4.7 | 1.3 | −8.5 | 2.1 | −14.1 |
| 西宁 | 1.2 | −10.9 | 0.6 | −4.7 | 1.2 | −13.6 | 1.0 | −9.7 |
| 银川 | 3.7 | −34.9 | 2.6 | −19.8 | 2.5 | −28.0 | 2.9 | −27.6 |
| 长春 | 2.6 | −13.5 | 2.5 | −12.1 | 2.1 | −13.6 | 2.4 | −13.1 |
| 郑州 | 2.8 | — | 2.4 | −46.3 | 2.3 | −65.2 | 2.5 | — |

注:—表示数据缺失。

(2)区域采暖耗能

北方15省(区、市)冬季采暖耗能评估结果显示(图3.5.4),各省(区、市)冬季平均气温均较常年同期偏高,采暖耗能也均较常年同期减少,其中黑龙江、吉林、内蒙古、新疆、辽宁和青海减幅在5%~20%,河北、甘肃、北京、宁夏和天津减幅在20%~30%,山西、山东、陕西和河南减幅超过30%。

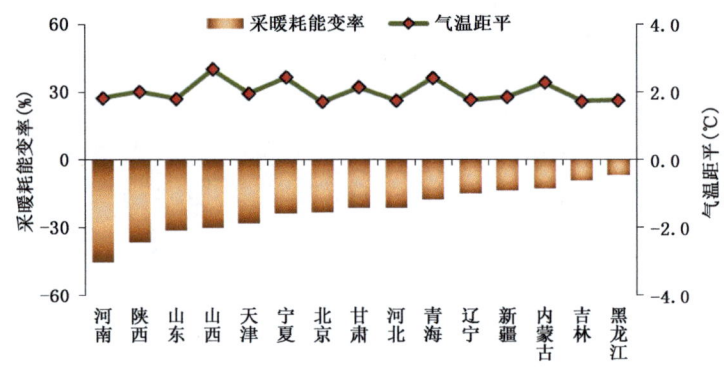

图3.5.4 2016/2017年冬季北方15省(区、市)采暖耗能变率和气温距平变化

从冬季各月来看,2016年12月,各省(区、市)平均气温较常年同期偏高0.9~3.3℃,采暖耗能均较常年同期减少,其中河南和陕西的减幅分别达62%和47%,山东、山西和宁夏减幅在30%~40%,其余省份不足30%。2017年1月,各省平均气温偏高0.4~3.0℃,采暖耗能减幅一般为2%~30%,河南、陕西分别为40%和32%。2月,各省平均气温偏高1.2~2.5℃,采暖耗能均较常年同期减少,其中河南、天津和山东的减幅分别达到43%、41%和34%,其余省份减幅不足30%。

## 二、气候对夏季降温耗能的影响

2017年夏季,全国大部地区平均气温接近常年同期或偏高,使得降温耗能也较常年同期偏高。据统计,2017年夏季全国用电量为17307亿千瓦时,同比增长7.6%,其中6月、7月和8月用电量分别为5244亿千瓦时、6072亿千瓦时和5991亿千瓦时,分别同比增长6.5%、9.9%和6.4%。

6月,乌鲁木齐、银川、兰州、成都、重庆、福州、贵阳、北京等地气温较常年同期偏高明显,降温耗能偏高50%以上,呼和浩特、哈尔滨、武汉因气温较常年同期偏低明显,降温耗能偏低60%以上,其余省会城市降温耗能介于±50%之内。7月,除海口、南宁、广州、贵阳外,全国大部分省会城市平均气温均较常年同期偏高,降温耗能也普遍偏高,其中上海、郑州、合肥、呼和浩特、北京等地降温耗能偏高50%~100%,兰州、银川、太原、乌鲁木齐、长春、沈阳和哈尔滨降温耗能偏高均在100%以上(图3.5.5)。8月,除广州、海口、贵阳因平均气温较常年同期偏低导致降温耗能偏低外,其余大部分省会城市因平均气温偏高降温耗能均偏高,其中郑州、长春、重庆、杭州、合肥、乌鲁木齐降温耗能偏高50%~100%,兰州、银川、成都、太原、西安、哈尔滨、北京、呼和浩特由于气温偏高明显,降温耗能偏高100%以上。

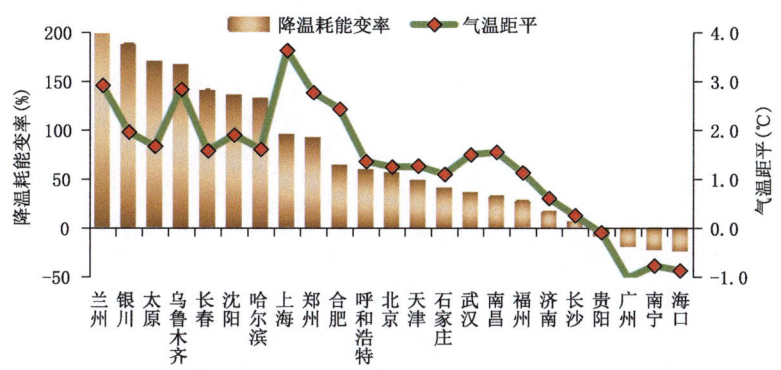

图 3.5.5  2017 年 7 月主要城市降温耗能变率和气温距平变化

---

**气候变化对能源的影响**

气候变化一方面对电网产生影响,如极端气候事件可能损坏电网设施设备,造成电网部分或全部功能丧失,或通过引起电源和用电负荷变化进而影响电网运行的稳定性和安全性。另一方面对能源需求产生影响,如东北地区采暖耗能需求减少,但年际变率增大;华东地区年采暖度日减少,制冷度日增加;华中地区冬季供暖耗能减少,夏季制冷耗能增加;西南地区枯水期水位下降对水力发电产生负面影响,西藏太阳能资源量减少。

---

## 第六节  气候对人体健康的影响

2017 年,全国平均舒适日数 126.2 天,比常年偏少 6.7 天。除春季舒适日数接近常年同期外,其他 3 个季节偏少 1.2~3.7 天。

### 一、舒适日数基本特征

**1. 年舒适日数**

2017 年,全国平均舒适日数 126.2 天,比常年(132.9 天)偏少 6.7 天(图 3.6.1)。全国大部地区年舒适日数偏少,其中华北西部、西南部和东北部,东北大部、华南大部及新疆大部、陕西大部、甘肃南部、河南西部、湖北西部、四川中部和东北部、贵州东北部等地偏少 10~30 天,局部超过 30 天;内蒙古中北部、江苏南部、浙江北部、安徽西部、河南东南部、湖北中部、湖南东北部、贵州西南部、云南西北部、青海西北部、西藏东南部等地舒适日数偏多 10~20 天,局部超过 20 天(图 3.6.2)。

**2. 四季舒适日数**

(1)冬季舒适日数较常年同期偏少

2016/2017 年冬季,全国平均舒适日数有 23.9 天,较常年同期(25.1 天)偏少 1.2 天。西北西部和东部部分地区、华北西北部和中部及东北部地区、黄淮西北部、四川中部和西部、西藏

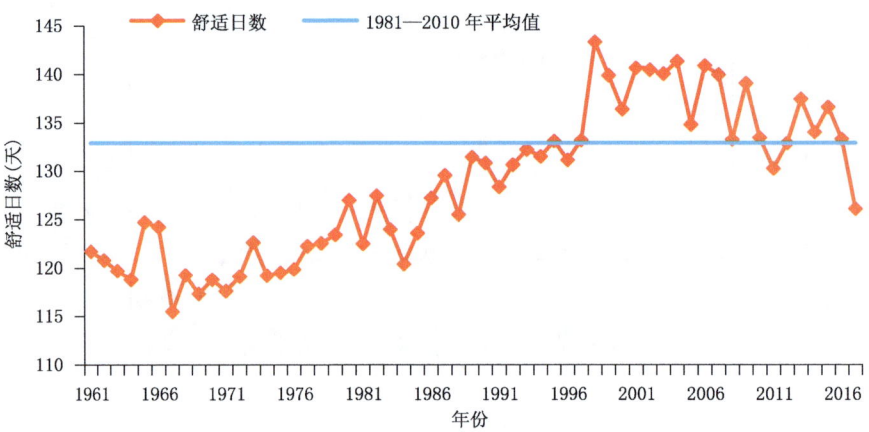

图 3.6.1　1961—2017 年全国平均年舒适日数历年变化

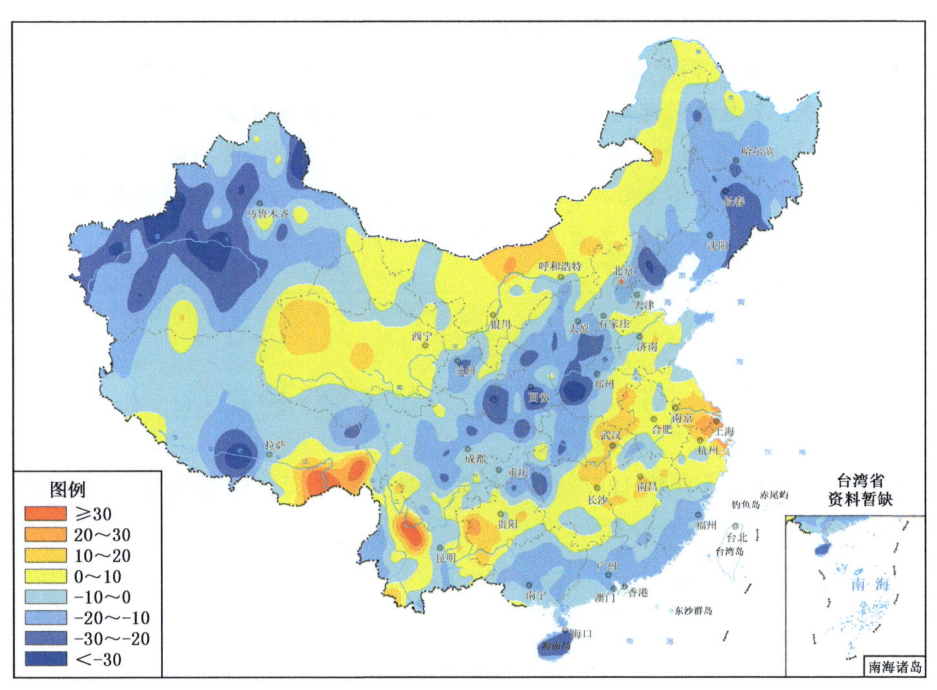

图 3.6.2　2017 年全国年舒适日数距平分布图(单位:天)

东北部及中南部和西北部等地偏少 5~20 天,局部超过 20 天;全国其余大部地区接近常年同期或偏多,黄淮中东部、江淮、江汉东部、江南大部及广东北部、广西中东部、贵州大部、云南北部、西藏东南部等地偏多 5~20 天,局部超过 20 天。

(2)春季舒适日数接近常年同期

2017 年春季,全国平均舒适日数有 28.4 天,接近常年同期(27.9 天)。华北东南部、黄淮中部和东部、江淮、江南东北部、华南南部等地偏多 5~10 天,其中江苏和山东东部等地偏多 10 天以上;贵州北部、湖北西南部、湖南西北部、重庆东部和南部、云南东北部和西部等地偏少 5~10 天,局部超过 10 天;全国其余大部地区接近常年同期。

（3）夏季舒适日数较常年同期偏少

2017年夏季，全国平均舒适日数有46.3天，较常年同期（50天）偏少3.7天。除新疆东南部、青海中部和西北部、内蒙古东北部等地舒适日数较常年同期偏多5～20天外，全国其余大部地区接近常年同期或偏少，其中东北大部、西北东部的大部、华北西部和东部、黄淮、江淮、江汉北部及贵州东南部、四川东北部、云南西部等地偏少5～20天，局部超过20天。

（4）秋季舒适日数较常年同期偏少

2017年秋季，全国平均舒适日数有28.4天，较常年同期（29.9天）偏少1.5天。除内蒙古中部、宁夏、陕西西北部、西藏东南部等地舒适日数较常年同期偏多5～10天，局部超过10天外，全国其余大部地区接近常年同期或偏少，其中黄淮西北部、江汉中部、江南南部和西部、华南大部及新疆中部、陕西南部、四川东北部等地偏少5～20天，局部超过20天。

## 二、气候对人体健康的影响

冬春季，大部地区受雾霾、冷暖空气交替、花粉飞絮等因素影响，部分呼吸系统疾病患者增多。2016年12月30日至2017年1月7日，东北地区中南部、西北地区东部、华北大部、黄淮、江淮、江汉、江南中北部、华南中部及四川盆地等地出现大范围霾，全国受霾影响面积达280万平方千米，$PM_{2.5}$峰值浓度超过500微克/米$^3$。此次过程为2017年持续时间最长、影响范围最广、污染程度最重的霾天气过程。受其影响，多地呼吸道疾病患者增多。

2017年6—8月，受持续高温影响，江苏、湖北等多地中暑或呼吸道感染等疾病患者增多。2017年7月和8月南方的持续高温天气造成江苏、浙江、山东、上海、安徽、湖南等省（市）高温中暑病例增加，并出现中暑死亡案件。2017年张家港辖区收治317名高温中暑患者，89.0%集中在7月。8月广州市多家医院的发热、急性肠胃炎、心脑血管等病患者数量明显增多，深圳出现多名群众中暑。

# 第七节　气候对交通的影响

## 一、气候对交通运营的影响

2017年，全国交通运营不利日数（10毫米以上降水、雪、冻雨、雾及扬沙、沙尘暴、大风）除西北中部及西部、西藏西部和南部、内蒙古东部和中部等地少于20天外，全国其余大部地区普遍在20天以上，其中江南、华南大部地区以及重庆、云南南部、湖北中部、河南南部等地超过60天（图3.7.1）。

与常年相比，东部地区大部及新疆中部和北部、西藏中部等地交通不利日数偏多10天以上，其中华北东南部、黄淮中部、江淮、江汉、西南东部地区及广东东南部、广西中部、云南中南部、新疆中北部等地偏多20天以上；新疆西南部、青海西南部、甘肃西部、内蒙古中部和西部、黑龙江西北部等地不利日数相对偏少，部分地区偏少10天以上（图3.7.2）。

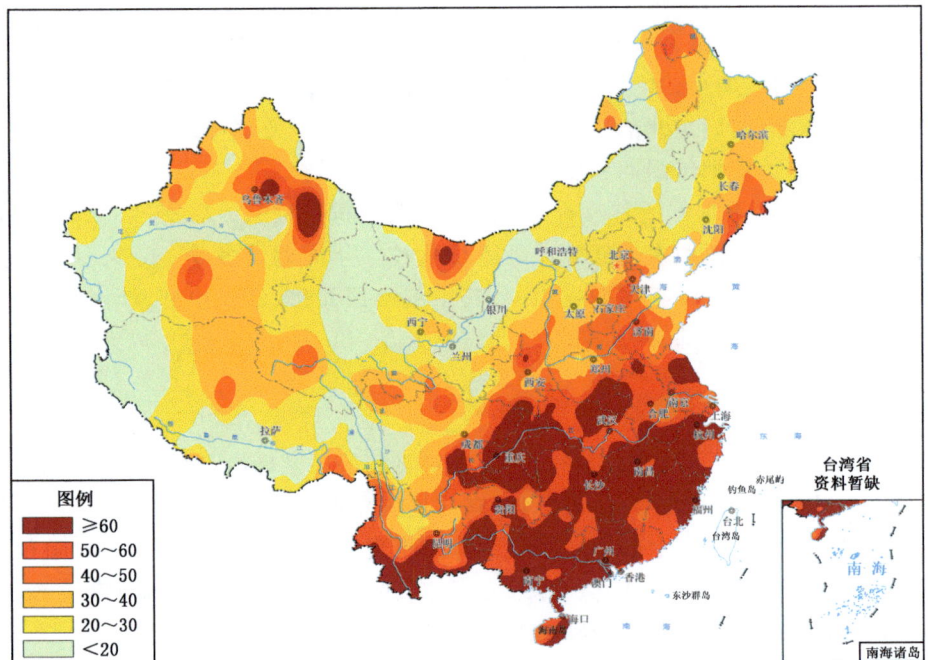

图 3.7.1　2017年全国交通运营不利日数分布图(单位:天)

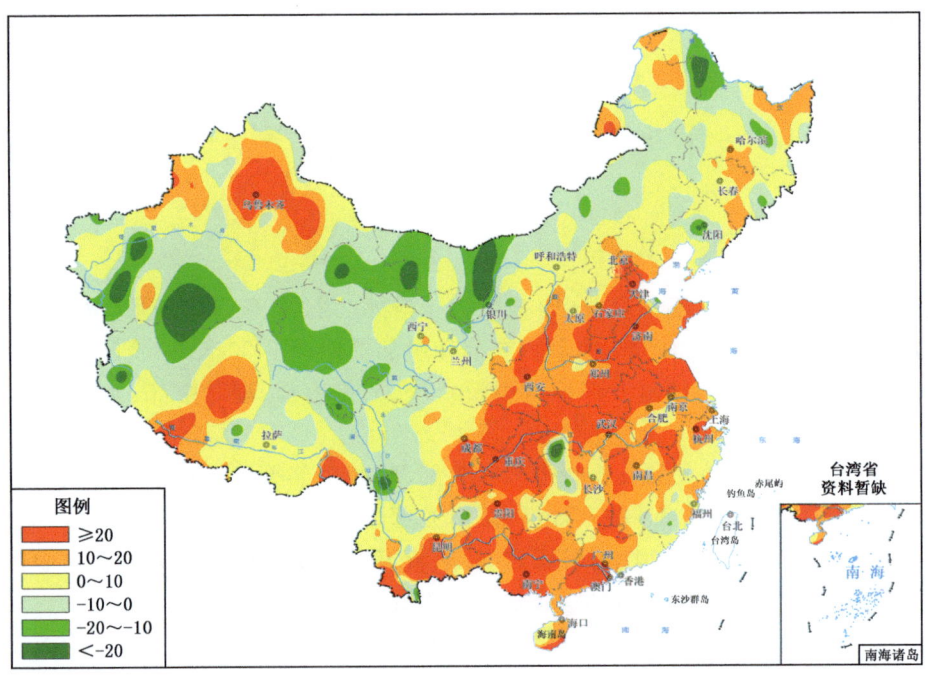

图 3.7.2　2017年全国交通运营不利日数距平分布图(单位:天)

## 二、气候对交通影响事例

2017年,冬春季节我国中东部大范围雾天气过程、冬季雨雪冰冻、夏季台风、暴雨、强对流等不利天气给公路、铁路或航空运输造成较大影响。

### 1. 雾

1月初,京津冀地区以及河南、山东、安徽、江苏等地的部分地区出现雾或浓雾天气,由于能见度低,多地高速公路封闭,部分航班延误或取消。

4月,受大雾天气影响,山东省内多地高速入口封闭,京沪高速郯城县红花埠出口附近大雾引发交通事故造成多人被困。

12月底,河北平原西部、江苏大部、重庆等地遭遇大雾。其中重庆多地均出现了最小能见度在100～500米的浓雾,忠县、梁平遭遇强浓雾,最小能见度不足100米,多条高速公路部分站口实施了交通管制。

### 2. 雨雪冰冻

2月6日晚,包茂高速陕西延安镰刀湾路段因冰雪天气导致路面湿滑结冰,接连发生8起交通事故,造成1死5伤。

3月3—8日,西藏东南部的八宿县、波密县普降暴雪,导致川藏公路部分路段积雪严重,局部地区出现雪崩,造成川藏公路这一路段交通中断,数台车辆和部分群众被困。

12月9—11日,吉林迎来一次降雪降温天气过程,东南部局地积雪超过20厘米,受降雪及路面结冰影响,吉林境内G1(京哈高速)、G0102(长春绕城高速)、G11(鹤大高速)等多条高速公路封闭。11—14日,华北、黄淮、江汉大部以及西北东部等地受降雪及路面结冰影响,河北G5(京昆高速)、G20(青银高速)、G45(大广高速)等多条高速公路部分路段道路封闭。

### 3. 台风

受台风"苗柏"影响,6月12日下午,各航空公司在深圳机场累计取消出港航班72班;16日,受持续降雨影响,白云机场延误1小时以上未出港航班54班,进出港取消航班313班,备降外地28班;深圳、珠海机场也延误、取消大量航班,广深珠机场共取消超过1600班航班。

7月30日,受台风"纳沙""海棠"的共同影响,当日福州机场共计121个航班取消,另有超过30个航班延误;福建、江西、上海、浙江等铁路局辖内共有320余趟列车停运。

8月受台风"天鸽"影响,珠海金湾机场、广州白云国际机场、深圳宝安国际机场航班大面积延误或取消;另外"天鸽"还导致部分铁路停运,九洲港、香洲港、中山港客运口岸全面停航,大批旅客出行受阻。

8月下旬,受台风"帕卡"影响,广东有多条高速公路封闭,跨海列车、广茂铁路、广珠城际高铁部分列车停运;广州白云国际机场、深圳宝安国际机场出现大面积航班延误或取消;深圳机场码头往返中山港、澳门和香港机场的船班受到影响。

### 4. 降水和强对流

6月7—8日,成都双流机场遭受入夏以来的首场雷雨天气,共造成47个进港航班备降,39个出港航班延误,近8000名出港旅客被迫滞留机场;同时造成了86个进港航班延误,11个航班被取消,5个航班推迟。

8月,雷雨天气给多地的交通带来不利影响。4日,大连机场近60个航班延误,9个航班取消,近3000名旅客滞留机场。11日,武汉天河机场53架次航班延误。12日和16日,北京首都国际机场均出现200余架次航班大面积延误。25日,成都机场290个进出港航班受到不同程度的延误,7个进港航班备降外场,滞留旅客约9000多人。

# 第四章 专题报告

## 第一节 中国台风灾害年景预评估方法初探

目前对于下一年的台风情况判断,主要是依赖于预测台风生成、影响或登陆的频数、可能强度等,以偏多/少以及偏强/弱等来描述,缺少灾害影响程度(偏重/轻)的判断。本节将介绍以热带气旋年潜在影响力指数(YTCPI)(尹宜舟 等,2011,2013)为纽带的中国台风灾害年景预评估方法(尹宜舟 等,2017)。

首先对 YTCPI 指数和年直接经济损失进行规范化处理,建立两者规范化后的关系模型;然后采用前期冬季大气海洋环境场资料,结合 EOF 展开后的空间模态分布及稳定的高相关区域,普查得到 YTCPI 指数的预测因子;利用逐步回归方法精简因子,采用 BP 神经网络方法对 YTCPI 指数进行预测;对预测结果进行规范化处理,利用关系模型推出年直接经济损失指标;最后依据事先设定的灾害年景分级标准来判别影响轻重。

### 一、资料来源

本节台风路径资料采用中国气象局上海台风研究所最佳路径资料;月平均海表温度资料取自 NOAA 重建资料(http://www.cdc.noaa.gov/cdc/data.noaa.ersst.html),分辨率为 2°×2°;月平均大气资料为 NCEP/NCAR 全球客观再分析资料,分辨率为 2.5°×2.5°。台风直接经济损失资料取自于《中国气象灾害年鉴》或《全国气候影响评价》。采用商品零售价格指数将直接经济损失订正至 2000 年价格水平。

### 二、规范化处理

为了消除量纲影响,本节对直接经济损失及 YTCPI 指数进行规范化处理,规范化后称为指标,采用方法如下:

$$I_x = \begin{cases} \lg \dfrac{x}{a} + 1 & \text{当 } x \geqslant a \text{ 时} \\ \dfrac{x}{a} & \text{当 } x < a \text{ 时} \end{cases} \quad (4.1.1)$$

式中,$x$ 为原数值,$I_x$ 为规范化后的数值,称为指标,$a$ 为基本值,定义为序列平均值与 0.5 倍标准差之和;当 $x<a$ 时,$I_x$ 取值区间为 $(0,1)$,当 $x \geqslant a$ 时,则 $I_x \geqslant 1$。

### 三、YTCPI 指标与年直接经济损失指标关系模型

经统计,1991—2013 年 YTCPI 指数与台风年直接经济损失之间的相关系数为 0.65,通过

了99.9%的显著性水平检验(临界值为0.64),相关关系非常好,将两者年序列值按式(4.1.2)进行规范化处理,结果显示两者相关系数达到0.54,仍具有非常高的相关关系。最终采用指数模型来建立YTCPI指标与年直接经济损失指标关系模型,如式(4.1.2)所示。

$$y = 0.1198e^{1.7776x} \quad (4.1.2)$$

### 四、YTCPI指数预测

采用相关普查方法获取YTCPI指数预测因子,普查区域为40°E～300°E,40°S～70°N,物理量场主要考虑前期冬季平均的(12月、1月和2月)500 hPa高度场(HGT500)、850 hPa高度场(HGT850)、海平面气压场(SLP)、海表温度场(SST)。以稳定的高相关区以及EOF展开后的主模态闭合中心可能重叠区域作为基础,将对应区域内稳定格点的物理量值进行平均,所得数值作为预测YTCPI的可选因子之一。

如图4.1.1所示,得到前期冬季平均的HGT500预测因子4个,最终共普查到14个YTCPI指数预测因子(表4.1.1)。采用逐步回归方法进行精简,挑选出9个预测因子,分别为HGT500_X1,HGT850_X1,HGT850_X2,HGT850_X3,HGT850_X4,SST_X1,SST_X2,SLP_X1,SLP_X3。

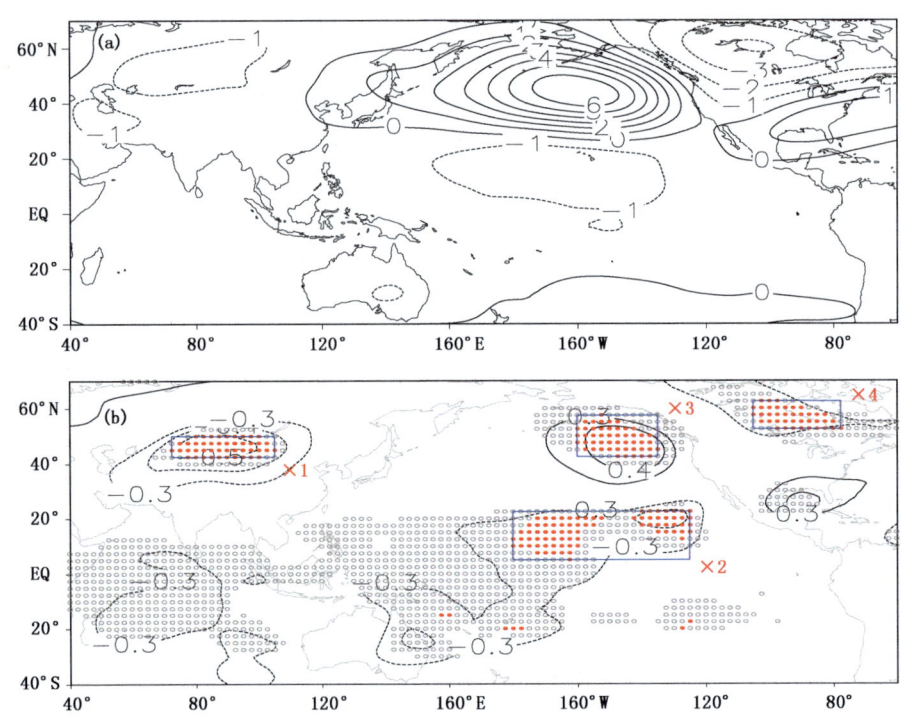

图4.1.1 前期冬季HGT500 EOF第一模态空间分布图(a)及与YTCPI高相关区(b)
((a)EOF第一模态空间系数放大100倍,方差贡献率为26%;(b)曲线为1971—2013年前期冬季HGT500与YTCPI相关系数,所呈现的区域均通过95%的信度检验,红色点为稳定格点,灰色点为非稳定格点,×及编号表示预测因子所在区域编号)

表 4.1.1　1971—2013 年 YTCPI 预测因子与 YTCPI 相关系数*

| 因子 | 相关系数 | 因子 | 相关系数 | 因子 | 相关系数 |
| --- | --- | --- | --- | --- | --- |
| HGT500_X1 | −0.55 | HGT850_X2 | −0.39 | SLP_X1 | −0.60 |
| HGT500_X2 | −0.41 | HGT850_X3 | 0.45 | SLP_X2 | −0.42 |
| HGT500_X3 | 0.47 | HGT850_X4 | 0.43 | SLP_X3 | 0.44 |
| HGT500_X4 | −0.36 | SST_X1 | 0.53 | SLP_X4 | 0.44 |
| HGT850_X1 | −0.57 | SST_X2 | −0.38 | | |

\* 95% 信度检验临界相关系数为 0.3，99% 信度检验临界相关系数为 0.39。

采用 BP 神经网络方法对 YTCPI 指数进行预测，预测因子共 9 个，因此模型输入层设置 9 个输入节点，隐层 1 个；一般隐层节点（简称为隐节点）数为输入节点数的 75%，故设置 7 个隐节点，输出层设置 1 个节点，供输出 YTCPI 指数拟合预测结果。1971—2008 年作为训练样本，2009—2013 年为独立检验样本。经过迭代学习 1679 次时，模型误差达到允许误差，训练停止。拟合预测结果如图 4.1.2 所示。

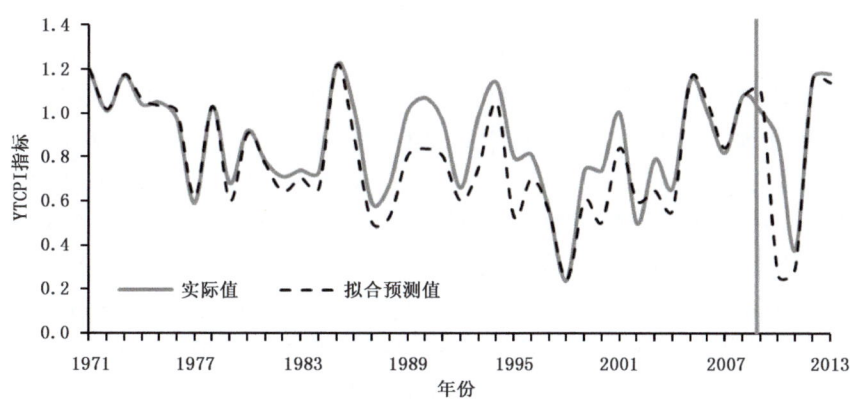

图 4.1.2　1971—2013 年 YTCPI 指标拟合预测值与实际值对比（2009—2013 年为独立检验样本）

### 五、灾害年景预评估及检验

为了减小不确定性，以 YTCPI 指标拟合预测值（$x$）为基础，以其绝对误差绝对值的平均（为 0.12）作为变化幅度，构成 YTCPI 指标上限（$x+0.12$）及下限（$x-0.12$），将（$x\pm0.12$）分别代入式（4.1.2），得到具有上下限的直接经济损失指标值，最后将损失指标转换成定性的灾害年景预评估结果，如图 4.1.3 所示。可以看出，1991—2008 年只有 1996 年、1997 年和 2004 年没有预估出损失程度。

1996 年和 1997 年可能主要归结于原始的 YTCPI 指标较小（图 4.1.2），难以对应有较大的灾损指标拟合值，表明 YTCPI 指数还有改进的空间；2004 年主要是由于 YTCPI 指数预测值偏小，导致损失指标拟合值偏小，可以通过进一步改进 YTCPI 指数预测因子及方法模型等来提高准确率。2009—2013 年独立样本灾害年景预评估结果显示，只有 2009 年没有预估正确，主要是因为 YTCPI 指标较大，对应的灾损指标预估偏大，而实际灾损偏小。

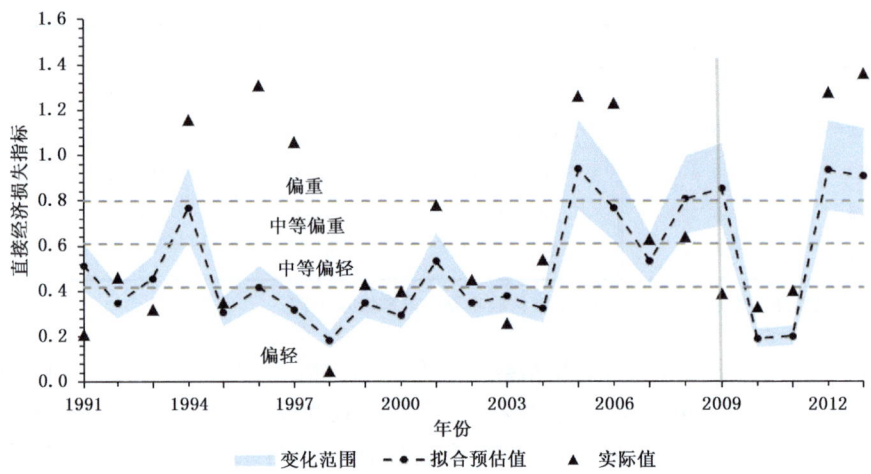

图 4.1.3　1991—2013 年直接经济损失指标拟合预测值与实际值对比（2009—2013 年为独立检验样本）

## 六、讨论

台风灾害年景预评估的准确性，主要依赖于 YTCPI 与年直接经济损失的关系模型以及 YTCPI 指数的预测模型。虽然在灾害损失确定的过程中存在一定的不确定性，如出现 YTCPI 偏大/小，而对应灾害损失偏小/大的情况，不考虑防灾减灾意识及能力等主观因素外，可以通过改进 YTCPI 指数、采用其他指数、增加更多的灾害损失指标等来进一步提高有关指数与灾害损失的相关关系，以使得模型更加合理。YTCPI 指数的预测可以通过考虑更多的预测因子或者其他预测方法来提高预测准确率。文中对于预测因子的选取主要依赖于 EOF 展开的主模态和有关相关系数的空间分布比对，虽然抓住了有关物理量场的主要信息，但是降维后在一定程度上会造成信息丧失，因此其间的联系或影响机制还有待进一步深入研究。

# 第二节　中国气象干旱综合监测指数构建及其应用

干旱指标作为干旱研究的基础和工具，在干旱监测、预测中起着重要的作用。但干旱成因复杂，干旱指数作为分析干旱事件的评价指标，不仅要考虑前期降水，还要考虑降水对后期的影响程度、蒸散、土壤含水量、径流等。在我国，已发展和应用的气象干旱指数种类很多，其中 Z 指数、Palmer 指数、湿润度和干燥度指数、连续无有效降水日数、有效降水指数、标准化降水指数、标准化降水蒸散指数等在气象干旱监测业务和研究中都得到了广泛的应用。2006 年，国家气候中心在长期的业务服务中研制了具有普适性的 CI 综合气象干旱监测指数，编制了国家标准《气象干旱等级》，建立了全国气象干旱监测业务系统。CI 指数作为全国气象干旱监测指标，很好地反映了我国不同地区干旱频率分布和年内不同等级干旱的季节分布特征（邹旭恺和张强，2008；邹旭恺 等，2010）。但是，最近几年 CI 指数在几次重大干旱事件的业务服务中也暴露了一些问题：一是对降水过程反应过于灵敏，当过程降水移出 30 天或 90 天监测时段时 CI 指数变化剧烈，不符合干旱发展过程机理；二是对长期降水偏少形成的严重干旱事件反应不明显，如 2009/2010 年西南秋冬春干旱、2011 年长江中下游冬春干旱反应明显偏轻。针对

CI 指标存在的问题,国家气候中心在大量调研和对比检验的基础上,发展了新的气象干旱综合监测指数 MCI,研制了国家标准《气象干旱等级》(中国气象局,2017)。相对于 CI 指标,MCI 指标引进了最近 60 天标准化权重降水指数,使干旱发展过程的不合理跳跃现象得到改进;考虑了最近 150 天降水的影响,干旱发展的累积效应得到有效表征,重大干旱事件反映更明显;引进季节调节系数,根据不同区域和不同季节进行调整,使干旱监测服务更具针对性。自 2012 年以来,MCI 指数在国家级和省级干旱监测业务中进行了试运行和对比检验(赵海燕 等,2011;杨丽慧 等,2012;李奇临 等,2016),结果表明 MCI 指数的监测效果较以前的 CI 指数得到有效改进。

## 一、气象干旱综合监测指数

采用中国 825 个气象站点 1961—2015 年逐日降水量、平均气温、最高气温、最低气温和平均风速等气候资料,根据修订的最新国家标准《气象干旱等级》,计算得到各站点 1961—2015 年逐日气象干旱综合指数(MCI)。MCI 的计算见下式:

$$MCI = Ka \times (a \times SPIW_{60} + b \times MI_{30} + c \times SPI_{90} + d \times SPI_{150})$$

式中,$SPIW_{60}$ 为近 60 天标准化权重降水指数,$MI_{30}$ 为近 30 天相对湿润度指数,$SPI_{90}$ 和 $SPI_{150}$ 分别为近 90 天和近 150 天标准化降水指数;$a$、$b$、$c$、$d$ 分别为 $SPIW_{60}$、$MI_{30}$、$SPI_{90}$ 和 $SPI_{150}$ 的权重系数,南、北方取值有所不同;$Ka$ 为季节调节系数,根据不同季节各地主要农作物生长发育阶段对土壤水分的敏感程度确定。MCI 各分量的计算方法以及各权重系数的取值详见国标《气象干旱等级》。

依据气象干旱综合指数划分的气象干旱等级见表 4.2.1。本节统计的干旱日数是指气象干旱综合指数达到中旱及以上干旱等级(重旱、特旱)的日数。把一年划分为春季(3—5 月)、夏季(6—8 月)、秋季(9—11 月)、冬季(12 月至次年 2 月)4 个季节,基于 1981—2010 年 30 年的 MCI 指数,分析中国及东北、华北、西北东部、西南、长江中下游和华南地区六大典型区域干旱日数的时空分布特征;基于 1961—2015 年 MCI 指数,利用最小二乘法估计各站点年干旱日数的线性变化趋势,分析全国和不同区域干旱日数的气候变化特征。

全国各省(区、市)1951—2015 年农作物播种面积和干旱受灾、成灾面积数据分别来自中国种植业信息网的农作物数据库和灾情数据库。利用 1951—2015 年全国干旱受灾面积和成灾面积,分析干旱灾情的变化特征;并根据 1981—2010 年共 30 年平均的各省(区、市)农作物播种面积和干旱受灾面积,进一步分析我国不同地区的农业干旱受灾率。

表 4.2.1 气象干旱综合指数(MCI)等级划分表

| 干旱等级 | 无旱 | 轻旱 | 中旱 | 重旱 | 特旱 |
| --- | --- | --- | --- | --- | --- |
| MCI 范围 | $-0.5 < MCI$ | $-1.0 < MCI \leq -0.5$ | $-1.5 < MCI \leq -1.0$ | $-2.0 < MCI \leq -1.5$ | $MCI \leq -2.0$ |

## 二、干旱日数空间分布特征

从 1981—2010 年 30 年平均的全国各地年中旱及以上干旱日数的空间分布(图 4.2.1)可以看出,东北地区西部、华北、黄淮、西北地区东部、华南西部、西南大部以及内蒙古等地是我国干旱的多发区,平均年干旱日数普遍在 40 天以上,其中华北中南部、黄淮东北部以及陕西北部、甘肃河东大部、宁夏、内蒙古东南部和河套部分地区、吉林西部等地在 60 天以上;长江中下游、华南东部、西北地区中部、东北地区东部等地年干旱日数在30～40天,江南东部等地在30天以下。我国年干旱日数的这种空间分布特征,与我国干旱频率的分布特征是基本一致的。就区域平均而言,华北地区年干旱日数最多,达62.9天,其次为西北地区东部,为59.7天,东北、华南和西南地区平均年干旱日数相差不多,基本都在45天左右,长江中下游地区年干旱日数相对最少,为36.6天(表4.2.2)。

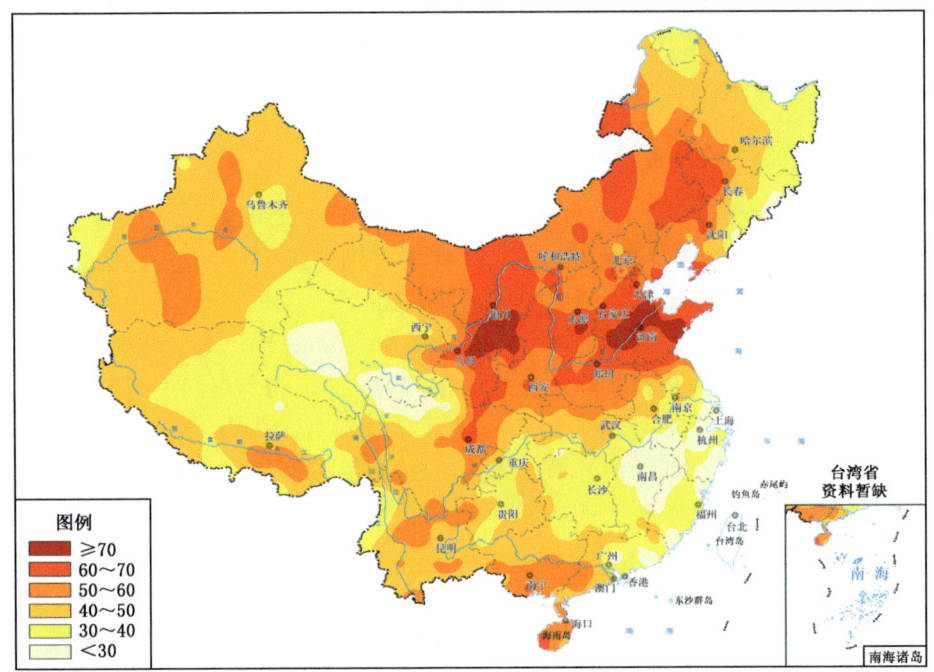

图 4.2.1　全国年中旱及以上干旱日数分布图(单位:天)

表 4.2.2　1981—2010 年平均我国不同区域年内各月中旱及以上干旱日数(单位:天)

| | 1月 | 2月 | 3月 | 4月 | 5月 | 6月 | 7月 | 8月 | 9月 | 10月 | 11月 | 12月 | 全年 |
|---|---|---|---|---|---|---|---|---|---|---|---|---|---|
| 东北地区 | 1.3 | 1.6 | 3.2 | 4.4 | 5.4 | 6.0 | 5.1 | 4.9 | 5.1 | 5.0 | 3.1 | 2.0 | 47.0 |
| 华北地区 | 3.6 | 4.1 | 5.3 | 6.4 | 6.4 | 5.6 | 5.5 | 5.3 | 5.5 | 5.6 | 5.2 | 4.4 | 62.9 |
| 西北东部 | 3.6 | 3.9 | 4.8 | 5.3 | 6.8 | 6.0 | 5.6 | 4.9 | 5.0 | 4.7 | 4.7 | 4.4 | 59.7 |
| 长江中下游 | 1.6 | 1.0 | 1.3 | 1.8 | 3.3 | 3.4 | 4.2 | 4.2 | 3.9 | 4.5 | 4.4 | 3.1 | 36.6 |
| 华南地区 | 4.1 | 3.6 | 2.8 | 2.3 | 3.0 | 2.6 | 3.4 | 3.9 | 3.5 | 5.2 | 5.8 | 5.4 | 45.6 |
| 西南地区 | 3.8 | 3.6 | 4.4 | 4.2 | 4.0 | 3.5 | 3.3 | 3.4 | 3.4 | 3.5 | 4.1 | 4.3 | 45.5 |

我国不同地区中旱及以上干旱日数的年内分布特征差异明显。东北和华北地区干旱主要出现在春末和夏、秋季节,正好是当地农业生产的主要时段,其中东北地区5—10月干旱日数相对较多,月干旱日数基本在5天左右,6月最多,为6天;华北地区3—11月各月干旱日数在5天以上,其中4月和5月并列最多,为6.4天。西北地区东部干旱主要发生在春末夏初,其中4—7月干旱日数相对较多,在5天以上,5月最多,将近7天;长江中下游地区干旱日数相对较少,干旱主要出现在盛夏和秋季,其中7—11月各月干旱日数在4天左右,其余月份均在4天以下,尤其是1—4月干旱日数基本在2天以下;华南地区的干旱主要出现在秋、冬季节,其中10—12月干旱日数相对较多,各月均在5天以上,其余月份在4天或以下;西南地区年内

各月干旱日数差异相对不明显,但冬、春季节相对较多,其中 11—12 月和 3—4 月,月干旱日数在 4 天左右,其余月份在 3 天左右(表 4.2.2)。

从我国不同季节中旱及以上干旱日数的空间分布(图 4.2.2)可以看出,春季,华北、西北东部、黄淮北部以及内蒙古大部、辽宁西部、吉林西部、海南、四川南部、云南西南部等地干旱日数较多,普遍在 15～20 天,部分地区超过 20 天;而长江中下游及其以南大部地区干旱日数相对较少,基本在 10 天以下,其中江南大部及福建、广东北部等地不足 5 天。夏季,我国干旱的多发区主要分布在华北、西北东部、黄淮东北部以及黑龙江大部、吉林西部、辽宁西部、内蒙古大部等地,这些地区干旱日数普遍在 15～20 天,部分地区超过 20 天;而华南大部、西南大部以及江西等地为夏旱少发区,干旱日数在 5～10 天。秋季,中国干旱的多发区主要分布在华北、西北东北部、黄淮北部以及内蒙古中东部、辽宁西部、吉林西部、湖南南部、广西、广东西部等地,干旱日数普遍在 15～20 天,部分地区在 20 天以上;其余大部地区干旱日数在 10～15 天,部分地区在 10 天以下。冬季,我国干旱日数相对较少,除华北大部、西北东部、黄淮北部、华南及云南、四川等地干旱日数在 10～15 天,局部地区超过 15 天外,全国其余大部地区干旱日数在 10 天以下。

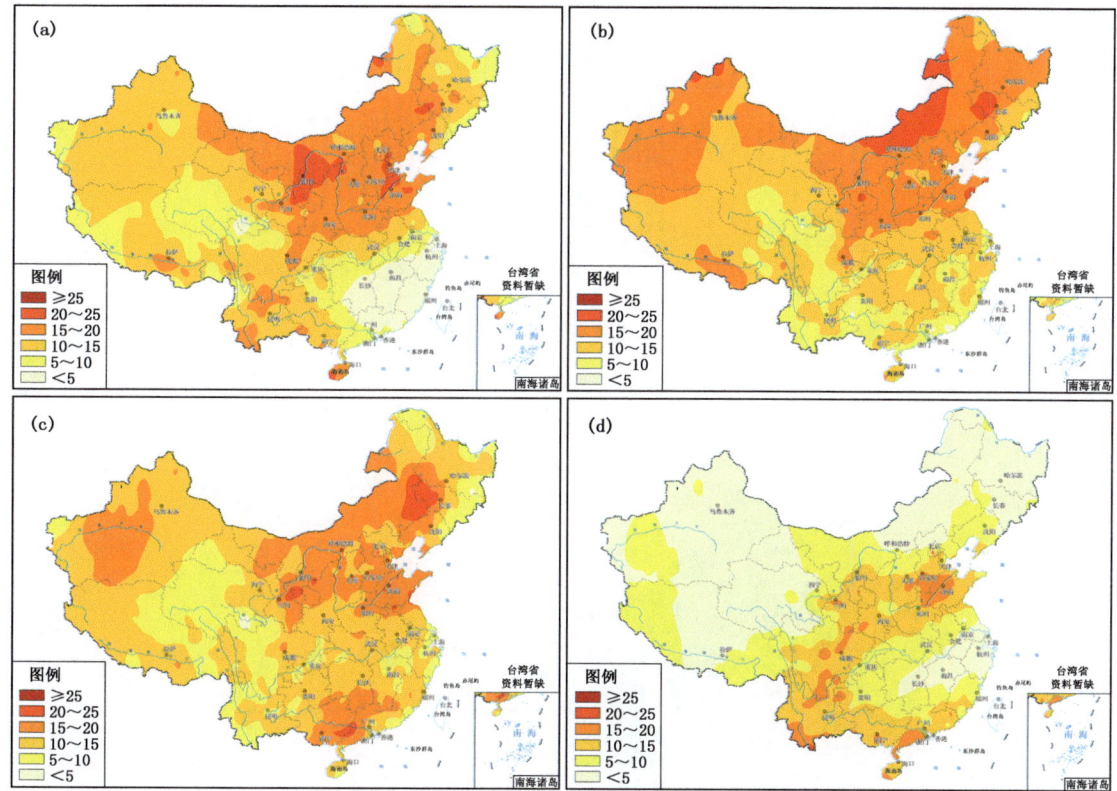

图 4.2.2　全国春(a)、夏(b)、秋(c)、冬(d)4 个季节中旱及以上干旱日数分布图(单位:天)

## 三、干旱日数变化趋势分析

1961—2015 年,我国平均年中旱及以上干旱日数总体呈增加趋势,线性变化趋势为 0.8 天/10 年,且干旱日数的年代际变化特征明显,年际之间干旱日数差异大(图 4.2.3)。其中 20 世纪 60 年代到 80 年代,我国平均年干旱日数在 46 天左右,90 年代平均年干旱日数最多,达

52.6天,21世纪以来,我国平均年干旱日数又有所减少,为48天;年际之间,我国平均年干旱日数1999年最多,为78天,1990年最少,只有20天,相差达58天。

从1961—2015年全国年中旱及以上干旱日数线性变化趋势空间分布图(图4.2.4)可以看出,干旱日数变化的区域性特征明显,年干旱日数增加的区域由东北向西南延伸,主要包括东北地区南部、华北大部、西北地区东部、黄淮、江汉、西南大部以及湖南西部、广西等地,其中甘肃东南部、宁夏、陕西、山西南部、河南西部、湖北西北部、贵州中西部、云南中西部等地年干旱日数增加速率为3~8天/10年,云南西部和贵州西部的部分地区超过8天/10年;而年干旱日数呈减少趋势的地区主要分布在西北地区中西部、东北中东部、江南大部、华南大部及青藏高原中西部、内蒙古中西部等地,其中新疆大部、甘肃西部、青海北部、四川西部等地减少速率超过8天/10年。

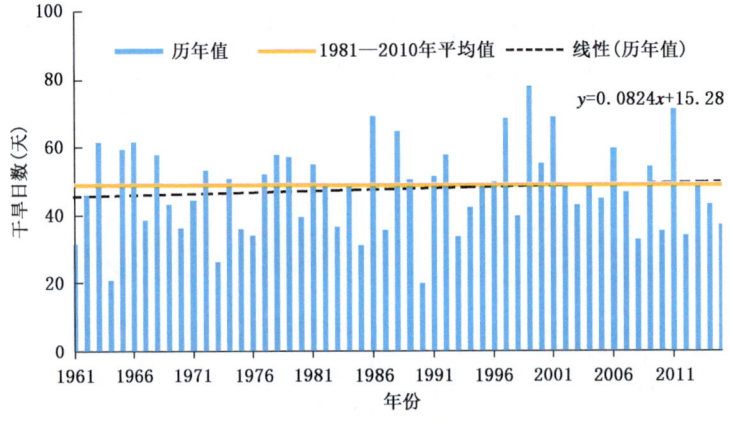

图4.2.3 1961—2015年全国平均中旱及以上干旱日数变化

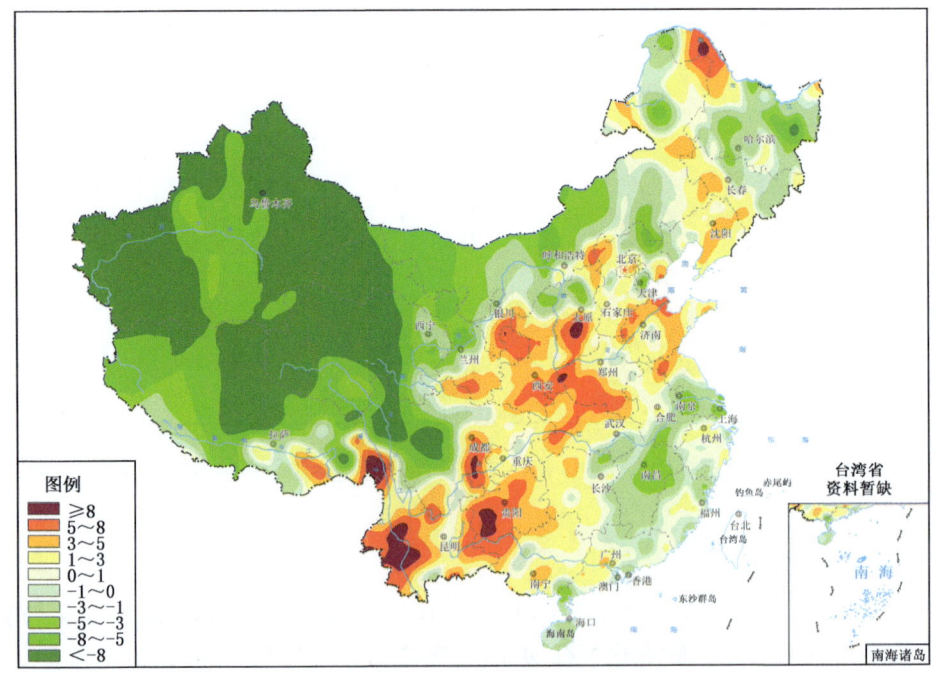

图4.2.4 1961—2015年全国年中旱及以上干旱日数线性变化趋势分布图(单位:天/10年)

从各区域年代际平均年中旱及以上干旱日数和线性变化趋势（表4.2.3）看，华北地区和西北地区东部均在20世纪90年代平均年干旱日数最多，分别为72.3天和76.6天，而且增加趋势明显，线性增加趋势分别为2.3天/10年和2.9天/10年；西南地区在2011—2015年平均年干旱日数最多，为60.9天，而且线性增加趋势相对最为明显，达3.5天/10年；东北地区和华南地区在21世纪前10年平均年干旱日数相对最多，分别为54.6天和49.9天，线性变化趋势均不明显；长江中下游地区在20世纪70年代平均年干旱日数相对最多，为42.2天，且总体呈减少趋势，线性减少趋势为1.1天/10年。

表4.2.3 全国及不同区域年代平均中旱及以上干旱日数及线性变化趋势

| | 1961—1970 | 1971—1980 | 1981—1990 | 1991—2000 | 2001—2010 | 2011—2015 | 线性变化趋势（天/10年） |
|---|---|---|---|---|---|---|---|
| 全国 | 45.7 | 45.2 | 46.2 | 52.6 | 48.4 | 47.0 | 0.8 |
| 东北地区 | 49.7 | 46.1 | 39.2 | 47.2 | 54.6 | 37.4 | −0.2 |
| 华北地区 | 49.0 | 50.8 | 62.8 | 72.3 | 53.5 | 59.4 | 2.3 |
| 西北东部 | 40.9 | 52.2 | 49.0 | 76.6 | 52.8 | 46.7 | 2.9 |
| 长江中下游 | 40.1 | 42.2 | 33.3 | 38.4 | 38.1 | 35.0 | −1.1 |
| 华南地区 | 48.8 | 38.1 | 40.7 | 45.2 | 49.9 | 35.0 | −0.2 |
| 西南地区 | 41.9 | 39.8 | 42.1 | 40.8 | 52.7 | 60.9 | 3.5 |

### 四、最长连续干旱日数分布特征

最长连续干旱日数反映了一个地方干旱发生的极端情况，持续干旱事件对当地的工农业生产和人们生活影响巨大，更值得关注。如2009—2010年西南地区秋冬春特大干旱，干旱持续时间之长、发生范围之广、程度之深、损失之重，均为历史罕见，长时间的持续干旱造成云南、贵州、广西、四川将近7000万人受灾，农作物受灾面积超过650万公顷，直接经济损失超过400亿元。图4.2.5是1961—2015年我国最长连续中旱及以上干旱日数的空间分布图，可以看出，除长江中下游及四川东部、重庆、贵州北部、青海南部、辽宁东部、吉林东部、黑龙江北部等地最长连续干旱日数在150天以下外，全国其余大部地区在150天以上，其中河北南部、宁夏大部、新疆北部和西部、云南中部和东南部、雷州半岛、海南南部等地在210天以上。

### 五、结论

（1）华北、黄淮、西北东部、东北西部、华南西部、西南大部以及内蒙古等地是我国干旱的多发区，其中华北大部、黄淮东北部以及陕西北部、甘肃河东大部、宁夏等地年干旱日数在60天以上；长江中下游、华南东部、西北中部、东北东部等地干旱日数相对较少。全国最长连续干旱日数，除长江中下游、东北东南部及四川盆地东部、青海南部等地在150天以下外，其余大部地区在150天以上，其中河北南部、宁夏大部、新疆北部和西部、云南中南部、海南南部等地在210天以上。

（2）我国不同地区干旱的季节性特征差异明显，其中东北和华北地区干旱主要出现在春末和夏、秋季节；西北地区东部干旱主要发生在春末夏初；长江中下游地区主要出现在盛夏和秋季；华南地区的干旱主要出现在秋、冬季节；西南地区多出现在冬、春季节。

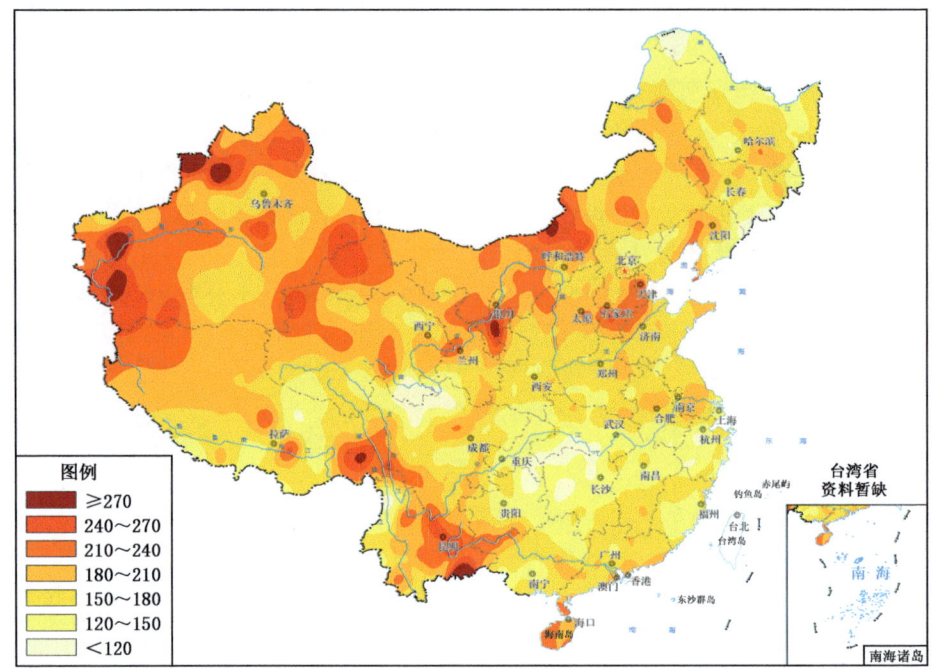

图 4.2.5　1961—2015 年全国最长连续中旱及以上干旱日数分布图（单位：天）

（3）1961—2015 年，我国平均年干旱日数总体呈增加趋势，线性变化趋势为 1.1 天/10 年。其中甘肃东南部、宁夏、陕西、山西南部、河南西部、湖北西北部、贵州中西部、云南中西部等地增加速率为 3～8 天/10 年，部分地区超过 8 天/10 年，但西北中西部、东北中东部、江南大部、华南大部及青藏高原中西部、内蒙古中西部等地年干旱日数呈减少趋势。

（4）虽然气象干旱综合指数 MCI 较以前的 CI 指数得到了较大改进，能更好地反映各地的实际干旱，并在全国气象干旱监测、评估和服务业务中发挥了重要作用，但是 MCI 考虑的主要是气象因子，对农业、水文以及社会经济等方面反映不够，在行业服务中还需要进一步改进。

## 第三节　中国热带气旋经济损失原始值及标准化值对比分析

西北太平洋沿岸是热带气旋发生频率最高、强度最强、分布范围最广的区域，地处西北太平洋沿岸的中国是世界上遭受热带气旋影响最为严重的国家之一。热带气旋引起的风、雨、潮及其衍生的滑坡、泥石流等灾害给我国造成了严重的财产损失和人员伤亡。仅 2018 年就有 12 个热带气旋影响我国，共造成 83 人死亡（失踪），直接损失 697.3 亿元，占当年气象灾害总损失的 26.7%。政府间气候变化专门委员会第五次评估报告（IPCC AR5）指出，热带气旋灾害在未来可能更强更频繁，对热带气旋灾害造成的直接经济损失的研究就显得更有意义。

### 一、概况

热带气旋的灾害损失在不同年份、不同区域表现出不同的影响结果。伴随社会经济的发展，仅对热带气旋灾害当年的直接经济损失数据（原始值）进行分析并不能客观地反映不同年份和区域的灾害损失实际状况。因此，为获取用于科学研究的一致性时间序列，有必要对经济损失数据进行标准化处理(标准化值)。国际上,有许多不同级别的灾害数据库,如灾后流行病研究中心(Centre for Research on the Epidemiology of Disasters,CRED)管理和维护的紧急灾难数据库(Emergency Events Database,EM-DAT)、慕尼黑再保险公司灾害数据库(Nat-Cat)等均提供考虑通货膨胀等因子作用的标准化处理的直接经济损失数据;而在中国,由国家减灾委员会公布的灾害损失数据则是当年的损失值,还未见经过标准化处理的灾害经济损失数据。关于我国热带气旋灾害损失的研究,仅有部分学者探索了经过居民消费价格指数(CPI)或者国内生产总值(GDP)标准化方法计算的灾害损失数据,考虑人口与财富等因子的研究不足。

为了对影响我国的热带气旋经济损失进行分析研究,采用考虑了物价水平、人口和财富因子的居民消费者物价指数方法(Consumer Price Index,CPI)、传统标准化方法(Conventional Normalization Method,CNM)和替代性标准化方法(Alternative Normalization Method,ANM)对热带气旋的直接经济损失进行了标准化处理,对比研究其结果的时空特性。

## 二、标准化方法

**1. 居民消费者物价指数方法**

CPI 的变动反映经济运行过程中物价变动的情况,是观察通货膨胀程度的重要指标。以某一年的物价为基准,将其他年的直接经济损失换算成以本年为基准的直接经济损失。CPI 标准化的直接经济损失计算公式为:

$$\text{CPI\_EL} = \text{EL} \times \frac{\text{CPI}_s}{\text{CPI}_t} \tag{4.3.1}$$

式中,EL 为当年直接经济损失,CPI 为居民消费者物价指数,s 表示基准年(如 2014 年),t 表示灾害发生的当年(下同)。

**2. 传统标准化方法**

CNM 方法综合考虑 CPI、人口和财富的时空差异,将灾害发生当年的人口和居民财富、经济水平换算到基准年条件下的状况。

$$\text{CNM\_EL} = \text{EL} \times \frac{\text{CPI}_s}{\text{CPI}_t} \times \frac{\text{POP}_s}{\text{POP}_t} \times \frac{\text{Wealth}_s}{\text{Wealth}_t} \tag{4.3.2}$$

式中,POP 为城乡居民总人口;Wealth 为城乡人均居民财富,统一考虑城乡人均可支配收入及城乡人口占总人口的比重而得,计算公式如下:

$$\text{Wealth} = \frac{\text{POP}_r}{\text{POP}_r + \text{POP}_u} \times \text{Income}_r + \frac{\text{POP}_u}{\text{POP}_r + \text{POP}_u} \times \text{Income}_u \tag{4.3.3}$$

式中,Income 为基准年的人均可支配收入指数,r 和 u 分别为乡村和城镇。

下面将 $\frac{\text{CPI}_s}{\text{CPI}_t}$、$\frac{\text{POP}_s}{\text{POP}_t}$ 和 $\frac{\text{Wealth}_s}{\text{Wealth}_t}$ 分别称为 CPI 因子、POP 因子和 Wealth 因子。

**3. 替代性标准化方法**

类似于 CNM 标准化方法,ANM 方法同样考虑了经济发展、人口变动和财富积累三种因素,区别在于 ANM 方法中未对人口以及人均财富的变化作单独的分析考虑,而是将二者综合考虑城乡居民总财富的时空差异。替代性标准化方法计算公式如下:

$$\text{ANM\_EL} = \frac{\text{EL}}{\text{Wealth}'_t} \qquad (4.3.4)$$

式中，Wealth′表示各气旋影响地区居民的总财富值。

### 三、直接经济损失时空特征

**1. 时间特征**

1984—2014 年我国热带气旋直接经济损失序列如图 4.3.1 所示。2013 年的直接经济损失高达 1260.3 亿元，为历年最高，其次是 2012 年(1048.2 亿元)和 1996 年(961.7 亿元)。对直接经济损失原始值序列作趋势分析及突变检测：损失的多年平均值为 319.7 亿元，并且以 21.7 亿元/年的速率显著上升(通过了 0.01 的显著性水平检验)；损失的原始值在 1992 年发生突变，进入显著增高时期，在 1996 年前后出现高值后直接经济损失开始下降，到 2003 年之后再次出现高损失，对应的是一个弱的突变点(通过 0.1 的显著性水平检验)。2001—2014 年的直接经济损失比 1984—2000 年的值高出 285.9 亿元(150%)。

考虑了通货膨胀率对经济损失值的影响后(CPI 标准化后)，损失标准化值序列依旧呈现出显著的增加趋势，将 1984—2013 年各年损失值换算到 2014 年水平后，损失标准化值绝对量有了不同程度的增加，年均直接经济损失增加到 427.5 亿元，损失的增加速率有一定程度的削减(约为 18.3 亿元/年)，同样在 1992 年前后发生突变，损失开始显著增加。1996 年直接经济损失超过 2013 年和 2012 年，位居第一，意味着如果 1996 年的热带气旋事件发生在 2013 年，将比 2013 年实际遭受的损失还要高。相较于原始值，CPI 标准化后 1996 年的直接经济损失增加了约 338 亿元。2001—2014 年的直接经济损失比 1984—2000 年的值高出 222.7 亿元(68%)。

CNM 和 ANM 标准化方法在 CPI 方法的基础上进一步考虑了人口和财富因子的时空差异。对 1984—2014 年社会经济数据的分析结果显示，受热带气旋影响的 22 个省(区、市)的城乡居民总收入皆呈现持续快速的指数型增长，城市化率不断提高，总人口显著增加并向热带气旋灾害的高风险区——沿海地区不断聚集，在其作用下，31 年来直接经济损失的显著上升趋势消失，取而代之的是微弱的增加甚至减少趋势(图 4.3.1)。庞大的人口基数以及丰富的资本存储使得 CNM 和 ANM 标准化后的直接经济损失在数值上有了很大的增加。1984—2014 年的年均直接经济损失为 1528.5 亿元(CNM)和 1089.1 亿元(ANM)。同 CPI 方法的结果一致，最高损失年仍然为 1996 年，但 2000 年后的损失位次却明显下降，取而代之的是 1994 年、1997 年的高损失和高位次。

CNM 标准化后，2001—2014 年的年均直接经济损失较 1984—2000 年的均值低达 794.2 亿元(42%)，高于 ANM 标准化后的时段对比差异(270 亿元，22%)，其中一个原因在于 20 世纪 90 年代中期以前的直接经济损失值在 CNM 标准化后有了明显的提高，这主要与快速增长的人口和人均居民财富有关，ANM 标准化方法侧重的是灾害造成的潜在损失，而热带气旋影响区总财富的快速增长显著开始于 90 年代中期以后。

CPI、CNM、ANM 标准化后损失序列的突变结果显示，在原始序列中可检测的 2003 年前后的突变消失，而在 1997 年前后直接经济损失经历了由高到低的明显突变，特别是在 CNM 和 ANM 标准化方法处理以后，置信度超过 95%。

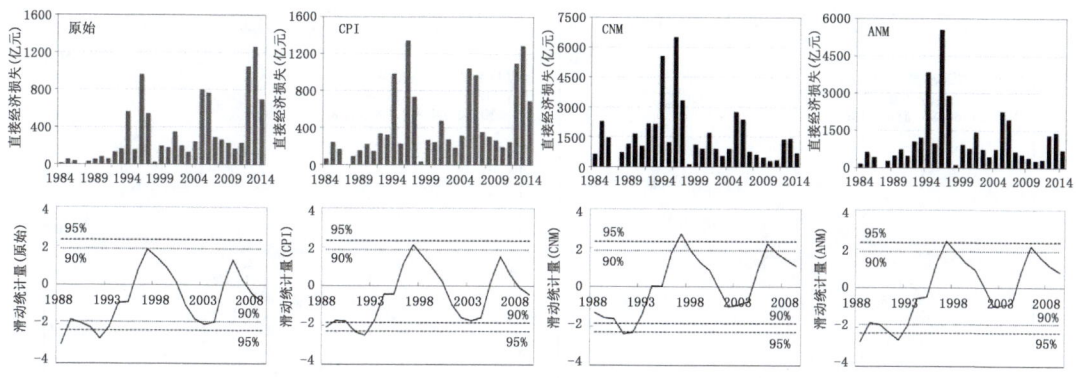

**图 4.3.1　1984—2014 年影响气旋直接经济损失的逐年变化和滑动 t 检验（子序列长度取 5）**

## 2. 空间特征

浙江、广东、福建三省是受热带气旋影响最为严重的地区，3 个省的年均直接经济损失分别为 80.9 亿元、73 亿元和 35 亿元，即使在经过三种标准化处理以后，仍是损失值最高的 3 个省，但数值上有较大的增加，特别是 CNM 和 ANM 标准化后的结果，较原始值翻了 2~4 倍，具体损失值分别是：原始值（80.9 亿元、73 亿元和 35 亿元）；CPI 标准化值（106.5 亿元、98.8 亿元和 48.5 亿元）；CNM 标准化值（358.9 亿元、427.4 亿元和 173.7 亿元）；ANM 标准化值（253.5 亿元、253.2 亿元和 129.5 亿元）。广西、海南、河北位列三省之后，由图 4.3.2 可知，河北省年均仅遭受 0.3 个热带气旋的影响，但是年均直接经济损失却高达 19.8 亿元，这主要是来自于 1996 年热带气旋"赫伯（Herb）"带来的高损失（456.3 亿元）的贡献。各省多年平均的直接经济损失因标准化方法而异，如原始序列中，广西的损失值高于海南、海南高于河北，经

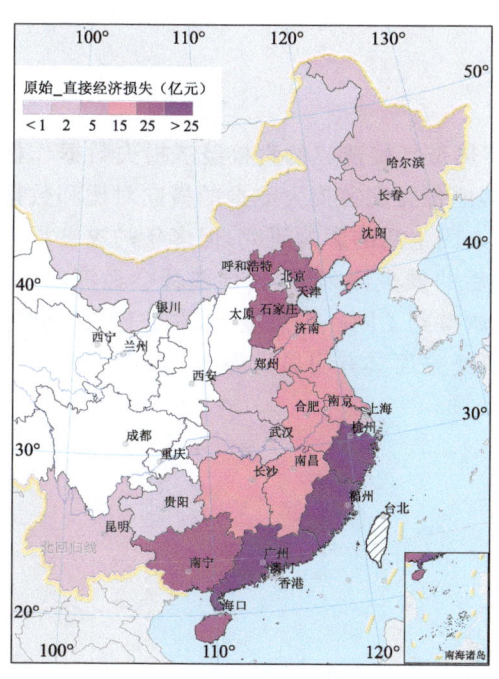
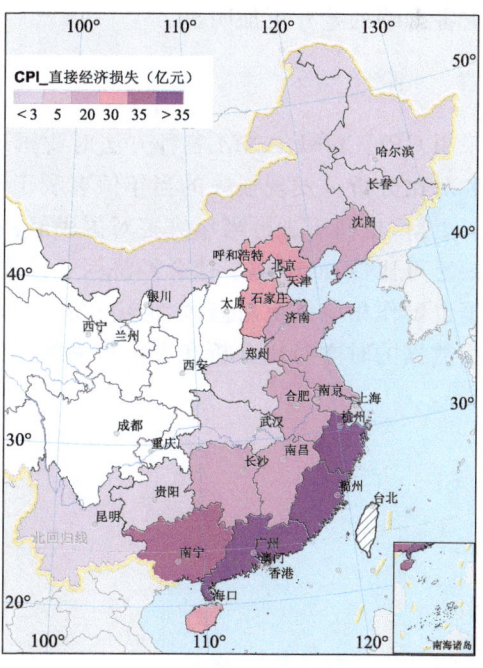

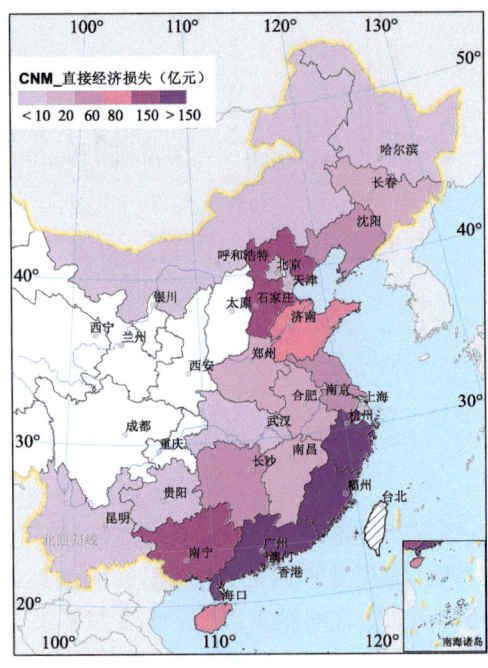 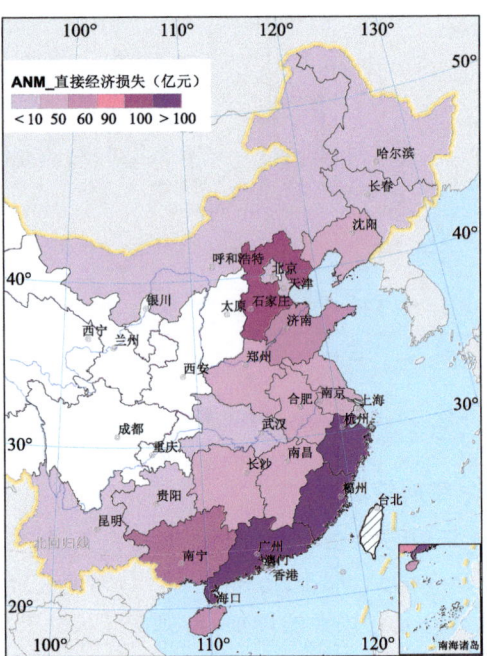

图 4.3.2　1984—2014 年影响气旋年均造成的直接经济损失（原始/CPI/CNM/ANM 标准化）的空间分布图
（注：台湾省资料暂缺）

CPI 标准化后河北略超海南，而 CNM 和 ANM 标准化处理以后，河北因热带气旋而造成的直接经济损失明显超过广西和海南，位列第四。标准化以后的直接经济损失在各省之间的方差增大，尤其是考虑了人口和财富因子影响下的 CNM 和 ANM 方法的结果，表明各省受到热带气旋灾害影响的差异更加明显。

### 四、讨论和结论

采用 CPI、CNM、ANM 三种方法对我国历年热带气旋造成的直接经济损失数据作标准化处理和对比分析。发现损失的当年值有利于与其他各类灾害损失数据的横向对比和数据的逐年延长更新，也利于进行当年灾害对国民经济和人民生活的影响研究，但多年的灾害损失数据之间缺乏可比性；而考虑了社会经济因子标准化后的损失序列，尽管伴随社会经济的发展，历史数据也要作相应的更新修改，但由于将损失值调整到了同一个尺度上，在进行长时间序列灾害损失数据的时空对比分析和灾害损失的归因研究方面具有明显优势。

# 第五章 2017年各省(区、市)气候影响评价摘要

**北京** 2017年,全市平均气温为12.6℃,比常年偏高1.1℃,与2014年同为历史最高值;全市平均年降水量为620.6毫米,比常年(541.7毫米)偏多15%;全市平均年日照时数为2568.7小时,接近常年(2498小时)。四季气候特点:冬季降水量比常年同期明显偏少,气温显著偏高,日照时数略偏少;春季气温异常偏高,降水量偏少,日照正常略偏多;夏季气温偏高,降水量偏多,日照正常;秋季气温、日照接近常年,降水量偏少。2017年极端天气气候事件有:夏季出现了5次暴雨天气过程,其中"6.22"暴雨和"7.6"暴雨部分测站日降水量超过了历史同期极值;年内高温日数达22天,达历史第三多(仅次于2000年的26天和1965年的23天),比常年(8.3天)显著偏多,其中7月9—13日出现持续性高温天气,北京电网最大负荷创历史新高;大风、沙尘和雾日数偏少,其中大风日数为4天,比常年(12.6天)明显偏少。2017年,无大范围的灾害性天气发生,降水偏多对北京水资源补充非常有利,但高温、干旱、暴雨洪涝、强对流天气灾害较为突出,总体上气候条件对北京生态环境影响属正常偏差年景。

**天津** 2017年,全市平均气温为14.0℃,较常年偏高1.4℃,与2014年并列为1961年以来历史第一高值;四季气温较常年同期偏高,其中冬、春季显著偏高。全市平均年降水量为520.1毫米,较常年偏少18.0毫米;除春季降水量较常年偏少外,冬、夏和秋季均接近常年略偏多。全市平均年日照时数为2580.3小时,较常年偏多81.4小时;春、夏季日照时数偏多,冬、秋季偏少。年内,主要出现了暴雨、雾、霾、高温、风雹、干旱以及大雪等灾害性天气气候事件。冬季的强降雪造成道路湿滑、结冰,导致出行高峰期间道路拥堵严重,交通事故增加;春季出现大面积干旱,导致春播工作进度受阻,同时不利于已播作物出苗及苗期生长;夏季雷雨、大风天气给宝坻、蓟州及静海、滨海新区农业生产以及百姓生活均造成了不同程度的影响。全年高温日数为21天,比常年多15天,与1972年、2000年并列为历史最多值,其中6月14—19日、6月27日至7月1日、7月8—14日出现持续高温天气,7月11日天津电网最大负荷达到1426.9万千瓦,创下历史新高。总体上,2017年气象条件对农业生产比较有利,全年为丰产年景。

**河北** 2017年,全省平均气温为13.0℃,较常年偏高1.2℃,为历史最高;四季气温均偏高,其中冬季显著偏高,春季异常偏高。全省平均年降水量为484.2毫米,较常年偏少3.8%;冬季降水量偏多,春季偏少,夏、秋季接近常年。全省平均年日照时数为2474.3小时,接近常年,但为2006年以来最多;冬季日照时数偏少,春季偏多,夏、秋季接近常年。2017年气象灾害特点为:春末夏初和秋季出现阶段性气象干旱,东北部旱情较重。暴雨日数显著偏少,部分地区强度大、极端性强,10月出现历史同期罕见强降雨过程,过程强度大、持续时间长。高温日数显著偏多,高温天气出现早,过程频发,持续时间长,影响范围大。大雾天气为近10年第二多,年初出现罕见的持续时间长、影响范围广的大雾天气过程。霾天气主要出现在

冬季，日数为近4年最少。风雹天气频发，大风日数为2006年以来最多，局地风雹灾害损失重。沙尘日数近8年最多，5月出现近10年最大范围的沙尘天气过程。冷空气过程较多，但达到寒潮等级的天气过程偏少。干热风和连阴雨天气偏多，降雪日数显著偏少。总体而言，2017年气象灾害损失低于20世纪90年代以来的平均水平，属于"偏轻"年份，气候年景属于"偏好"年份。

**山西** 2017年，全省平均气温为10.9℃，较常年偏高1.1℃，与1998年、2006年同为1961年以来第二高，仅次于1999年（11.0℃）；四季气温均偏高，其中冬季为历史同期最高。全省平均年降水量为552.1毫米，较常年（468.3毫米）偏多17.9%；春季降水量偏少，其余三季偏多，其中冬季为近10年来最多，夏季为近20年来第三多。全省平均年日照时数为2383.8小时，较常年偏少65.6小时。2017年，主要天气气候事件有：2月20—22日出现冬季最强降雪天气，有13个县（市）的日降水量超历史同期极值；4月出现春播期第一场好雨，为冬小麦拔节提供了充足的水分，对冬小麦生长和春耕春播工作有利；5月4日出现大范围沙尘天气，对生产生活造成一定影响；7月26—28日出现年内最强暴雨过程，其中柳林和浮山两县的日降水量均突破当地历史极值；全年高温站次为1961年以来第二多，其中7月为历史同期最多，有5站极端最高气温突破当地历史极值；10月降水量为历史同期最多，全省半数站点超10月降水量历史极值。年内主要气象灾害有暴雨、冰雹、高温、干旱等，其中局地暴雨、冰雹和干旱造成的影响较为严重。但总体看，2017年造成大范围严重影响的灾害性天气较少，气候总体较为平稳。

**内蒙古** 2017年，全区平均气温为6.5℃，比常年偏高1.4℃，为1961年以来最高。四季气温均偏高，其中冬季为1961年以来同期第二高，春季为1961年以来同期第四高，夏季为1961年以来同期第五高。全区平均年降水量为283.2毫米，较常年偏少35.7毫米；冬季降水量为1961年以来同期最多；春、夏、秋季降水量均偏少。农作物生长季（4—9月）全区平均日照时数为1665小时，较常年同期偏多33小时。年内，出现了干旱、暴雨洪涝、高温、雪灾、龙卷风、冰雹、霜冻、低温冷冻等多种气象灾害。主要天气气候事件有：2月鄂尔多斯市部分地区发生雪灾；4—5月全区共出现4次较大范围的沙尘过程，造成巴彦淖尔市、阿拉善盟部分地区农业受损；3月至7月中旬全区干旱少雨，出现春夏连旱，农牧业遭受损失；夏季暴雨、洪涝、冰雹、雷暴灾害频发，赤峰市克什克腾旗、翁牛特旗出现罕见的龙卷风灾害。另外，全区大部地区还遭受了高温、霜冻、低温冷冻等气象灾害，造成一定损失。2017年，气候条件及各种气象灾害给农作物、牧草及水资源、交通等带来不同程度的影响，利弊均有，综合分析农牧业气候年景为正常偏差。

**辽宁** 2017年，全省平均气温为9.4℃，比常年偏高0.6℃；四季气温均偏高；全省平均≥10℃活动积温比常年（3496℃·天）偏多124℃·天。全省平均年降水量为506.2毫米，较常年偏少22%；冬季降水量异常偏多，春季异常偏少，夏、秋季偏少。全省平均年日照时数为2619小时，比常年偏多76小时；冬、秋季日照时数偏少，春、夏季偏多。作物生长季（4—9月）热量、光照充足，水分欠缺。3月至6月中旬，出现了较严重的春夏连旱，辽西、辽南地区的旱田春播受到严重影响；苗期干旱持续发展，辽西地区的出苗率受到影响。6月下旬以后，降水逐渐增多，有效缓解了干旱，使得作物开花、灌浆得以顺利进行；成熟期气温偏高，昼夜温差大，作物灌浆顺利，籽粒饱满。2017年，灾害性过程呈阶段性、局地性特征。主要有3个特点，一是高温过程出现早、持续时间长、极端性强；二是短时强对流过程较多，多地遭受风雹；三是春夏连旱来势汹涌,辽西3月持续无降水,严重影响春播。2017年遭受的主要气象灾害有干旱、暴雨洪涝、大风、冰雹、雷电、雪灾、低温冷冻、大雾和霾等,总体看为气象灾害偏重年份。

**吉 林** 2017年,全省平均气温为6.1℃,较常年偏高0.7℃;平均年降水量为571.9毫米,比常年偏少6%;全省平均年日照时数为2485小时,较常年偏多31小时。农作物生长季(5—9月)全省平均气温为19.2℃,较常年同期偏高0.5℃;全省平均降水量为485.5毫米,较常年偏少3%,但降水分布不均,5月平均降水量较常年同期偏多41%,6月偏少47%,7—8月偏多7%;全省平均日照时数为1179小时,比常年偏多69小时。年内,出现了寒潮、暴雨洪涝、高温、大风沙尘、冰雹、龙卷风、干旱等主要天气气候事件。2017年农作物生长季光热条件好,降水分布不均,但总体上满足农作物生长发育需求,气候条件对农业生产有利,但部分地方出现了洪涝、干旱、低温冷冻、风雹等气象灾害,对农作物生长发育有不利影响。

**黑龙江** 2017年,全省平均气温为3.6℃,比常年偏高0.6℃,为1961年以来第五高;冬、春季气温特高,分别列1961年以来同期第三位、第五位,夏季偏高,秋季略偏低。全省平均年降水量为524.8毫米,与常年持平;冬季降水量略偏多,春、夏、秋季正常。全省平均年日照时数为2432小时,比常年偏少85小时。2017年,主要气象灾害有暴雨洪涝、干旱、大风、低温冷冻、风雹、霾、龙卷风等。其中,暴雨主要集中在6月中旬、7月中下旬及8月上中旬,8月全省共有30个县(市)观测站降暴雨—大暴雨,强降水共造成哈尔滨、绥化等6个市20个县(市、区)受灾;干旱主要发生在盛夏,7月共有20个县(市)观测站偏旱,对作物的生长发育产生不利影响。2017年,主要气象灾害及极端气候事件与最近几年相比较少,作物生长季光、温、水总体气象条件较好,初霜冻偏晚对农业生产有利,低温冷冻、阶段性干旱对农业生产有一定不利影响,总的气候条件属于较好年景。

**上 海** 2017年,全市平均气温为17.5℃,比常年偏高1.2℃,是1961年以来第三个最暖年,并已连续第18年高于常年平均值;冬季气温异常偏高,春、夏季显著偏高,秋季略偏高。全市平均年降水量1258毫米,比常年偏多6.5%;冬、春季降水量略偏少,夏季正常,秋季显著偏多。全市平均年日照时数为1876小时,比常年偏多21小时;冬、夏季日照时数正常,春季显著偏多,秋季显著偏少。2017年主要气象灾害有:暴雨、台风、雷电、雷雨大风、寒潮大风和高温,总体评价属气象灾害很轻年份。2017年,冬小麦全生育期热量较丰富,降水量偏少,日照时数偏多,无明显的农业气象灾害,农业气象条件总体为正常偏好年景;单季晚稻生长期间热量条件正常,降水量偏少,日照时数偏多,农业气象条件前期较好,后期偏差,总体为一般年景。

**江 苏** 2017年,全省平均气温为16.6℃,较常年偏高1.3℃;冬、春、夏季气温较常年同期显著偏高,秋季及12月略偏高;全省平均年降水量为1081毫米,较常年偏多0.6成;冬、秋季降水量明显偏多,春季及12月显著偏少,夏季正常;全省平均年日照时数为2028.9小时,与常年基本持平;四季及12月日照时数基本接近常年同期。2017年主要天气气候事件有:年平均气温创1951年以来新高;3月初江苏沿海沿江地区9市遭受严重大风灾害;6月南京等地突现强降水,日降水量南京245.3毫米、浦口242.0毫米及句容259.9毫米,均创当地6月历史极值;梅雨量为2000年来第二少,降雨强度小,区域性暴雨日数为1961年以来最少;7月中下旬高温出现范围广,极端性强,22站日最高气温创当地历史新高,4站累计高温日数超同站7月历史极值,区域性高温过程持续时间和出现站日数为1961年来历史之最;9月下旬淮河以南地区出现罕见暴雨,无锡日降水量达211.3毫米,刷新了该站日降水极值纪录;秋季遭遇历史少见的连阴雨,9月1日至10月18日全省累计降水量达历史同期第二位,37站的累计降雨日数为1961年来历史同期最多。年内,主要气象灾害有寒潮、雾霾、大风、暴雨洪涝、强对流、高温热浪、连阴雨等。2017年主要农作物、旅游及交通行业气候年景较好,水资源、海盐及河蟹养殖生产等行业气候年景正常,而水环境气候年景则较差。综合评价,2017年为较好的气候年景。

**浙江** 2017年,全省平均气温为18.2℃,比常年偏高1.1℃,仅次于2007年,为1951年以来次暖年。全省平均年降水量为1448.7毫米,与常年基本持平。全省平均年日照时数为1781.4小时,比常年偏多22.1小时。2017年主要天气气候事件有:冬季全省平均气温较历史同期偏高2.2℃,为有气象观测记录以来最暖的冬天;2月24日浙中南出现雨雪天气,部分地区降中到大雪;3月浙中南地区出现了10~16天的长连阴雨天气,不利于作物生长;梅雨期较常年偏短,但强降水较集中,全省梅雨量较常年偏多3成,暴雨导致钱塘江流域的兰江遭遇1955年以来第二大洪峰;局地暴雨、强对流天气频发,造成全省多地受灾;高温日数异常偏多,尤其是7—8月全省出现持续性大范围高温酷暑天气,并导致浙中北及沿海岛屿出现不同程度的旱情;共计3个台风先后影响浙江,其中"纳沙"和"海棠"双台风有效缓解了前期旱情,总体影响利大于弊,台风"卡努"与冷空气结合,造成宁波、舟山部分地区受淹严重;全年霾日连续第六年减少,但12月雾霾天气较频繁,年底出现大范围中度—重度空气污染过程。2017年全省热量丰富,降水充沛,光照基本满足需求,自然灾害较轻,全年农业气候条件对农作物生长较有利,属于正常略偏好年景。

**安徽** 2017年,全省平均气温为16.6℃,比常年偏高0.8℃,为2008年以来最高;冬、春、夏季气温偏高,其中冬季创历史同期新高,秋季与常年持平。全省平均年降水量为1263毫米,接近常年(1197毫米)略偏多;冬、秋季降水量偏多,其中秋季为历史同期第七多,春、夏季接近常年。全省平均年日照时数为1869小时,接近常年(1907小时)略偏少;冬、春季日照时数较常年同期偏多,夏、秋季偏少,其中秋季为历史同期第三少。淮河以南入梅偏晚,出梅接近常年,梅雨量偏少,梅雨强度弱。2017年主要气候事件有:秋季连阴雨为1961年以来同期最强,淮河流域发生罕见秋汛;盛夏出现持续高温,江淮多地最高气温破纪录;冬季为1961年以来最暖,平均气温创新高;霾日减少明显,雾日接近常年,但大雾引发特大交通事故;梅雨期皖西南雨区叠加,局地出现洪涝;春、夏季强对流时有发生,但灾害损失偏轻。2017年气象灾害造成的损失为1996年以来最轻,但连阴雨、高温伏旱对农业生产影响大,总体评估2017年为正常气候年景。2017年农作物生育期出现早春低温阴雨、夏季洪涝和高温伏旱、秋季低温连阴雨等气象灾害,但灾害影响程度偏轻。总体来看,冬小麦全生育期内农业气象条件利大于弊,一季稻、夏玉米则是弊大于利,而油菜是利弊相当。

**福建** 2017年,全省平均气温为20.4℃,较常年偏高0.9℃,为1961年以来第二高;各季气温均偏高,其中冬季和夏季分别为1961年以来同期第一高、第二高。全省平均年降水量为1495.3毫米,较常年偏少158.9毫米;雨季(5—6月)降水量偏多,其余各季均偏少。全省平均年日照时数为1856.1小时,较常年偏多154.0小时;夏季日照时数异常偏多,其余各季均正常。2017年主要天气气候特点如下:(1)冬季气温异常偏高,出现有气象记录以来最强"暖冬",超8成县市平均气温突破当地冬季历史纪录。(2)早春3月雨日多,遭遇多场低温阴雨,对春播造成不利影响。(3)雨季开始早、结束迟、历时长,降水前少后多、旱涝急转。5月超8成县市出现气象干旱,6月上旬和中旬分别出现两次降水高峰,多地出现洪涝灾害。(4)登陆和影响台风个数多,但整体影响偏弱。7月30—31日台风"纳沙"和"海棠"21小时内先后登陆福清,双台风先后登陆同一地点,且登陆间隔时间之短,历史罕见。(5)高温次数多、范围广、时间长、极值高。高温过程达12次,并列历史最多;7月19—29日的高温过程持续时间和高温范围均为近10年之最;连江、长乐、仙游和南安最高气温破当地历史极值。(6)出现夏秋连旱。8月下旬至11月中旬,全省降水量较常年同期偏少4成,多地出现夏秋连旱,严重时有13个县市达气象重到特旱标准。2017年气候总体平稳,主要气象灾害有台风、暴雨、高温和气象干旱,造成的损失较轻,全省气候年景较好。

  **江　西**　2017年,全省平均气温为18.9℃,较常年偏高0.9℃,位居历史第二高位(仅次于2007年的19.0℃);四季气温均偏高,其中冬季气温创历年同期新高。全省平均年降水量为1720.3毫米,偏多2.7%;冬春季降水偏少,夏季降水偏多,秋季持平。全省平均年日照时数为1504.0小时,较常年偏少127.8小时;冬季日照时数偏多,春、夏、秋季偏少。综合评估,2017年为一般气候灾害年景。全年气候主要呈现以下几个特点:气温偏高,暖冬、酷暑和"秋老虎"相继出现,阶段性高温过程明显;汛期雨量前少后多,汛后期出现持续强降水,导致鄱阳湖出现超警戒洪水,赣北多地受灾严重;台风影响时间偏早,第2号台风"苗柏"6月13日进入定南县境内,是2000年以来进入并影响江西时间最早的台风;春、秋季出现阶段性持续阴雨寡照天气,对农业生产有不利影响;秋、冬季静稳天气多,大气自净能力差。2017年主要气象灾害有:暴雨洪涝、台风、雷电、风雹、干旱和大雾等,其中暴雨洪涝造成损失最大,其次是干旱。气象条件对农业生产总体上利弊相当,农业气候年景属平年。

  **山　东**　2017年,全省平均气温为14.6℃,较常年偏高1.2℃,为1951年以来历史最高值;四季气温均偏高,其中冬、春季为1951年以来同期次高值。全省平均年降水量为634.8毫米,较常年偏少1.1%;冬、夏季降水量偏多,春、秋季偏少。全省平均年日照时数为2348.7小时,较常年偏少39.5小时,是2006年以来连续12年偏少;春季日照时数偏多,其他三季偏少。年初雾和霾频繁,空气污染严重;2月下旬大范围降雪,影响交通;5月下旬连续高温,出现重干热风;春末夏初风雹频发,部分地区小麦倒伏;半岛春季初夏降水持续偏少,旱情加重;7月暴雨频发,部分农田被淹;8月台风"海棠"带来强降水,利大于弊;10月上中旬阴雨寡照,影响秋收秋种;年末降水持续偏少,部分地区农田出现旱情。年内大部分时段农业气象条件匹配合理,总体有利于作物生长。冬季气温偏高,利于冬小麦安全越冬;春季中期降水充足,春耕春播工作进展顺利;夏季前期气温偏高,光照充足,利于夏收夏种;秋季前期及中后期天气晴好,利于秋作物后期生长及小麦苗情转化升级。综合评价,2017年气象条件总体属一般偏好年景。

  **河　南**　2017年,全省平均气温为15.7℃,较常年偏高1.1℃,为1961年以来最高值;秋季气温正常,其他三季偏高,其中冬、春季气温分列1961年以来同期第二和第四高值。全省平均年降水量为769.8毫米,较常年(735.4毫米)偏多5.0%,属于正常年份;秋、冬季降水量偏少,春、夏季正常。全省平均年日照时数为2011.0小时,较常年偏多14.5小时;冬、春、夏季日照时数正常,秋季偏少。2017年主要气象灾害及重大天气气候事件有:1月下旬和2月中旬出现大范围寒潮、暴雪天气,给交通运输和人民生活带来不利影响。5月中下旬出现干热风灾害,影响小麦灌浆。汛期出现多次区域性暴雨洪涝灾害,洪涝受灾面积较常年偏小,但经济损失偏重;多地遭受大风、冰雹等强对流天气袭击,但损失较常年偏轻;7—8月出现阶段性气象干旱,但干旱范围较小,影响较常年偏轻。年内高温天气多,影响范围广,5月下旬、7月下旬和8月上旬出现了3次大范围持续性高温天气。8月下旬至10月中旬出现两次大范围连阴雨天气,影响秋收麦播。秋冬雾、霾天气频繁,对人体健康和交通运输不利。总体来看,2017年全省气候条件比2016年略偏好,气象灾害较常年偏轻,对农业生产较为有利。

**湖　北**　2017年,全省平均气温为17.1℃,高于常年0.7℃,排历史第六高值。全省平均年降水量为1339毫米,较常年偏多11.5%,为21世纪以来第二高值,仅次于2016年。全省平均年降水日数为133.8天,较常年偏多3.7天。入春、入夏提前,入秋正常,入冬偏早。2017年主要天气气候事件有:冬季全省平均气温为7.1℃,比常年同期偏高1.8℃,排历史同期第二高位,为强暖冬年;1月31日至2月21日全省出现3次低温雨雪天气过程,对交通运输和农业有一定影响;春季冷暖起伏大,降水前多后少,出现轻度倒春寒;盛夏出现两段高温酷热天气,其中以7月10—30日高温过程影响范围最大,持续时间最长,武汉等5站最高气温突破历史纪录,强高温天气使湖北用电负荷8次创历史新高、电量4次创历史新高;秋季出现罕见连阴雨,8月25至10月18日全省累计雨量、雨日分别排1961年以来同期第二位(仅次于1983年)和第一位,持续降雨导致汉江、三峡区间出现明显秋汛,丹江口水库水位突破历史最高洪水位,三峡入库流量创下25年来历史同期新高。2017年,主要气象灾害为局地强对流、区域性强降水引发的洪涝及地质灾害、盛夏高温热害等,气象灾害造成直接经济损失低于近年平均值,属于偏轻年份。

**湖　南**　2017年,全省平均气温为18.2℃,较常年偏高0.8℃,为1951年以来第二高值;四季气温均较常年同期偏高,其中冬季异常偏高。全省平均年降水量为1463.2毫米,较常年偏多4.3%;冬、春、秋季降水量比常年同期偏少,夏季偏多。全省平均年日照为1363.8小时,较常年偏少93.3小时;冬、春季日照时数偏多,夏、秋季偏少。2017年出现的主要天气气候事件有:6月22日至7月2日出现1951年以来最强区域暴雨过程,27县市连续10天最大降水量突破历史极值,湘江干流全线、资水中下游、沅江干流全线及洞庭湖区出现超警戒水位洪水,部分站点出现超历史水位洪水;2016年12月至2017年2月,全省平均气温为8.8℃,较常年同期偏高2.0℃,为1951年以来第二强暖冬;盛夏大范围高温热浪,7月10日至8月13日,全省共有94县市出现日最高气温≥35℃的高温天气,46县市出现极端高温事件;8月中旬湘中偏北地区旱涝急转,4县市出现气象洪涝;初春降水异常偏多,3月降水量居1951年以来同期第三多;9月暴雨凸显,湘中以北地区受灾严重;区域性夏秋干旱明显;9月底至10月初秋老虎发威,36县市出现高温天气;深秋出现大范围、持续性霾天气。总体评估,2017年气候年景较差,其中干旱年景评定为"一般",洪涝年景评定为"较严重"。

**广　东**　2017年,全省平均气温为22.4℃,较常年偏高0.5℃;全省平均年高温日数29天,为历史第二多,仅次于2014年。全省年平均降水量为1710.7毫米,接近常年(1790毫米)。全省平均日照时数为1757.3小时,接近常年(1755.1小时)。2017年总体天气气候特征是"气温偏高,高温突出,开汛偏晚,局地洪涝重,台风频发",属一般气候年景。年内主要天气气候事件有:全省平均年高温日数(日最高气温≥35℃)29.0天,较常年偏多11.5天,仅次于2014年(31.5天),为历史次多,其中10个县(市)高温日数破(平)历史最多纪录;1月全省平均气温为15.9℃,较常年同期偏高2.5℃,创历史新高;4月12日开汛,较常年偏晚6天,汛期全省共出现17次强降水过程,其中"5.7"暴雨增城新塘镇3小时雨量破广东省3小时雨量历史极值;全年共有6个热带气旋登陆广东,强台风"天鸽"重创珠海,为1965年以来登陆珠江口最强台风;全省年平均灰霾日数为30.5天,较2016年略有增多;全省雷击事故发生166宗,造成人员伤亡和经济损失偏轻。2017年,早稻、春花生生育期农业气象条件偏差,晚稻、秋花生、甘蔗一般,总体评价全省农业气象年景一般。

**广　西**　2017年,全区平均气温为21.1℃,较常年偏高0.4℃;春、夏季气温接近常年,秋、冬季气温偏高,其中冬季为1988年以来同期最高。全区平均年降水量为1809.9毫米,较常年偏多17%,其中汛期(4—9月)全区平均降水量为1382.6毫米,为2009年以来同期最多;冬、春季降水量正常,夏、秋季降水量偏多,其中夏季为1961年以来同期第三多。全区平均年日照时数为1433小时,较常年偏少85小时;冬、春季日照时数偏多,夏、秋季偏少。全年共出现15次暴雨、强对流过程,为暴雨洪涝灾害偏重年份,其中6月下旬至7月初的持续大范围暴雨过程为本年最强致洪暴雨,8月9—16日桂北暴雨洪涝灾害重;共有4个热带气旋影响广西,影响个数接近常年,初台影响时间为1949年以来最晚,总体而言热带气旋强度及造成损失偏轻;全区平均年高温日数为20天,较常年偏多2天,其中7月25日至8月3日的高温过程持续时间最长、影响范围最广,共有86个县(市)出现高温,占全区总站数的94.5%,刷新了高温范围的最大纪录;未出现大范围严重干旱,旱情较常年偏轻;春播期低温阴雨总日数偏少,低温阴雨结束期偏早,属偏轻年景;寒露风开始期偏晚;霜、冰冻日数偏少,低温冷冻影响偏轻;冬春雾、霾频繁,对交通和人体健康影响大。总体来看,2017年全省属一般气候年景。

**海　南**　2017年,全省平均气温为24.9℃,比常年偏高0.4℃,位居历史第九位高值;与常年同期相比,四季气温均不同程度偏高,1月和9月气温突破历史同期最高纪录。全省平均年降水量为1930.7毫米,较常年偏多7.1%;四季降水量不同程度偏多。全省平均年日照时数为1911.8小时,较常年偏少160.9小时;四季日照时数不同程度偏少。2017年主要气候事件及其影响有:年内多次出现大范围高温天气过程,以6月上旬至8月上旬最为突出,全省平均年高温日数22天,较常年偏多3天,高温天气对人们生产生活造成一定影响;年内区域性暴雨过程次数达17次,为历史上最多的年份,但综合强度总体偏弱,除11月的暴雨洪涝灾害偏重外,其余暴雨过程无明显影响;全年共有16个热带气旋影响海南,比常年偏多6个,其中1个登陆,较常年偏少1个,大部分热带气旋影响强度偏弱,总体上热带气旋灾害轻于常年。另外,年内还发生多起雷雨大风、雷击、冰雹、大雾等气象灾害事件,并造成一定的经济损失。总体而言,2017年气象灾害偏轻,气候条件对各行业影响利大于弊,全省属偏好气候年景。

**重　庆**　2017年,全市平均气温为17.7℃,较常年偏高0.2℃;冬、夏季气温偏高,春、秋季气温偏低。全市平均年降水量为1260.6毫米,较常年偏多1成;冬季降水量接近常年同期,春季偏多,夏季略偏少,秋季偏多6成,为1951年以来同期最多。全市平均年日照时数为1121.3小时,接近常年(1154.5小时);春、夏、冬季日照时数均接近常年同期,秋季偏少3成,为历史同期最少。全省大部地区入春和入冬偏早,入夏偏晚,入秋正常。年内,大部地区暴雨开始期提早,暴雨站次略偏多,共出现13次区域暴雨天气过程,区域过程较多,但总体强度较弱;高温开始偏晚、日数偏多,年内5次区域高温过程均集中在盛夏,高温综合强度较常年和2016年均偏重;气象干旱发生集中,伏旱站次偏多3成,旱情较常年偏重;连阴雨站次偏多近3成,年内共出现8段区域连阴雨过程,区域过程年度评估为2000年以来第三强,仅次于2007年和2014年;秋雨开始早、结束晚、强度强,初秋(9—10月)雨量为有气象记录以来同期最多,日照时数为同期最少;强降温和霜冻均偏少,全年累计出现强降温74站次,较常年偏少近3成,累计出现霜冻7站次,较常年偏少4成。2017年气象灾害总体接近常年,较2016年偏轻。气象条件对作物生长发育和产量形成总体上利弊均比较明显,农业气象条件属正常略偏差年景。

**四　川**　2017年,全省平均气温为15.6℃,较常年偏高0.7℃,排历史第五高位;全年有9

个月气温偏高,其中1月、7月和8月偏高明显。全省平均年降水量为947.5毫米,较常年偏少9.3毫米(偏少1%);各月降水量中,12月降水量偏少明显(偏少53%),位居历史同期第四少位,3月、4月和10月降水量偏多在3成以上,其中10月降水量位居历史同期第二多。2017年,全省暴雨偏少偏弱,多局地分散性暴雨,区域性暴雨少,属暴雨总体偏轻年,但局地引发的山洪地质灾害损失重。全省气象干旱总体不明显,春旱弱于常年,夏旱较重,伏旱偏轻。夏季高温天气范围广,部分地方高温极端性强,属高温偏重年份。秋雨开始期提前1天,结束期与常年相同,秋雨日偏多8.3天,秋雨量偏多14.9毫米,属秋雨一般年份。大风冰雹天气较常年偏少偏轻,但局地灾情较重;全省平均雾日数和霾日数均偏多,冬季盆地雾或霾天气覆盖范围广,对交通运输和人民生活影响大。2017年,全省大、小春生产季气候条件对农业的影响利大于弊,为正常偏好年景。全年降水总体正常,秋季降水偏多,对农田水利工程蓄水有利,年底全省工程蓄水状况良好。由于季节性冬干少雨,大部林区冬、春季节森林火险气象等级偏高,发生几起小规模森林火灾,年内无重特大森林火灾发生。综合评价,2017年全省气候为偏好年景。

**贵 州** 2017年,全省平均温度为16.2℃,较常年偏高0.7℃;平均年降水量为1216.6毫米,较常年偏多3.2%;平均年日照时数为1163.5小时,较常年偏少1.3%。各季气候特点为:冬季气温较常年同期异常偏高,降水量、日照时数较常年同期略偏少;季内出现低温雨雪冰冻、风雹、雷电、大雾天气,对民众生活及工农业生产造成不利影响。春季气温偏高,降水量偏少,日照时数偏多;季内发生风雹、雷电、暴雨等气象灾害及其诱发的次生灾害,给人民生活生产造成不利影响,局地损失严重。夏季气温略偏高,降水量、日照时数略偏多;季内出现暴雨洪涝、风雹、高温干旱等灾害性天气,对农业、交通等行业及人民生活均造成不利影响。秋季气温偏高,降水量略偏多,日照时数略偏少;季内出现暴雨洪涝、大风冰雹、寒潮、凝冻、冻雨天气,对农业、交通等行业及人民生活造成不利影响。12月气温略偏高,降水量偏少,日照时数略偏多;月内出现降雪、雨凇、冻雨天气,对农业、交通等行业及人民生活造成一定影响。2017年冬、春、夏季气候条件对农作物的生长发育有利有弊,秋季气候条件对农作物的生长发育总体有利。

**云 南** 2017年,全省平均气温为17.2℃,较常年偏高0.5℃,为1961年以来第八高年份;3月、4月、5月和7月气温略偏低,其余月份偏高,其中1月和9月均突破1961年以来同期最高值。全省平均年降水量为1153.6毫米,较常年偏多67.4毫米(偏多6.2%),为2009年以来第二多年份;1月、3月、4月、7月和8月降水量偏多,其余月份偏少。全省平均年日照时数为1930.0小时,较常年偏少90.6小时(偏少4.5%);1月、5月、6月、9月和11月日照时数偏多,其余月份偏少,其中4月为1961年以来同期最少值。2017年主要天气气候事件有:冬季为1961年以来第三暖冬年;春季气温偏低,多地出现低温冷冻;干季不干,气象干旱连续3年偏轻;春末初夏全省平均最高气温突破历史最高纪录;干雨季过渡期旱涝急转特征显著;夏季出现严重的"低温阴雨寡照"天气;"天鸽""帕卡"双台风先后影响;雨季开始期和结束期均明显偏晚;12月出现大范围低温冷冻。2017年主要气象灾害有:洪涝及地质灾害、台风、大风、冰雹、雷电等,造成的直接经济损失为近10年来最低,死亡、失踪人数为近10年来第三少。冬季低温冷冻及雪灾较2016年偏轻,滇东及滇西北发生阶段性干旱灾害,森林火灾、生物病虫害等气象衍生灾害偏轻。综合分析,2017年总体上属于中等偏上气候年景。

**西 藏** 2017年,全区平均气温为5.7℃,较常年偏高0.9℃,为1981年以来并列第三高;年内多地气温突破历史极值,拉萨、那曲、昌都等34站次月平均气温创历史同期新高或持平,那曲、昌都等11个站点年平均气温创历史最高值或持平。全区平均年降水量为492.4毫米,较常年偏多32.2毫米;年内极端降水事件较为频繁,改则年降水量达369.0毫米,创历史新高,拉孜、那曲等9个站点月降水量创历史同期新高。全区平均年日照时数为2612小时,较常年偏少93小时。四季主要气候特征:冬季气温明显偏高,出现区域性暖冬,大部分地区降水偏少,日照时数正常或偏多;春季气温大部地区正常,降水东部少、西部多,日照偏少;夏季气温略偏高,降水总体偏多,雨季开始期提前,初夏、盛夏主要农区出现晴热少雨时段,日照偏少;秋季大部地区气温偏高,前期降水偏多,中后期降水偏少,雨季结束期较常年略偏早。2017年不同区域出现了干旱、洪涝、冰雹、雷电、泥石流等气象灾害以及次生灾害。降水主要集中在5月下旬、6月下旬至7月上旬,降水持续时间长且降水强度较大,致使昌都、林芝、那曲东部交通、市政、水利等基础设施和农业生产遭受了较为严重的损失。

**陕 西** 2017年,全省平均气温为13.0℃,较常年偏高0.9℃,是1961年以来仅次于2013年、2016年和2006年历史第四高值年;四季气温均偏高,其中冬季为1961年以来同期最高,夏季为1961年以来同期第四高。全省平均年降水量751.7毫米,较常年偏多19%,是2000年以来仅次于2003年和2011年的第三多;四季降水量均偏多,其中秋季是2000年以来历史同期第四多。全省平均年日照时数为2068.9小时,较常年偏多18.8小时,属正常年份。2017年主要天气气候事件有:2016年12月31日至2017年1月5日全省出现大范围雾、霾天气,关中大部空气质量较差;2月20—22日出现大范围寒潮雨雪天气,有39站降了暴雪;3月11—14日关中、陕南出现春季第一场透墒雨,是2000年以来第二偏早年;年内先后9次出现区域性大范围暴雨天气,7月25—27日陕北特大暴雨,灾害损失严重;夏季高温范围广、强度大、持续时间长,关中、陕南伏旱明显;华西秋雨开始早,持续时间长,降水量大,强度强,陕南秋汛灾害损失严重。冬小麦生育期气象条件较为适宜,属丰收年景;夏玉米生长前期高温少雨,后期多阴雨天气,秋粮产量欠丰。综合分析,2017年气象灾害属于一般年份。

**甘 肃** 2017年,全省平均气温为9.0℃,较常年偏高0.9℃;平均年降水量为451.6毫米,较常年偏多12%;平均年日照时数为2359小时,较常年偏少105小时。2017年主要气象灾害和天气气候特点有:伏期,中东部出现大范围干旱,河东部分地区受灾较重;高温日数偏多,部分地区高温事件破历史极值;大风和沙尘天气偏少,未出现区域性沙尘暴天气;暴雨偏多,出现2次区域性暴雨,影响较大;连阴雨次数偏多,共出现13次区域性连阴雨天气过程;冰雹过程偏少,主要集中在6月,影响较重;霜冻日数偏多,为近5年最多;寒潮、强降温过程偏少;局地出现雪灾和雷电灾害,造成一定影响。后冬出现大范围降雪天气过程,增加了土壤水分,缓解了冬季旱情,利于春耕生产;春季水热配合较好,利于作物和牧草生长,但大风、冰雹、强降雨(雪)和冻害等灾害性天气造成部分农作物受灾;夏季,高温干旱和局地冰雹灾害对农牧业造成不利影响,损失较重,而连阴雨和暴雨天气对农业利大于弊;初秋降水偏少,气温偏高,利于秋收、晾晒,但持续阴雨寡照天气易造成马铃薯晚疫病等病害滋生蔓延,对苹果、酿酒葡萄等林果糖分积累着色也不利。总的来看,2017年气候条件对农业的影响是利大于弊。

**青 海** 2017年,全省平均气温为3.5℃,较常年偏高1.2℃,列1961年以来第二高;四季气温均偏高,其中冬季偏高最明显。全省平均年降水量为413.3毫米,较常年偏多1成,夏季降水量接近常年同期,其余三季偏多。年内,极端天气气候事件频发,使农牧业生产、交通运输、能源等行业以及人民生命财产遭受损失。2017年主要天气气候事件有:2016年12月至

2017年2月全省气温偏高2.4℃,出现历史上最暖冬季;4月中旬及5月上旬出现了两次明显降水过程,东部农业区大部第一场透雨出现时间较常年偏早30天左右;3月13日及18日,柴达木盆地出现两次较强降雪天气过程,大柴旦、诺木洪、乌兰三地日降雪量创历史极值;6—7月,青南牧区东部及农业区降水偏少5成以上,出现2001年以来最重夏旱;5—6月,多地发生雷电灾害,造成人员伤亡和经济损失;5—9月,东部及南部多地因降水引发暴雨洪涝、山体滑坡、泥石流等灾害;7月,全省出现持续高温晴热天气,其中贵德高温持续13天,与2000年并列历史第一位,西宁等8站持续11天以上,为1961年以来第二位;8月中旬至9月上旬,东部地区多阴雨天气,影响秋收生产;6—9月,东北部多地发生冰雹灾害,造成较大经济损失。综合评定,2017年全省农业气候年景为"平偏歉",牧草气候年景为"平年"。

**宁　夏**　2017年,全区平均气温为9.6℃,较常年偏高1.1℃,与1998年并列为1961年以来第三高值;四季气温均较常年同期偏高,其中冬季异常偏高。全区平均年降水量为323.4毫米,较常年偏多21%;除春季降水量略偏少外,其他各季均偏多,其中夏季降水量创近22年历史同期极值。全区平均年日照时数为2556小时,较常年偏少278小时,为1961年以来最少;四季日照时数均不同程度偏少。年内,异常天气气候事件频发,2016/2017年冬季为有气象记录以来最暖冬季;2016年10月28日至2017年2月19日,降水持续异常偏少、气温异常偏高,造成年初气象干旱严重;2月下旬出现暴雪过程,强度之强创历史极值;3月南部山区降水量创历史极值;7月宁夏平均气温创历史同期极值,7月中上旬出现历史最强高温天气;8月下旬连阴雨天气过程持续时间之长、降水量之大历史罕见;10月中北部初雪之早创历史之最。年内,干旱、冰雹、暴雨洪涝、大风等气象灾害给农牧业生产、人民生活、交通、设施建设及生态建设造成了一定影响,其中干旱造成的损失最大,次之是暴雨洪涝。2017年气候条件总体对马铃薯、小麦、水稻和玉米比较有利,对枸杞生长不利,对葡萄品质形成利大于弊;年降水资源总量偏多,属于丰水年份;植被长势整体较好,属于偏好年份。

**新　疆**　2017年,全区平均气温为9.1℃,较常年偏高为0.9℃,居历史第三高;四季气温不同程度偏高,其中冬季偏高幅度居历史同期第二位。全区平均年降水量为182.6毫米,较常年偏多近1成;冬、春、夏季降水量偏多,秋季偏少。年降水量时空分布不均,北疆接近常年,天山山区较常年略偏多,南疆偏多;北疆冬季偏多、春季略偏多、夏季偏少、秋季接近常年,天山山区冬季及春季特多、夏季接近常年、秋季偏少,南疆冬季及夏季特多、春季偏多、秋季特少。开春期,北疆大部偏晚,南疆偏早;终霜期,全疆大部偏早;初霜期,北疆大部偏早,南疆大部偏晚。入冬期,北疆大部偏晚、南疆大部偏早;冬季最大积雪深度,北疆大部及天山山区大部偏厚,南疆吐鲁番市、哈密市东部、巴州、阿克苏地区西部、和田地区中东部局地偏薄,其余大部地区偏厚。2017年大范围的重大灾害性天气气候事件偏少,主要气象灾害有冰雹、大风沙尘、暴雨洪涝及其衍生的地质灾害、连阴雨、雪灾、低温冷冻、大雾、高温等,灾害总体中度偏轻,但冰雹、大风、暴雨洪涝灾害频繁且损失较大。2017年全疆农牧业气象条件为偏丰年景。

# 附录 A　资料、方法及标准

**A1. 资料**

本书所使用的地面气象观测资料由中国气象局国家气象信息中心提供。地面基本观测资料采用了 1961—2017 年中国区域 2400 多个气象观测站资料，其中霜冻日数、降雪日数采用的是 700 多站资料；台风路径资料采用的是中国气象局热带气旋最佳路径数据集；气候系统分析采用的是 NCEP/NCAR 全球大气再分析资料；气象灾害损失资料由中华人民共和国应急管理部提供；2017 年度各省（区、市）气候影响评估摘要摘自相关省（区、市）年度评价或公报；香港、澳门特别行政区及台湾省资料暂缺。

**A2. 南海夏季风**

南海季风是指中国南海区域盛行风向随季节有显著变化的风系，属于热带性质的季风，夏半年南海低层盛行西南风，高层为偏东风。

南海夏季风爆发定义：以南海季风监测区内（10°~20°N,110°~120°E）850 百帕平均纬向风和假相当位温为主要监测指标，当监测区内平均纬向风由东风稳定转为西风以及假相当位温稳定地大于 340 K 的时间（持续 2 候、中断不超过 1 候，或持续 3 候及以上），为南海夏季风爆发的主要指标。同时参考 200 百帕、850 百帕、500 百帕位势高度场的演变。

**A3. 东亚夏季风**

季风地区夏季由海洋吹向大陆的盛行风。由于夏季亚洲大陆上为巨大的热低压控制，海洋上是高气压，气流由高气压区吹向低气压区，形成夏季风。位于低压南部的南亚、东南亚及中国西南一带，盛行西南季风；位于低压东部的中国东部地区，盛行东南季风。东亚夏季风以阶段性的而非连续的方式进行季节推进和撤退，北进经历两次突然北跳和三次静止阶段。在这个过程中，季风雨带和季风气流以及相应的季风气团也类似地向北运动。

由于亚洲夏季风具有广阔的空间和时间尺度变率，许多学者从不同方面定义了不同的季风指数，书中采用东亚热带和副热带纬向风差值来定义东亚夏季风指数。

**A4. 厄尔尼诺/拉尼娜**

厄尔尼诺/拉尼娜是指赤道中、东太平洋海表大范围持续异常偏暖/冷的现象，是气候系统年际气候变化中的最强信号。厄尔尼诺/拉尼娜事件的发生，不仅会直接造成热带太平洋及其附近地区的干旱、暴雨等灾害性极端天气气候事件，还会以遥相关的形式间接地影响到全球其他地区天气气候并引发气象灾害。

厄尔尼诺/拉尼娜事件判别方法：Niño3.4 指数 3 个月滑动平均的绝对值（保留一位小数，下同）达到或超过 0.5℃ 且持续至少 5 个月，判定为一次厄尔尼诺/拉尼娜事件（Niño3.4 指数 ≥0.5℃ 为厄尔尼诺事件；Niño3.4 指数 ≤−0.5℃ 为拉尼娜事件）。

**A5. 干旱评价方法与标准**

由于发生干旱的原因是多方面的,影响干旱严重程度的因子也很多,所以确定干旱的指标是一个复杂的问题。另外,干旱也有多种含义,在气象学意义上,又分为长期干旱和短期干旱,长期干旱即在某特定气候条件下,历史上长期性持续缺少降水,一般年份降水量不足200毫米,形成固有的干旱气候,这些地区为干旱地区,如我国南疆盆地等,一般不做这种干旱监测;短期干旱是指某些地区因天气气候异常,使某一时段内降水异常减少,水分短缺的现象,它可以出现在干旱或半干旱地区的任何季节,也可以出现在半湿润,甚至湿润地区的任何季节,这种干旱最容易造成灾害,本书主要是针对这种干旱进行监测与评价。气象干旱综合指数(MCI)考虑了60天内的有效降水(权重平均降水)和蒸发(相对湿润度)的影响,季度尺度(90天)和近半年尺度(150天)降水长期亏缺的影响。该指标适合实时气象干旱监测,以及气象干旱对农业和水资源的影响评估。气象干旱综合指数的计算公式如下:

$$\text{MCI} = a \times \text{SPIW}_{60} + b \times \text{MI}_{30} + c \times \text{SPI}_{90} + d \times \text{SPI}_{150} \tag{A.1}$$

$$\text{SPIW}_{60} = \text{SPI(WAP)} \tag{A.2}$$

$$\text{WAP} = \sum_{n=0}^{60} 0.95^n P_n \tag{A.3}$$

式中,$\text{SPIW}_{60}$为近60天标准化权重降水指数,标准化处理计算方法参考《气象干旱等级》(GB/T 20481—2006);$P_n$为距离当天前第$n$天降水量;$\text{MI}_{30}$为近30天湿润度指数,计算方法参考《气象干旱等级》(GB/T 20481—2006);$\text{SPI}_{90}$、$\text{SPI}_{150}$分别为90天和150天标准化降水指数,计算方法参考《气象干旱等级》(GB/T 20481—2006);$a$、$b$、$c$、$d$权重系数随着地区和季节变化进行调整,北方冬、春季一般取0.2、0.2、0.3、0.4,夏、秋季一般取:0.3、0.4、0.3、0.2;南方冬、春季一般取0.3、0.4、0.3、0.2,夏、秋季一般取0.5、0.6、0.2、0.1,需要说明的是,系数$a$、$b$、$c$、$d$可根据当地气候状况和季节变化进行调整,这里给出的是参考值。气象干旱过程的确定和评价同《GB/T 20481—2006 气象干旱等级》。气象干旱综合指数等级划分标准如表A-1所示。

表A-1 气象干旱综合指数等级划分标准

| 等级 | 类型 | MCI | 干旱影响程度 |
|---|---|---|---|
| 1 | 无旱 | >−0.5 | 地表湿润,作物水分供应充足;地表水资源充足,能满足人们生产、生活需要 |
| 2 | 轻旱 | −1.0~−0.5 | 地表空气干燥,土壤出现水分轻度不足,作物轻微缺水,叶色不正;水资源出现短缺,但对人们生产、生活影响不大 |
| 3 | 中旱 | −1.5~−1.0 | 土壤表面干燥,土壤出现水分不足,作物叶片出现萎蔫现象;水资源短缺,对人们生产、生活产生影响 |
| 4 | 重旱 | −2.0~−1.5 | 土壤水分持续严重不足,出现干土层,作物出现枯死现象,产量下降,河流出现断流,水资源严重不足,对人们生产、生活产生较重影响 |
| 5 | 特旱 | ≤−2.0 | 土壤水分持续严重不足,出现较厚干土层,作物出现大面积枯死,产量严重下降,甚至绝收;多条河流出现断流,水资源严重不足,对人们生产、生活产生严重影响 |

某时段(月、季、年)干旱综合指数($\text{MCI}_t$):

$$\text{MCI}_t = \frac{2}{n} \sum_{k=1}^{n} \text{MCI}_k, \text{当 } \text{MCI}_k \leq -0.5 \text{ 时} \tag{A.4}$$

式中,$\text{MCI}_k$为某站(区域)$k$日干旱综合指数,$n$为某时段内的总天数。

某区域干旱综合指数（$MCI_d$）：

$$MCI_d = \frac{2}{m}\sum_{j=1}^{m} MCI_j, 当 MCI_j \leqslant -0.5 时 \tag{A.5}$$

式中，$MCI_j$ 为某日（时段）$j$ 站干旱综合指数，$m$ 为某区域内的站数。区域干旱综合指数（$MCI_d$）等级及相应的干旱类型见表 A-2。

**表 A-2 区域干旱综合指数（$MCI_d$）和时段干旱综合指数（$MCI_t$）等级划分标准**

| $MCI_d$ 或 $MCI_t$ 值 | 等级 | 干旱类型 |
|---|---|---|
| $MCI_d$ 或 $MCI_t \geqslant -0.5$ | 4 | 无干旱 |
| $-1.0 \leqslant MCI_d$ 或 $MCI_t < -0.5$ | 5 | 轻旱 |
| $-1.5 \leqslant MCI_d$ 或 $MCI_t < -1.0$ | 6 | 中旱 |
| $MCI_d$ 或 $MCI_t < -1.5$ | 7 | 重旱 |

本书只对常年年降水量大于 200 毫米的地区和旬平均气温大于 0℃的时段进行评价，对常年干旱地区和植物停止生长的季节不进行评价。此外，还参考各省（区、市）气象部门以及民政、农业、水利等部门反映的受灾情况来确定干旱的范围和程度。

**A6. 暴雨洪涝评价方法与标准**

本书采用夏季降水百分位数、月降水量距平百分率及旬降水总量等指标对 2017 年全国（主要考虑年降水量 400 毫米等值线以东、以南地区）暴雨洪涝情况进行评述。考虑到地区之间的气候差异，规定了不同地区评述暴雨洪涝的季节，即黄淮海、东北、西北地区为 6—8 月，长江中下游地区为 4—9 月，华南地区为 4—10 月，西南地区为 6—9 月。

（1）降水百分位数

$$r = \frac{m}{n+1} \times 100\% \tag{A.6}$$

式中，$r$ 为降水百分位数，$m$ 为按升序排列后的序号，$n$ 为样本数。

当 $90\% > r \geqslant 80\%$ 为一般洪涝；$r \geqslant 90\%$ 为严重洪涝。

（2）月降水量距平百分率

$$P = \frac{R - \bar{R}}{\bar{R}} \times 100\% \tag{A.7}$$

式中，$P$ 为月降水量距平百分率，$R$ 为当年某月的实际降水量，$\bar{R}$ 为某月降水量常年值（1981—2010 年平均）。

当 $200\% \geqslant P \geqslant 100\%$（华南 $150\% \geqslant P \geqslant 75\%$）为一般洪涝；$P > 200\%$（华南 $P > 150\%$）为严重洪涝。

（3）旬降水量

当一个旬降水量达到 250～350 毫米（东北 200～300 毫米，华南、川西 300～400 毫米）为一般洪涝。

一个旬降水量 >350 毫米（东北 >300 毫米，华南、川西 >400 毫米）为严重洪涝。

当两个旬降水总量达到 350～500 毫米（东北 300～450 毫米，华南、川西 400～600 毫米）为一般洪涝。

两个旬降水总量 >500 毫米（东北 >450 毫米，华南、川西 >600 毫米）为严重洪涝。

### A7. 台风指数评价方法

**(1) 台风灾害影响综合评估指数**

根据中华人民共和国气象行业标准《台风灾害影响评估技术规范》(QX/T 170—2012)定义,台风灾害影响综合评估指数(composite index for damage caused by typhoon,CIDT)是指总体上描述某次台风过程对全国或某省(区、市)的灾害影响程度的指数。本书中将一年之中所有台风的 CIDT 指数之和定义为年台风灾害影响综合评估指数(YCIDT),而且计算区域为全国。CIDT 计算公式为:

$$\text{CIDT} = 10 \times \sqrt{\sum_{i=1}^{4} a_i d_i} \tag{A.8}$$

式中,$a_i$ 为灾害因子系数,其取值见表 A-3;$d_i$ 是灾害因子,$d_1$ 为死亡失踪人数,$d_2$ 为农作物受灾面积(单位为千公顷),$d_3$ 为倒塌房屋数(单位为万间),$d_4$ 为直接经济损失率。$d_4$ 计算公式为:

$$d_4 = \frac{\text{DEL}}{\text{GDP}} \times 10000 \tag{A.9}$$

式中,DEL 为直接经济损失(单位为亿元),GDP 为上一年国内生产总值(单位为亿元)。

表 A-3 台风灾害影响的评估因子系数

| | $a_1$ | $a_2$ | $a_3$ | $a_4$ |
|---|---|---|---|---|
| 系数 | $1.279 \times 10^{-3}$ | $2.648 \times 10^{-4}$ | $3.019 \times 10^{-2}$ | $1.974 \times 10^{-2}$ |

**(2) 台风累计气旋能量指数**

台风累积气旋能量指数(accumulative cyclone energy,ACE)定义为某个时段内所有台风生命史中,热带风暴及以上级别的 6 小时路径点风速强度的平方之和,本书中 ACE 指数计算时段为年。

**(3) 热带气旋年潜在影响力指数(TCPI)**

对于单个热带气旋过程,TCPI 指数定义公式为:

$$\text{TCPI} = \sum_{i=1}^{N} \sum_{j=1}^{M} b_j (a_j \bar{v}_i)^2 \tag{A.10}$$

式中,$i=1,\cdots,N$,表示某次热带气旋过程对某地区(面状)影响的次数(以每 6 小时做一次统计);$j=1,\cdots,M$,表示热带气旋不同的影响区域,即在不同的区域热带气旋的影响强度有差别,以系数 $a$ 为权重;$\bar{v}_i$ 为该次平均的热带气旋中心附近最大平均风速;$b$ 表示某地区受热带气旋影响的面积权重,若该地区完全在热带气旋某影响区域内,则 $b$ 为 1,若部分在,则依影响范围,$b$ 取值在 0~1,若不在,则 $b$ 取值为 0。若将该地区各年热带气旋过程中的 TCPI 进行累加,得到年 TCPI 指数(YTCPI),利用此指数可以分析该地区受热带气旋潜在影响的年际变化特征。

如果以全国为研究单位,(A.10)式可以变换为另外一种形式:

$$\text{TCPI} = \frac{1}{S}\left[\sum_{i=1}^{N}\sum_{j=1}^{M} b_{1j}(a_j\bar{v}_i)^2 + \sum_{i=1}^{N}\sum_{j=1}^{M} b_{2j}(a_j\bar{v}_i)^2 + \cdots + \sum_{i=1}^{N}\sum_{j=1}^{M} b_{Lj}(a_j\bar{v}_i)^2\right] \tag{A.11}$$

定义

$$\text{TCPI}_k = \sum_{i=1}^{N}\sum_{j=1}^{M} b_{kj}(a_j\bar{v}_i)^2 \tag{A.12}$$

式中,$k=1,2,\cdots,L$,则

$$\text{TCPI} = \frac{1}{S}(\text{TCPI}_1 + \text{TCPI}_2 + \cdots + \text{TCPI}_L) \quad (A.13)$$

式中,$S$ 为全国的面积,而 $b_{1j}$ 为第一个省份在第 $j$ 个影响区域内的面积,而不是面积权重了,共有 $L$ 个省份,其他参数同式(A.10),这样就可以看出 TCPI 在全国各省的分配情况。如(A.12)式所示,称 $\text{TCPI}_k$ 为某省的贡献值,将 $\text{TCPI}_k$ 与 $S$ 的比值称为该省的相对贡献值。具体的计算方法详见相关文献(尹宜舟 等,2013)。

**A8. 气候指数**

气候指数是基于历史气候资料和未来气候预测结果,通过判断极端天气气候事件致灾阈值、结合社会经济数据及实际灾害损失分析,采用科学的方法对单一或综合气候灾害风险进行的定量化评价。由财新智库和国家气候中心联合发布的中国气候指数系列于 2017 年 3 月 6 日在北京首发。该指数系列为国内首创,填补了气候指数研发空白,开创了气候大数据服务实体经济之先河。中国气候指数系列将打造气候大数据开发应用的新坐标,结构化的气候信息将服务企业生产和居民生活的方方面面,拓宽新经济的广度和深度。

目前,中国气候指数系列包括中国气候风险指数(Climate Risk Index, CRI)、雨涝指数、干旱指数、台风指数、高温指数、低温冰冻指数等。月度指数于每月 5 日定期更新。

气候风险指数:是基于中国逐月干旱指数、暴雨指数、高温指数、低温冰冻指数和台风指数以及近年来气象灾害损失数据来计算。

低温指数:是基于候平均气温偏低程度等级以及候降雪日数进行非线性组合求得。

高温指数:是根据日最高气温等级及日最高气温≥35℃持续天数的非线性组合与日最低气温等级及日最低气温≥25℃的持续天数的非线性组合进行算术平均求得。

台风指数:是基于台风影响期间气象站点风雨资料,充分考虑站点间历史气象要素的差异性、气象要素量级间的差异性、风雨指标间的差异性等,对要素进行加权平均得到,风因子选用日最大风速,雨因子选用日降雨量。

暴雨指数:是根据日降水量等级与强降水日数的非线性关系计算得到。

干旱指数:是基于评估干旱程度的最近 30 天标准化降水指数,划分相应级别,确定日干旱指数并累计求得。

**A9. 冬麦区气候条件评价方法**

(1)评价区域的确定

选取冬小麦主产区的河北、北京、天津、山东、山西、河南、江苏、安徽、陕西、甘肃等省(市),根据冬小麦品种特性以及耕作措施将冬小麦分成不同区域。

(2)评价方法

根据冬小麦各生育期降水、气温、活动积温以及日照时数等要素及其与常年值比较分析,结合冬小麦不同生育期对光、温、水的要求,评价 2016 年冬麦区气候条件对冬小麦生长发育的影响。

**A10. 棉花气候条件评价方法**

通过对我国三大棉区某年棉花生长季内气候特征分析,评价该年度气候条件对全国棉花生长发育的影响。研究区域分别是:新疆棉区、黄河流域棉区、长江流域棉区。其中黄河流域

棉区包括河北、河南、山东；长江流域棉区包括江苏、安徽、湖北、湖南。在气候资料方面，从各省（区、市）取气候要素的平均值进行分省（区、市）评价。分析中采用的常年值为1971—2000年的30年平均值。

环境气象条件是影响棉花生产的重要因素，生长季内各种气象因素的不同组合会导致棉花产量有较大的波动起伏。将棉花生长发育划分为播种至出苗、出苗至现蕾、现蕾至开花、开花至裂铃、吐絮5个阶段，从光、温、水三方面进行评价。

棉花是无限花序的喜温作物，热量条件是棉花花蕾能否成桃、吐絮的决定因素。在分析评价中采用温度影响函数 $F(T)$ 为主导指标来衡量棉花生长季热量条件的优劣。

$$F(T) = \begin{cases} 0 & T < T_L \\ 1-(T-T_0)^2/(T_0-T_L)^2 & T_L \leqslant T \leqslant T_0 \\ 1-(T-T_0)^2/(T_H-T_0)^2 & T_0 \leqslant T \leqslant T_H \\ 0 & T > T_H \end{cases} \quad (A.14)$$

式中，$T$ 为某发育阶段的平均温度，$T_L$、$T_H$、$T_0$ 分别是该发育阶段棉花生长发育的下限、上限、最适温度。$F(T)$ 值越接近1，表明温度条件对生长发育的适宜程度越高。

棉花对太阳辐射强度十分敏感，光照的强弱直接影响棉花的株型及成桃率。在评价中采用辐射影响函数 $F(Q)$ 为指标评价棉花生长季的辐射状况对生长发育的影响。

$$F(Q) = \begin{cases} 1 & Q \geqslant Q_0 \\ Q/Q_0 & Q < Q_0 \end{cases} \quad (A.15)$$

式中，$Q$ 为某生育期内的平均太阳辐射，$Q_0$ 为该发育期的适宜辐射量的下限。棉花的光饱和点很高，到正午全日光下光合作用才能达到最大。在评价中 $Q_0$ 取各发育期内平均日照百分率为85%的太阳辐射量。

棉花为耐旱作物，苗期的耗水量较大，吐絮期较小。在一些年份常会出现春旱影响棉花播种、夏伏旱影响棉花开花结铃。在评价中采用水分影响函数 $F(P)$ 来分析棉花各生育期水分供应状况对生产的影响。

$$F(P) = \begin{cases} 1 & P \geqslant W \\ P/W & P < W \end{cases} \quad (A.16)$$

式中，$P$ 为发育期内积累的降水量（毫米），$W$ 为发育期内平均需水量（毫米），其中平均需水量以发育期的多年蒸散量与作物系数的积计算，作物系数的取值范围为 0.4～1.2。当 $F(P)$ 接近1时，表明水分供应状况良好，当 $F(P)$ 小于0.6时，表明水分供应不足。新疆棉区棉花耗水大部分来源于灌溉，而灌溉用水来自高山融雪，与生育期内降水基本无关，故不做该棉区棉花生长季的水分评价。

各生育期光、温、水影响函数评价指标，以棉花不同发育阶段对气象要素需求的满足程度来划分，取 $F \geqslant 0.9$ 为该项要素气候资源充足，能满足棉花的生长发育需要，$0.8 \leqslant F < 0.9$ 为较充足，$0.7 \leqslant F < 0.8$ 为一般，$0.6 \leqslant F < 0.7$ 为不足，$F < 0.6$ 为严重不足，对生长发育产生不良影响。

**A11. 气候对水资源影响评价方法与标准**

A11.1　年降水资源评估方法

（1）各省（区、市）年降水资源量计算方法

$$R_i = S_i \times \frac{1}{n}\sum_{j=1}^{n} R_j \text{ 其中} j = 1, 2, 3, \cdots, n \quad (A.17)$$

式中，$R_i$ 为省（区、市）年降水资源量，$R_j$ 为单站年降水量，$j=1,2,3,\cdots,n$ 为各省（区、市）内的气象站数。$i=1,2,3,\cdots,31$，为全国 31 个省（区、市）。$S_i$ 为各省（区、市）面积。

（2）全国年降水资源计算方法

$$R = \sum_{i=1}^{31} S_i \times \sum_{i=1}^{31} P_i R_i, P_i = S_i / \sum_{i=1}^{31} S_i \tag{A.18}$$

式中，$P_i$ 为各省（区、市）的面积加权系数，$R$ 为全国年降水资源。

（3）年降水资源评估方法

全国及各省（区、市）的年降水资源基本服从正态分布，按照年降水资源量偏离各自多年平均值的程度，将全国及各省（区、市）的年降水资源划分为 5 个等级（表 A-4），表示降水资源的丰枯状况。

表 A-4 年降水资源丰枯评估标准

| 年型 | 判别式 |
| --- | --- |
| 异常丰水年 | $RS > \overline{R} + 1.5\sigma$ |
| 丰水年 | $\overline{R} + 1.5\sigma \geqslant RS \geqslant \overline{R} + 0.7\sigma$ |
| 正常年 | $\overline{R} + 0.7\sigma > RS > \overline{R} - 0.7\sigma$ |
| 枯水年 | $\overline{R} - 0.7\sigma \geqslant RS \geqslant \overline{R} - 1.5\sigma$ |
| 异常枯水年 | $\overline{R} - 1.5\sigma > RS$ |

注：$RS$、$\overline{R}$、$\sigma$ 分别为全国或各省（区、市）的年降水资源、1981—2010 年多年平均值、均方差。

A11.2 全国年水资源总量评估方法

（1）水资源总量估算方法

区域水资源总量是指评价区域内地表水和地下水的总补给量。

由于实际统计水资源总量时，涉及项目广，需要详细的大量调查资料，计算复杂，对气候评价业务来讲难度大。考虑到水资源总量与年降水资源量关系密切，采用统计方法，解决水资源总量的计算问题，进而实现水资源总量丰枯评估。

（2）水资源总量线性估算方程表示如下

$$W_{水资源总量} = a_i \times W_{年降水资源总量} + b_i \tag{A.19}$$

式中，$a_i$、$b_i$ 为各省（区、市）的参数。该方法计算精度受建模资料序列长度和值域的影响较大。

全国年水资源总量为各省（区、市）年水资源总量的总和。

（3）水资源总量评估指标

评估指标确定同年降水资源评估方法类似，表 A-4 中的 $RS$、$\overline{R}$、$\sigma$ 值分别为全国或各省（区、市）的水资源总量、1981—2010 年多年平均值和均方差。

（4）水资源短缺状况等级划分指标

水资源短缺表现为用水需求得不到保障。除与水资源数量及其时空分布、气候条件等自然因素有关外，还与经济结构、用水习惯和水平、管理状况等因素密切相关。人均年水资源量（立方米/人）为反映水资源短缺状况的一种常用指数，用于水资源短缺风险问题研究。这里采用联合国水资源短缺状况分类等级标准进行评估（表 A-5）。

表 A-5 水资源短缺状况等级划分指标

| 水资源短缺状况 | 等级标准（人均年水资源总量，单位：米$^3$/人） |
|---|---|
| 脆弱 | 1700～2500 |
| 紧张 | 1000～1700 |
| 缺水 | 500～1000 |
| 极缺 | ＜500 |

（5）十大流域年地表水资源评估

十大流域年地表水资源评估根据各流域的降雨—径流关系，建立年降水量和年径流深之间的统计模型，用于十大流域的年地表水资源评估工作。具体计算过程为，依据径流系数的概念，首先根据算术平均法计算全国十大流域年降水量，通过文献查阅获取十大流域径流系数，利用十大流域年降水量乘以径流系数，可得流域的年径流深，并进一步结合流域面积，可计算得到流域年地表水资源量。

**A12. 大气自净能力评价方法与标准**

根据气象地面观测逐日一天4次气象观测资料，包括风速、总云量、低云量、降水量等观测值，通过定量计算描述大气对污染物通风稀释和雨洗能力的大气自净能力系数。大气自净能力指数越大，表示大气对污染物清除能力越强；反之，大气自净能力指数越小，则表示大气对污染物清除能力越弱，气象条件不利于大气污染物的扩散。

大气自净能力指数的计算方法如下：

$$\text{ASI} = 8.64 \times 10^{-2} \times \left[ \frac{\sqrt{\pi}}{2} \times V_E + \sum_{i=1}^{n} (0.17 \times R_i \times \sqrt{S} \times 10^3) \right] \times C_s / \sqrt{S} \quad (A.20)$$

式中，ASI 为大气自净能力指数（单位为吨/(天·千米$^2$)）；$n$ 为一天中降水的小时数；$R$ 为每小时降水量（单位为毫米/时）；$S$ 为区域面积（单位为平方千米）；$C_s$ 为污染物标准浓度（单位为毫克/米$^3$），这里取秋冬季主要污染物 $PM_{2.5}$ 二级空气质量标准 0.075 毫克/米$^3$。由于排放到大气中 $PM_{2.5}$ 主要依靠通风和降水的物理作用来清除，因此，ASI 可以较好地反映清除 $PM_{2.5}$ 的气象条件。

通风量是描述大气对污染物稀释扩散能力的污染气象参数，数学表达为：

$$V_E = \int_0^H u(z) \mathrm{d}z \quad (A.21)$$

即在混合层高度内，风速与高度乘积的总和，表达了大气动力与热力综合作用下对大气污染物的清除能力。公式（A.21）中 $u$ 表示近地层风速，随距离地面高度变化（单位为米/秒）；$H$ 为混合层高度，与大气稳定度和地面风速有关（单位为米）。

**A13. 气候对能源影响评价方法与标准**

A13.1 北方冬季采暖耗能评估

（1）地区及资料的选取

选取北方15个省（区、市）（黑龙江、吉林、辽宁、内蒙古、新疆、青海、甘肃、宁夏、陕西、山西、河北、河南、山东及北京、天津）的逐日平均气温及月平均气温资料。多年平均值采用1981—2010年30年平均。

(2)采暖期的确定

根据《中华人民共和国标准:采暖、通风与空气调节规范》的规定,日平均温度稳定≤5℃的日期为采暖起始日期,日平均温度稳定≥5℃的日期为采暖结束日期,其间的天数为采暖期长度。

(3)采暖度日的定义

采暖度日是计算热状况的一种单位,为某一基准温度与日平均气温之差。我国以5℃作为计算采暖度日的基础温度,日采暖度日表达式为:

$$D_i = t_0 - t_i \tag{A.22}$$

式中,$D_i$ 为某日的采暖度日值;$t_0$ 为基础气温(选定为5℃),$t_i$ 为逐日平均气温(单位为℃)。$D_i$ 取正值,若某日平均气温大于基础气温,则该日采暖度日为0。

一段时期内的采暖度日总量可以反映出该时段温度的高低,度日值越大,表示温度越低;反之,表示温度高。

(4)主采暖期的确定

由于我国北方采暖区范围大,气候条件差异明显,各地主要采暖期不能以统一的日期来确定,为此,依据各站多年平均采暖期开始和结束日期,若采暖起、止月内采暖天数超过20天以上,则确定该月为主采暖期的开始和结束月;否则,以其后一个月或前一个月为主采暖期的起、止月。

(5)北方采暖耗能评估模型

研究表明,采暖期度日总量的变化可以反映该采暖季采暖需求(采暖耗能)的变化。利用采暖度日与温度之间的相关性,建立单站及区域主采暖期及月的采暖耗能评估模型。

由于冬季(12月至次年2月)的温度变化对整个采暖季的采暖需求(耗能)起决定性作用,因此,将各站主采暖期度日变率(即距平百分率)与冬季平均气温距平建立主采暖期采暖耗能评估模型,用于对整个采暖季(冬季)采暖耗能进行定量评估。区域主采暖期及月采暖评估方法与此类似。

**A13.2 夏季降温耗能评估模型**

(1)降温度日的定义

降温度日数是指一段时间(月、季或年)内日平均温度高于某一基础温度的累积度数。如果日平均温度低于该基础温度,则这一天无降温度日数。降温度日数越大,表示温度越高。

$$D = t - t_0 \tag{A.23}$$

式中,$D$ 为降温度日值;$t_0$ 为基础气温;$t$ 为逐日平均气温(单位为℃)。

(2)基础温度的设定

考虑到我国南方地区夏季气温高且持续时间长,降温设备的使用更加普遍,相应地降温耗能受气温的影响也更大,因此,将基础温度设定为25℃。

(3)降温电量测算方法

先测算降温负荷。采用基准负荷法进行降温负荷的测算,直接利用电网的负荷曲线来推算降温负荷曲线。每日降温负荷由96点(国家电网每15分钟记录一次用电负荷,每24小时累计96个点)日负荷曲线减去96点基础负荷曲线获得,即

$$P_{c,d,h} = P_{d,h} - P_{dt,h} \tag{A.24}$$

式中,$P_{c,d,h}$ 为 $d$ 天 $h$ 小时的降温负荷;$P_{d,h}$ 为 $d$ 天 $h$ 小时的总负荷;$P_{dt,h}$ 为 $d$ 天所对应的典型

日 $h$ 小时的基础负荷。典型日基础负荷曲线为春季典型日（4月15日至5月15日）负荷曲线与秋季典型日（9月15日至10月15日）负荷曲线的平均值。

降温电量为降温负荷在时间上的积分，发电量为负荷曲线在时间上的积分。降温电量占比为降温电量与发电量的比值。

（4）夏季降温评估模型

利用各省夏季降温用电量占比与降温度日、降温度日距平和最高温距平 3 个变量建立降温耗能评估模型。模型如下：

$$\text{erate}_i = -7.984e^{-2} + 1.137e^{-3} \times \text{cdd} - 2.092e^{-6} \times \text{cdd}^2 + 2.654e^{-3} \times \text{cddjp} \\ - 1.952e^{-5} \times \text{cddjp}^2 + 3.902e^{-2} \times \text{tmaxjp} + \varepsilon_i \tag{A.25}$$

式中，$\text{erate}_i$ 为第 $i$ 省夏季降温用电量占比；cdd、cddjp、tmaxjp 分别为第 $i$ 省夏季降温度日、降温度日距平、最高温距平；$\varepsilon_i$ 为各省（区、市）的个体差异系数。降温用电量及占比数据来自 2017 年省级电力部门，气象数据来自中国气象局。多年平均值采用 1981—2010 年 30 年平均。

**A14. 交通运营不利天气计算方法**

交通运营不利天气包括 10 毫米以上降水、雪、冻雨、雾及扬沙、沙尘暴、大风等天气。交通运营不利天气日数是指一段时期内，累计发生一种或几种上述天气现象日数的总和。

# 附录 B  2017 年全国主要雷电、冰雹和龙卷风事件

**B1. 雷电灾害事件**

(1) 3 月 18 日 15 时 20 分,广东省云浮市云安区都杨镇蟠咀村村民正在祭祖时遭雷击,造成 1 人身亡,2 人重伤,2 人轻伤。

(2) 5 月 1 日 05 时 55 分,广西桂林市龙胜平等镇小江村平岔水屯遭雷击,造成正在临时搭建简易工棚内休息的 1 人身亡,4 人受伤。

(3) 5 月 11 日 15 时 08 分,湖南省怀化市溆浦县颜家垅村颜家垅村小学遭雷击,造成下课后正在教室外走廊嬉戏的 14 名学生受伤,并击毁 1 个屋角、1 处墙面。

(4) 6 月 11 日 17 时 20 分,浙江省温州市泰顺县供电公司遭雷击,击坏 5 条高压输电线、15 个高压瓷瓶。直接经济损失 130 万元。

(5) 6 月 28 日下午,四川省阿坝州阿坝县柯河乡茸昆村 9 名村民正在牧场挖贝母时遭雷击,造成 1 人身亡,2 人重伤,6 人轻伤。

(6) 8 月 3 日 14 时 50 分,重庆市彭水县大垭乡大垭村 3 组村民在务农时遭雷击,造成 1 人身亡,3 人轻伤。

(7) 8 月 17 日下午,湖南省湘潭市湘乡湘潭金子箱包制品有限公司遭雷击,直接经济损失 120 万元。

(8) 8 月 26 日 10 时 10 分,浙江省宁波市慈溪市个体工商户 2 人的厂房遭雷击,击毁 1 层民房墙体、1 个搭建钢棚、1 道围墙、3 台空调,损坏 12 万双成品拖鞋、1 台打包机,直接经济损失 122.2 万元。

(9) 9 月 10 日 11 时 20 分,天津市蓟州区黄崖关长城景区 16 号敌楼遭雷击,造成 7 人受伤。

**B2. 风雹灾害事例**

(1) 1 月 4 日,云南省德宏傣族景颇族自治州瑞丽市畹町镇出现了阵雨并伴有短时冰雹天气。受灾人口 85 人;农作物受灾面积 90 公顷;农业直接经济损失 27 万元。

(2) 3 月 1 日,江苏省常州、南通、连云港、盐城、淮安、无锡等 8 市 21 个县(市、区)遭受风雹灾害,其中盐城市阜宁县三灶镇极大风速达 30.7 米/秒。共计 3.5 万人受灾,7 人死亡(阜宁 3 人、射阳 2 人、靖江 1 人、沭阳 1 人),500 余人紧急转移安置;700 多间房屋倒塌,1.3 万间房屋不同程度损坏;农作物受灾面积 2600 公顷,其中绝收面积 200 余公顷;直接经济损失 1.9 亿元。

(3) 4 月 14—16 日,新疆兵团二师、三师、四师 3 师 15 个团(场)遭受风雹灾害。局地冰雹持续时间 40 分钟,冰雹直径 2～3 毫米,瞬间最大风速达 21.1 米/秒。共计 1.3 万人受灾;农

作物受灾面积6800公顷,其中绝收面积600公顷;直接经济损失2800余万元。

(4)5月3—4日,甘肃省张掖、酒泉、庆阳、定西等5市(自治州)12个县(市、区)和嘉峪关市出现雷暴、扬沙、降雪、霜冻、风雹天气。其中酒泉市肃州区瞬间最大风力达11级(29.5米/秒),突破历史极值(1972年5月16日29.0米/秒);敦煌市最大冰雹直径7毫米,突破历史最早降雹记录(2004年5月14日)。庆阳市环县风雹持续时间40分钟,最大冰雹直径10毫米。共计8.5万人受灾,1人遭雷击死亡;棉花、蜜瓜、玉米等受灾面积8000公顷;直接经济损失8600余万元。

(5)5月4—6日,贵州省六盘水、安顺、黔西南等4市(自治州)12个县(区)遭受风雹灾害。其中六盘水市盘县、水城县最大冰雹直径10~30毫米;黔西南布依族苗族自治州晴隆县4小时最大降水量达96.4毫米,最大冰雹直径10毫米。共计9.1万人受灾;2500余间房屋不同程度损坏;小麦、马铃薯、水稻秧苗、烤烟、玉米等受灾面积6300公顷,其中绝收面积1400公顷;直接经济损失5300余万元。

(6)5月5—7日,吉林省长春、吉林、四平、通化、延边、辽源等7市(自治州)23个县(市、区)出现大风、沙尘和雷电、冰雹等强对流天气。其中通化市东昌区、二道江区和医药高新区极大风力达11级(30.5米/秒)。共计3万人受灾,2人遭雷击身亡;1.3万间房屋不同程度受损;农作物受灾面积200余公顷;直接经济损失4700万元。

(7)5月13—15日,陕西省铜川、宝鸡、咸阳、渭南、延安等6市10个县(区)遭受风雹灾害。其中延安市黄陵县冰雹直径2~3毫米,持续时间3~10分钟不等;咸阳市长武县冰雹持续时间12分钟,测站最大冰雹直径3毫米;宝鸡市最大冰雹直径达20毫米。共计7.6万人受灾;小麦、胡麻、玉米等受灾面积1.01万公顷,其中绝收面积近200公顷;直接经济损失9800余万元。

(8)5月21—23日,湖北省荆州、襄阳、咸宁、恩施等市(自治州)10个县(市、区)遭受暴雨、雷电、冰雹、大风等灾害。共计4.53万人受灾;农作物受灾面积5620公顷;倒塌农房30间,损坏农房316间;直接经济损失4697万元。

(9)5月22—23日,河北省石家庄、邯郸、邢台、衡水等6市30个县(市、区)遭遇强降雨和短时大风等强对流天气。其中邢台市沙河市24小时最大降水量109.7毫米,邯郸市永年县极大风速19.1米/秒。共计40.8万人受灾;农作物受灾面积1.9万公顷;直接经济损失1亿元。

(10)5月22—24日,山东省济南、东营、济宁、泰安、聊城、滨州6市15个县(市、区)遭受短时强降雨和冰雹、大风袭击。共计68.2万人受灾;农作物受灾面积9.46万公顷,其中绝收面积900余公顷;直接经济损失3.6亿元。

(11)5月22—24日,河南省郑州、开封、洛阳、平顶山、周口、安阳、新乡、驻马店、焦作、许昌、鹤壁、济源等13市46个县(市、区)遭受暴雨、冰雹及大风袭击。其中新乡市原阳县瞬时极大风速23.2米/秒;郑州市荥阳市10小时最大降水量114.4毫米;济源市1小时最大降水量52.2毫米。共计157.5万人受灾;农作物受灾面积12.67万公顷;直接经济损失12.9亿元。

(12)5月22—24日,贵州省六盘水、遵义、毕节等6市(自治州)15个县(区)遭受风雹灾害。共计5.7万人受灾;600余间房屋不同程度损坏;农作物受灾面积2600公顷,其中绝收面积200公顷;直接经济损失2800余万元。

(13)5月29日,山西省忻州、长治、朔州、晋中等5市11个县(市、区)遭受风雹灾害。其中朔州市山阴县冰雹直径6毫米左右;忻州市河曲县2小时最大降水量28.3毫米。共计6.6

万人受灾；农作物受灾面积6300公顷；直接经济损失5600余万元。

(14) 6月2日，河北省邯郸、邢台、衡水3市12个县(市、区)遭受风雹灾害。其中邢台市巨鹿县极大风力达11级。此次风雹天气造成小麦大面积倒伏，棉花被砸。共计21万人受灾；农作物受灾面积1.72万公顷，其中绝收面积200余公顷；直接经济损失3800余万元。

(15) 6月2—3日，山东省济宁、泰安、德州、聊城4市16个县(市、区)出现雷雨大风、冰雹和短时强降水天气。其中聊城市茌平县瞬时极大风速达32.6米/秒(11级)，冰雹如杏核、玉米粒大小，4小时最大降水量40.6毫米。共计179.4万人受灾；100余间房屋不同程度损坏；农作物受灾面积18.91万公顷，其中绝收面积1500公顷；直接经济损失6.6亿元。

(16) 6月4—5日，甘肃省兰州、白银、天水、定西、陇南、平凉等7市(自治州)18个县(区)遭受风雹灾害。其中定西市通渭县、安定区风雹持续时间15~20分钟；天水市武山县、甘谷县、秦安县冰雹直径8~15毫米；平凉市静宁县、崇信县风雹持续时间20分钟；陇南市宕昌县最大冰雹直径10毫米以上。共计9.3万人受灾；小麦、玉米、豆类、胡麻、马铃薯等受灾面积1.1万公顷；直接经济损失2700余万元。

(17) 6月6—8日，陕西省西安、渭南、铜川、宝鸡、咸阳等6市11个县(区)遭受短时强降雨、雷电、大风、冰雹等强对流天气，其中渭南市富平县最大风力9级。共计17.2万人受灾；100余间房屋不同程度损坏；小麦、苹果、酥梨等受灾面积1.46万公顷，其中绝收面积100余公顷；直接经济损失1.3亿元。

(18) 6月6—7日，宁夏银川、石嘴山、中卫、固原等市11个县(区)遭受风雹灾害。其中银川市永宁县、贺兰县最大冰雹直径15毫米。中卫市沙坡头区冰雹持续时间20分钟；海原县最大冰雹直径15毫米。固原市原州区风雹持续时间30分钟；西吉县地面积雹厚度5~10厘米；隆德县最大冰雹直径20毫米。小麦、玉米、果树等共计受灾面积2.46万公顷；直接经济损失1.08亿元。

(19) 6月7—8日，甘肃省兰州、白银、天水、平凉、定西、陇南、庆阳等9市(自治州)23个县(区)遭受短风雹袭击。其中天水市张家川县、清水县冰雹持续时间7~15分钟；白银市会宁县、靖远县、白银区最大冰雹直径5~12毫米；平凉市灵台县、庄浪县、静宁县、泾川县、华亭县风雹持续时间20~30分钟，最大冰雹直径15毫米左右；庆阳市镇原县风雹持续时间40分钟。共计31.9万人受灾，1人死亡；300余间房屋不同程度损坏；小麦、玉米、果树等受灾面积3.77万公顷，其中绝收面积2800公顷；直接经济损失3亿元。

(20) 6月7日，新疆兵团一师、三师、四师3师14个团(场)遭受风雹灾害。其中一师五团冰雹持续时间5分钟，冰雹直径约4毫米。共计3万人受灾，棉花、核桃、苹果、红枣等受灾面积1.48万公顷，其中绝收面积200余公顷；直接经济损失1.3亿元。

(21) 6月7—9日，新疆吐鲁番、阿克苏、塔城、博尔塔拉、克孜勒苏等市(地区、自治州)13个县(市、区)出现大风、雷电、强降雨和冰雹等灾害性天气。其中阿克苏地区阿瓦提县降雹18分钟；温宿县最大冰雹直径达40毫米。共计6.1万人受灾；农作物受灾面积3.55万公顷，其中绝收面积1700公顷；直接经济损失2.8亿元。

(22) 6月17—18日，内蒙古赤峰、鄂尔多斯、呼伦贝尔、锡林郭勒、呼和浩特5市(盟)12个县(区、旗)遭受风雹灾害。其中呼伦贝尔市阿荣旗降雹20分钟，最大冰雹直径20毫米，地面积雹厚1厘米左右；鄂尔多斯市鄂托克旗最大冰雹直径15毫米。共计10.6万人受灾；蔬菜、土豆、玉米、小麦等受灾面积4.41万公顷，其中绝收面积2200公顷；直接经济损失1.2亿元。

(23)6月17—19日,河北省石家庄、唐山、秦皇岛、保定、张家口、承德6市21个县(市、区)遭受风雹灾害。其中张家口市沽源县、承德市丰宁满族自治县、唐山市遵化市降雹持续时间15~20分钟,最大冰雹直径30毫米左右;秦皇岛市卢龙县日最大降水量62.8毫米,最大冰雹直径13毫米。共计15万人受灾,1人死亡;玉米、蔬菜、果树等受灾面积2.58万公顷,其中绝收面积3100公顷;直接经济损失1.4亿元。

(24)6月18—20日,甘肃省兰州、白银、天水、平凉、庆阳、定西、甘南等7市(自治州)20个县(区)遭受风雹、暴雨灾害。其中平凉市庄浪县、静宁县降雹约15分钟;定西市通渭县、临洮县最大冰雹直径约20毫米;庆阳市庆城县、环县、正宁县、镇原县降雹15~20分钟;兰州市榆中县地面积雹厚度1~2厘米;甘南藏族自治州迭部县、舟曲县最大冰雹直径20毫米。共计7.4万人受灾;玉米、小麦、胡麻、洋芋、苹果等受灾面积7800公顷,其中绝收面积700公顷;直接经济损失4600余万元。

(25)6月21—22日,陕西省延安、榆林、宝鸡3市12个县(区)遭受风雹灾害。其中延安市宝塔区冰雹直径3~5毫米;宜川县降雹10分钟左右;延长县降雹持续时间5~6分钟;延川县最大冰雹直径30毫米;子长县30分钟降水量21.6毫米,降雹持续时间15分钟,地面积雹厚度1~2厘米。宝鸡市千阳县最大冰雹直径30毫米。共计5万人受灾;苹果、梨等受灾面积1万公顷,其中绝收面积1300公顷;直接经济损失1.2亿元。

(26)6月27—29日,内蒙古呼和浩特、赤峰、鄂尔多斯、兴安、呼伦贝尔5市(盟)11个县(市、区、旗)遭受风雹、暴雨灾害。其中赤峰市松山区最大冰雹直径30毫米;兴安盟科尔沁右翼前旗最大冰雹直径15毫米;呼伦贝尔市莫力达瓦达斡尔族自治旗1小时最大降水量30.4毫米。共计2.5万人受灾;农作物受灾面积1万公顷,其中绝收面积800余公顷;直接经济损失3500余万元。

(27)6月27—29日,河北省保定、张家口、承德等市13个县(区)遭受风雹灾害。其中张家口市涿鹿县风雹历时30分钟,最大冰雹直径20毫米;承德市围场满族蒙古族自治县风雹持续时间30分钟;沧州市南皮县最大冰雹直径12毫米。共计10.5万人受灾;农作物受灾面积1.18万公顷,其中绝收面积800公顷;直接经济损失9700余万元。

(28)6月27—29日,甘肃省定西、庆阳、天水、平凉、兰州、白银6市10个县(区)出现雷暴、冰雹、大风及短时强降水天气。其中定西市临洮县、通渭县风雹持续时间8~25分钟不等;庆阳市西峰区最大冰雹直径15毫米;正宁县降雹10分钟左右;天水市张家川县、秦安县冰雹直径5毫米左右;平凉市庄浪县1小时最大降水量24.5毫米;白银市会宁县最大冰雹直径20毫米。共计5.9万人受灾;损坏房屋31间;农作物受灾面积7440公顷;直接经济损失6721万元。

(29)6月30日至7月2日,吉林省长春、吉林、四平、松原、延边5市(自治州)12个县(市、区)遭受风雹、暴雨灾害。其中四平市梨树县20分钟降水量达46.1毫米,最大瞬时风速17.8米/秒,冰雹直径约3毫米;吉林市永吉县最大过程降水量122.2毫米;延边朝鲜族自治州敦化市最大过程降水量155.2毫米。共计7.8万人受灾;玉米、水稻、小麦等受灾面积1.89万公顷,其中绝收面积1500公顷;直接经济损失1.3亿元。

(30)7月4—6日,内蒙古呼和浩特、赤峰、鄂尔多斯、巴彦淖尔等市(盟)13个县(区、旗)遭受大风、冰雹、强降雨袭击。其中呼和浩特市赛罕区冰雹持续时间20分钟,最大冰雹直径15毫米。巴彦淖尔市乌拉特中旗最大瞬时风速26.5米/秒(10级),日最大降水量62.1毫米;五原县最大风速 22.6 米/秒。共计 5.3 万人受灾；葵花、玉米等农作物受灾面积 2.16 万公顷；直接经济损失 1 亿元。

(31) 7 月 9—10 日，吉林省长春、吉林、白城 3 市 10 个县（市、区）出现短时强降水、冰雹、大风天气。其中吉林市永吉县最大冰雹直径 7 毫米，舒兰市极大风速 17.3 米/秒。共计 11.9 万人受灾；200 余间房屋不同程度损坏；农作物受灾面积 3.39 万公顷，其中绝收面积近 700 公顷；直接经济损失 1 亿元。

(32) 7 月 9 日，河北省沧州、保定、廊坊、邢台等市 13 个县（市）遭受大风、冰雹、暴雨等强对流天气袭击。其中保定市顺平县最大风力 14 级（43.1 米/秒），最大冰雹直径 15 毫米；廊坊市霸州市最大冰雹直径 40 毫米，3 个多小时最大降水量 114.8 毫米。共计 28.94 万人受灾，死亡 1 人；玉米、谷子、棉花、蔬菜等受灾面积 2.49 万公顷，倒损房屋 830 多间，倒断电杆 2000 多根；直接经济损失 3.7 亿元。

(33) 7 月 10—11 日，河南省洛阳、平顶山、三门峡、南阳 4 市 13 个县（市、区）出现短时强降雨、冰雹、大风等强对流天气。其中洛阳市汝阳县最大冰雹直径 20 毫米，最大风速 19.7 米/秒；栾川县降雹持续时间 10 分钟，最大冰雹直径 20 毫米。三门峡市灵宝市 40 分钟最大降水量 28.5 毫米；卢氏县最大冰雹直径 30 毫米。共计 11.4 万人受灾，1 人遭雷击死亡；100 余间房屋不同程度损坏；农作物受灾面积 1 万公顷，其中绝收面积 1300 公顷；直接经济损失 1 亿元。

(34) 7 月 13—15 日，河北省秦皇岛、邯郸、邢台、保定、张家口、承德 6 市 19 个县（区）遭受风雹、暴雨灾害。其中张家口市宣化区最大冰雹直径 10 毫米，持续时间 15 分钟；秦皇岛市卢龙县 3 个多小时最大降水量 45.7 毫米，瞬时极大风速 25.1 米/秒（10 级）。共计 22.2 万人受灾；玉米、谷黍、豆类、蔬菜等受灾面积 1.58 万公顷，其中绝收面积 1300 公顷；直接经济损失 1.6 亿元。

(35) 7 月 13—15 日，陕西省西安、铜川、咸阳、渭南、延安、商洛、汉中等市 23 个县（市、区）遭受风雹灾害。其中延安市宝塔区降雹 5～6 分钟，最大冰雹直径 20 毫米；黄陵县降雹最长约 15 分钟，最大冰雹直径 19 毫米。渭南市蒲城县降雹持续时间 4～5 分钟，最大冰雹直径 15 毫米。共计 20.4 万人受灾，1 人死亡；800 余间房屋不同程度损坏；农作物受灾面积 1.95 万公顷，其中绝收面积 3000 公顷；直接经济损失 2.9 亿元。

(36) 7 月 14—16 日，山西省阳泉、运城、忻州、吕梁、大同、临汾等市 10 多个县（市）遭受风雹灾害。其中运城市稷山县、闻喜县、河津市风雹持续时间 10～20 分钟，最大冰雹直径 10～20 毫米，最大风力 10 级左右；临汾市吉县风雹持续时间 30 分钟，最大冰雹直径 10 毫米；大同市天镇县风雹持续时间 40 分钟，最大冰雹直径 10 毫米。共计 8.6 万人受灾；玉米、核桃、苹果、枣、蔬菜等受灾面积 8400 公顷，其中绝收面积 100 余公顷；直接经济损失 4500 余万元。

(37) 7 月 14—15 日，甘肃省兰州、白银、天水、定西、平凉、陇南等市 15 个县（区）遭受风雹灾害。其中平凉市庄浪县降雹 10 多分钟；陇南市礼县最大冰雹直径 15 毫米；天水市清水县风雹持续时间 30 多分钟；白银市会宁县降雹约 10 分钟；定西市安定区最大冰雹直径 10 毫米。共计 17.4 万人受灾；农作物受灾面积 2.43 万公顷，其中绝收面积 2600 公顷；直接经济损失 1.5 亿元。

(38) 7 月 17—18 日，江苏省南通、淮安、盐城、泰州、宿迁 5 市 11 个县（市、区）出现雷暴、大风、暴雨等强对流天气。其中盐城市大丰区最大风速 22.7 米/秒；淮安市淮安区 3 小时最大降水量76.2毫米。共计7400人受灾,1人死亡;1500余间房屋不同程度损坏;农作物受灾面积400余公顷;直接经济损失2200余万元。

(39)7月19日,云南省昆明、曲靖、丽江、昭通、楚雄、红河6市(自治州)10个县(市、区)遭受雷雨大风、冰雹、暴雨袭击。其中曲靖市陆良县风雹持续时间21分钟,1小时最大降水量24.6毫米;昭通市镇雄县风雹持续时间40分钟左右,最大冰雹直径15毫米。共计8.75万人受灾;烤烟、玉米、土豆、蔬菜等受灾面积8254公顷,其中绝收面积1275公顷;倒塌民房45间,损坏民房86间;直接经济损失1.08亿元。

(40)7月19—20日,贵州省六盘水、毕节、黔西南3市(自治州)11个县(市、区)遭受风雹、暴雨灾害。其中黔西南布依族苗族自治州册亨县24小时最大降水量181.5毫米。共计5.8万人受灾;500余间房屋不同程度损坏;玉米、大豆、烤烟等受灾面积2700公顷,其中绝收面积近600公顷;直接经济损失2700余万元。

(41)7月27—28日,云南省昆明、曲靖、玉溪、昭通、红河、丽江、临沧、大理8市(自治州)23个县(市、区)遭受风雹灾害。其中昆明市寻甸回族彝族自治县降雹15分钟左右;曲靖市罗平县降雹约5分钟;玉溪市红塔区1小时最大降水量32.9毫米,最大冰雹直径10毫米;昭通市巧家县最大冰雹直径10毫米,一个半小时最大降水量达51.2毫米。共计8.2万人受灾,2人死亡;500余间房屋不同程度损坏;农作物受灾面积6400公顷,其中绝收面积1600公顷;直接经济损失8200余万元。

(42)7月30—31日,云南省玉溪、保山、昭通、昆明、曲靖、文山、普洱、丽江、红河等市(自治州)15个县(市、区)遭受风雹灾害。其中玉溪市红塔区冰雹直径6毫米;峨山彝族自治县风雹持续时间10分钟,最大冰雹直径12毫米;江川区20分钟最大降水量27.5毫米。普洱市镇沅彝族哈尼族拉祜族自治县1小时最大降水量54.3毫米。共计5万人受灾;100余间房屋不同程度损坏;农作物受灾面积2500公顷,其中绝收面积500公顷;直接经济损失5100余万元。

(43)7月30日至8月1日,贵州省六盘水、遵义、毕节、铜仁、黔西南5市(自治州)14个县(市、区)遭受风雹灾害。其中铜仁市印江土家族苗族自治县最大冰雹直径10毫米;黔西南布依族苗族自治州安龙县1小时最大降水量24.4毫米。共计4.3万人受灾;200余间房屋不同程度损坏;农作物受灾面积2100公顷,其中绝收面积200公顷;直接经济损失1900余万元。

(44)8月2—3日,四川乐山、宜宾、雅安、凉山、甘孜5市(自治州)12个县(市、区)出现强降雨和雷暴、大风、冰雹等强对流天气。其中凉山彝族自治州布拖县过程降水量75.5毫米,1小时最大降水量达37.0毫米。共计1.7万人受灾;近200间房屋不同程度损坏;农作物受灾面积400余公顷,其中绝收面积近200公顷;直接经济损失1300余万元。

(45)8月5—7日,山东省青岛、淄博、枣庄、潍坊、滨州等市10个县(市、区)遭受风雹灾害。其中青岛市莱西市极大风速达35.5米/秒;滨州市无棣县日最大降水量77.1毫米。共计4.9万人受灾,1人死亡;100余间房屋不同程度损坏;农作物受灾面积4200公顷,其中绝收面积200余公顷;直接经济损失2200余万元。

(46)8月7—8日,四川省凉山、绵阳、广元、宜宾、内江、乐山、眉山、雅安等市(自治州)33个县(市、区)出现暴雨和雷暴、大风、冰雹等强对流天气。其中宜宾市宜宾县14小时最大降水量达201.1毫米;筠连县极大风速26米/秒。共计19.7万人受灾,25人死亡(洪涝泥石流所致);200余间房屋倒塌,2700余间房屋不同程度损坏;农作物受灾面积6500公顷,其中绝收面积600公顷;直接经济损失3.7亿元。

(47) 8月8—10日,河北省石家庄、保定、张家口、邯郸等市14个县(区)遭受短时强降水、大风、冰雹等强对流天气袭击。共计5.5万人受灾;100余间房屋不同程度损坏;农作物受灾面积3100公顷,其中绝收面积近200公顷;直接经济损失近2600万元。

(48) 8月8—9日,山西省太原、朔州、晋中、大同、吕梁、临汾6市11个县(区)出现雷电、短时强降水、大风、冰雹等强对流天气。其中吕梁市柳林县最大冰雹直径约30毫米。共计2.9万人受灾;玉米、谷子、蔬菜等受灾面积6800公顷,其中绝收面积200余公顷;直接经济损失近3300万元。

(49) 8月11—14日,内蒙古呼和浩特、赤峰、通辽、锡林郭勒等市(盟)15个县(市、旗)遭受风雹灾害。其中赤峰市翁牛特旗最大冰雹直径20毫米;巴林左旗1小时最大降水量达72.9毫米。共计6.8万人受灾,7人死亡,近300间房屋倒塌,1300余间房屋不同程度损坏;马铃薯、玉米等受灾面积3.96万公顷,其中绝收面积6200公顷;直接经济损失1.3亿元。

(50) 8月11—13日,河北省石家庄、唐山、秦皇岛、承德、廊坊等市16个县(市、区)遭受风雹灾害。其中廊坊市三河市5个小时最大降水量达118.6毫米。共计5.5万人受灾;500余间房屋不同程度损坏;农作物受灾面积4000公顷,其中绝收面积200公顷;直接经济损失2200余万元。

(51) 8月12—13日,新疆阿克苏、博尔塔拉、巴音郭楞3地区(自治州)11个县(市)遭受风雹灾害。其中阿克苏地区沙雅县最大冰雹直径30毫米,新和县2个小时最大降水量20.1毫米;巴音郭楞蒙古自治州库尔勒市极大风速31.4米/秒(11级),轮台县3小时最大降水量35.1毫米。共计4.3万人受灾;300余间房屋不同程度损坏;棉花、香梨等受灾面积2.85万公顷,其中绝收面积7000公顷;直接经济损失5.9亿元。

(52) 8月23日,云南省玉溪、普洱、大理、红河、昆明、楚雄、丽江、曲靖、文山等市(自治州)24个县(市、区)遭受风雹、暴雨灾害。其中玉溪市江川区最大冰雹直径20毫米;通海县1小时最大降水量38.5毫米;峨山彝族自治县风雹持续时间30分钟。文山壮族苗族自治州文山市风雹持续约40分钟。全省共计9.8万人受灾,遭雷击死亡1人;烤烟、玉米、水稻等受灾面积1.24万公顷,其中绝收面积2371公顷;房屋倒塌25间,损坏房屋162间;直接经济损失超过3亿元。

(53) 11月23日,云南省德宏傣族景颇族自治州瑞丽市出现大风、冰雹、短时强降水强对流天气。极大风速16.9米/秒(7级),1小时最大降水量19.2毫米。全市受灾2853人;农房损坏28间;农作物受灾面积281公顷;直接经济损失265万元。

**B3. 龙卷风灾害事例**

(1) 5月11日23时20分,江西省南昌市南昌县蒋巷镇、南新乡出现龙卷风。共计1685人受灾,4人轻伤;倒塌房屋56间,损坏房屋582间;直接经济损失625万元。

(2) 6月1日傍晚,河南省信阳市平桥区平昌关镇刘湾村、庸墩村遭受龙卷风袭击。41人受灾;倒损房屋24间;直接经济损失12万元。

(3) 7月6日16时30分,河南省商丘市虞城县田庙乡遭受龙卷风袭击,刮倒折断树木5260棵,倒塌房屋48间,损坏房屋943间,损坏线杆85根、变压器1台,受灾人口2780人,伤2人,直接经济损失266万元。同日19—20时,周口市淮阳县曹河乡、白楼镇、临蔡镇等乡镇出现龙卷风,造成378间民房损坏,2100人受灾,刮断树木9600棵,3台变压器损坏,直接经济损失518万元。

(4)7月15日00时左右,江苏省扬州市宝应县广洋湖镇、射阳湖镇、夏集镇局地遭受龙卷风袭击。造成近200人受灾;损坏房屋100余间;3000多棵树、数十根电线杆被吹倒,5000多户居民用电中断;荷藕受灾面积100多公顷;直接经济损失近190万元。

(5)7月18日18时00—30分,黑龙江省绥化市北林区三井乡出现龙卷风。玉米等受灾面积151公顷;8间房屋房盖被掀;刮到树木300多棵、电线杆30多根;直接经济损失70多万元。

(6)7月20日17时40—50分,辽宁省铁岭市昌图县泉头镇出现龙卷风,致使44户房屋受损,200多棵大树刮倒,10公顷玉米受灾。

(7)8月1日18时40分前后,受热带低压"纳沙"残余势力影响,江苏省淮安市淮安区出现大风、龙卷风等灾害性天气。全区共有3个乡镇的16个村约400户1360人受灾;682间房屋受损;农作物受灾面积43公顷;倒折树木680多棵、电线杆70余根,13个村断电。

(8)8月3日16时40—55分,吉林省长春市农安县农安、哈拉海、巴吉垒、开安、黄鱼圈5个乡镇遭受龙卷风袭击。造成96户333人受灾;246间民房受损。

(9)8月11日,内蒙古赤峰市克什克腾旗和翁牛特旗出现龙卷风,并伴有暴雨、冰雹等极端天气。其中克什克腾旗土城子镇前进村、十里铺村、五台山村、哈巴其拉村、天宝同村和万合永镇遭受风雹、龙卷风袭击。全旗共计2.42万人受灾,死亡3人,伤47人;房屋倒塌273间,损坏953间;农作物受灾面积9460公顷,其中绝收面积3750公顷;损毁家用电器276台、农机具65台(辆)、交通工具52辆;草牧场受灾面积2447公顷,死亡牲畜53头(只);直接经济损失8059万元,农业损失4823万元。

(10)8月16日15时,广东省湛江市雷州市调风镇企树、官昌、草朗、水尾4个村遭受龙卷风袭击,持续时间10多分钟,估计风力达12级以上。风灾造成20公顷香蕉、40公顷甘蔗折断倒伏,其他农作物也不同程度受损,直接经济损失300多万元。

(11)9月5日,吉林省松原市扶余市更新乡新红村、南平村2个村遭受龙卷风袭击,造成179人受灾,直接经济损失182万元。

# 附录 C  国内外主要气象灾害分布图

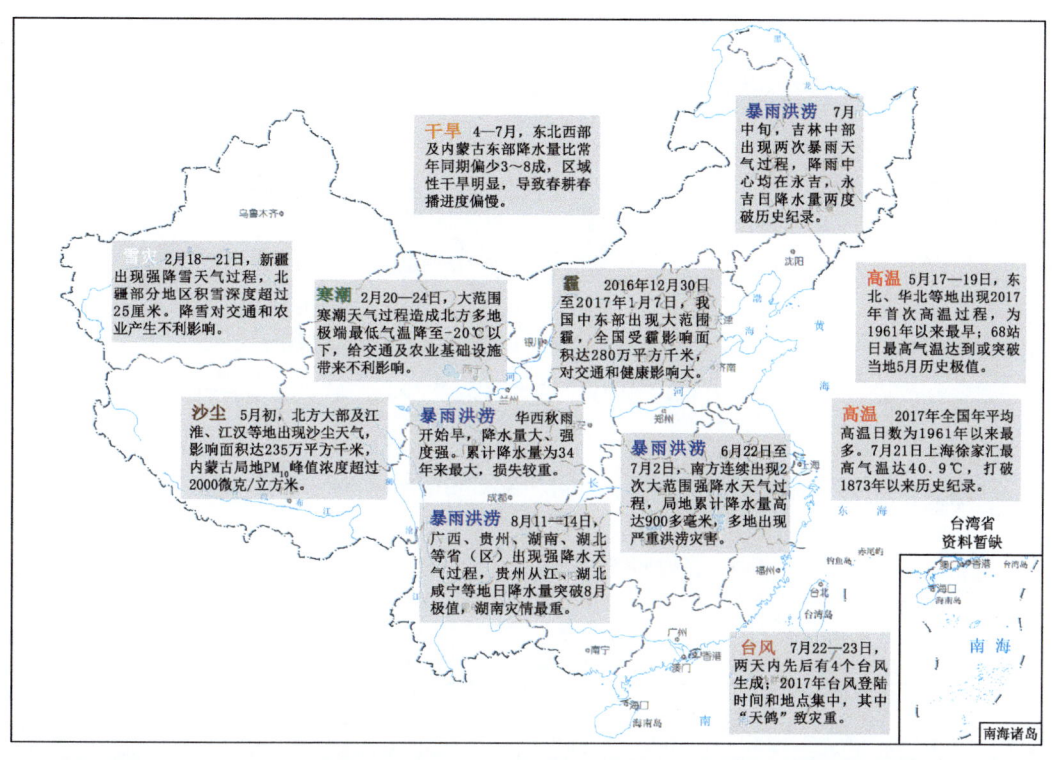

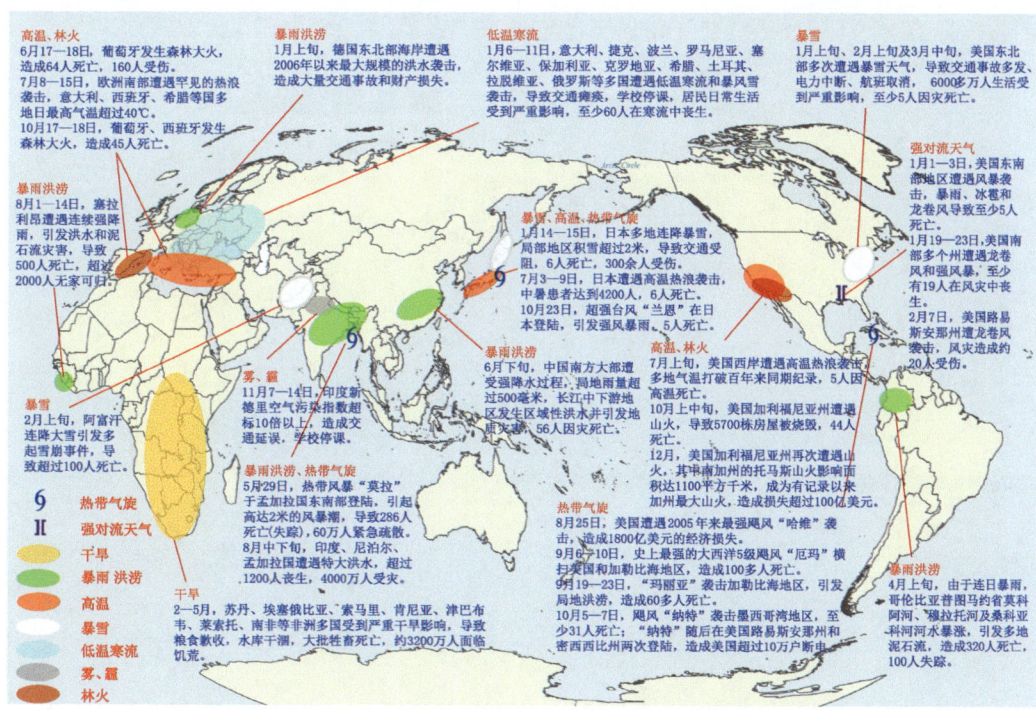

图 C.1  2017 年国内（上）、国外（下）主要气象灾害分布图

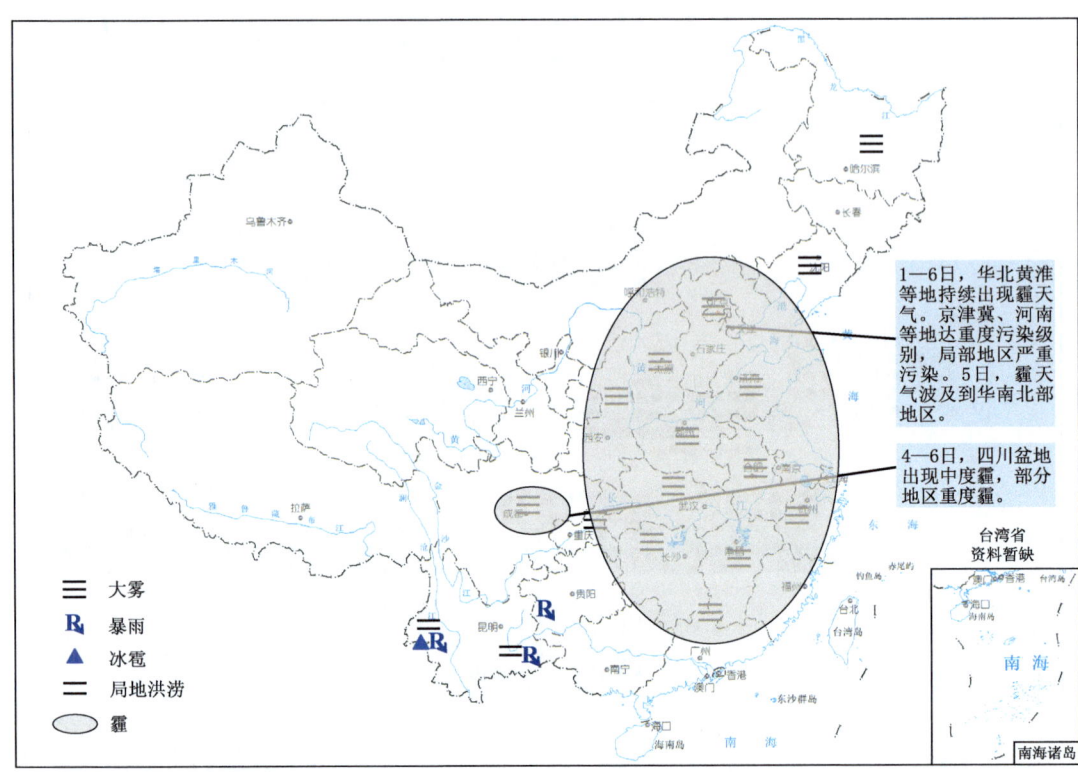

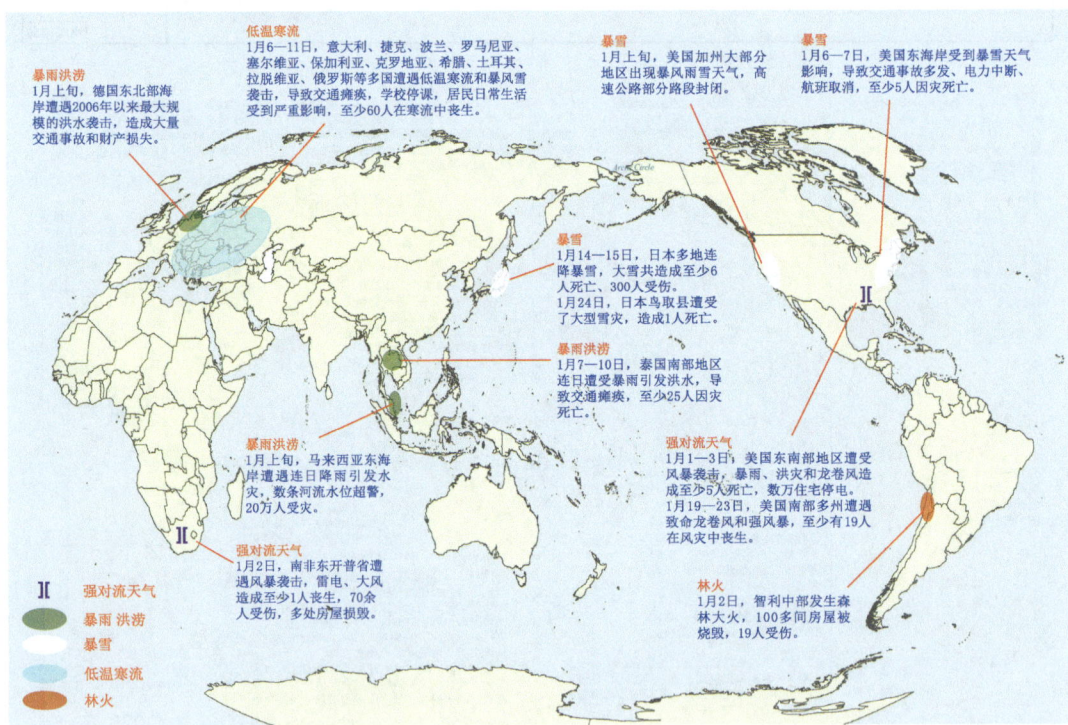

图C.2 2017年1月国内(上)、国外(下)主要气象灾害分布图

## 附录 C 国内外主要气象灾害分布图

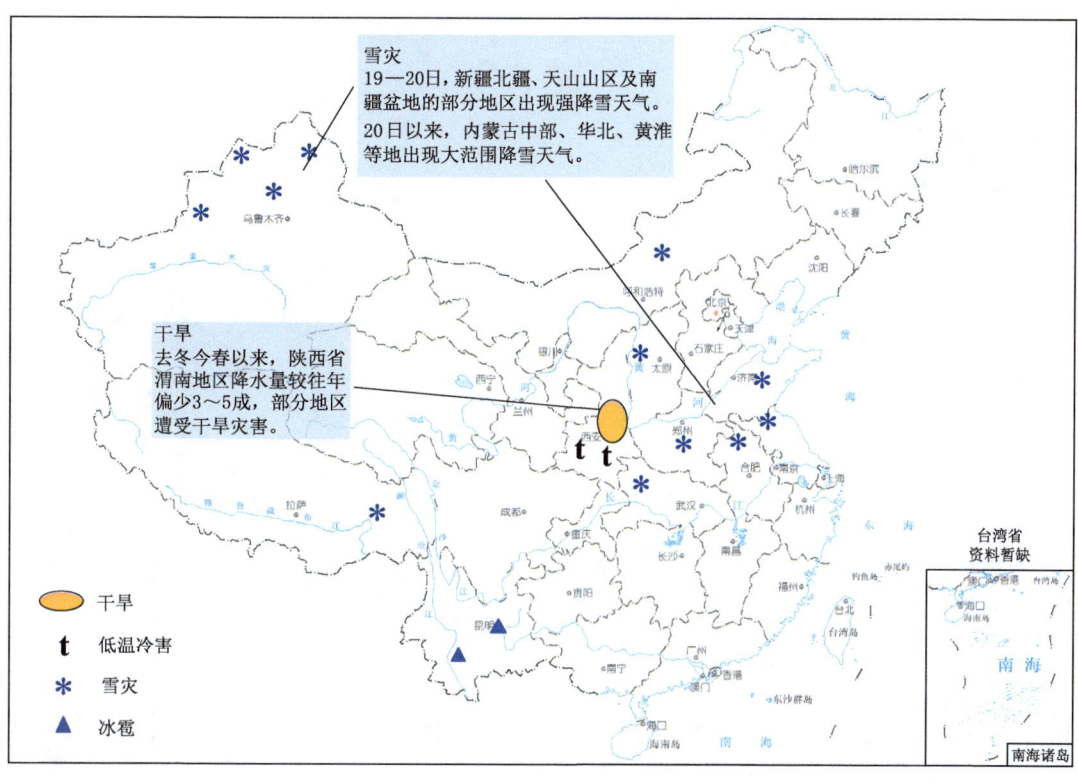

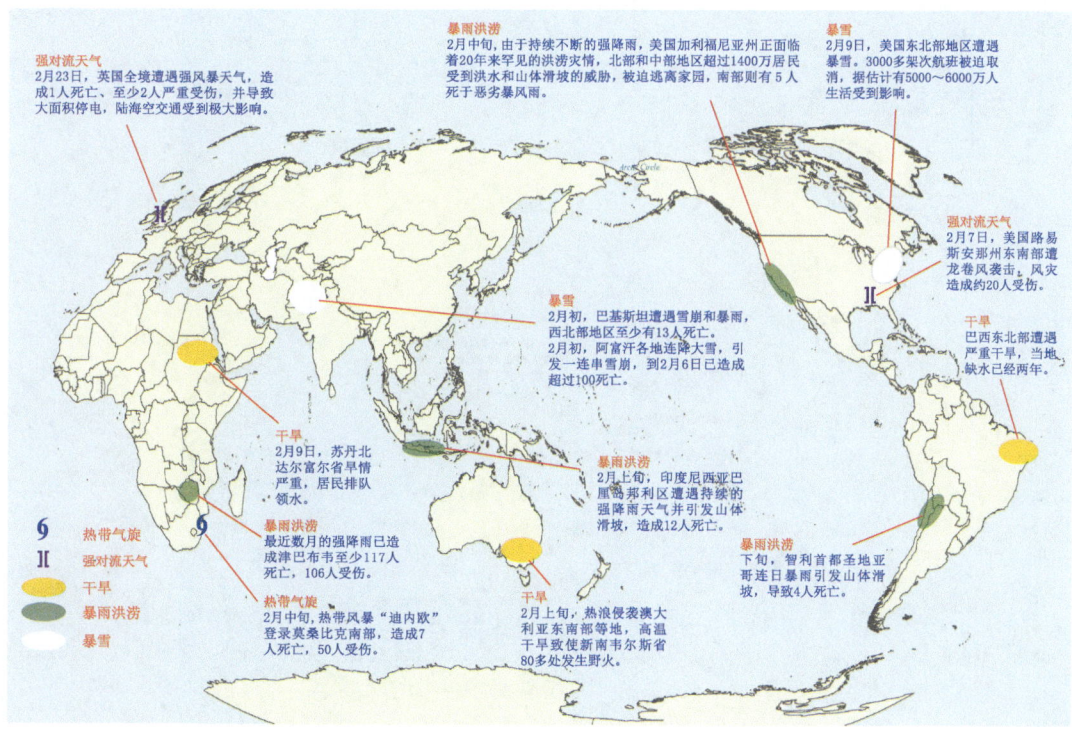

图 C.3　2017 年 2 月国内（上）、国外（下）主要气象灾害分布图

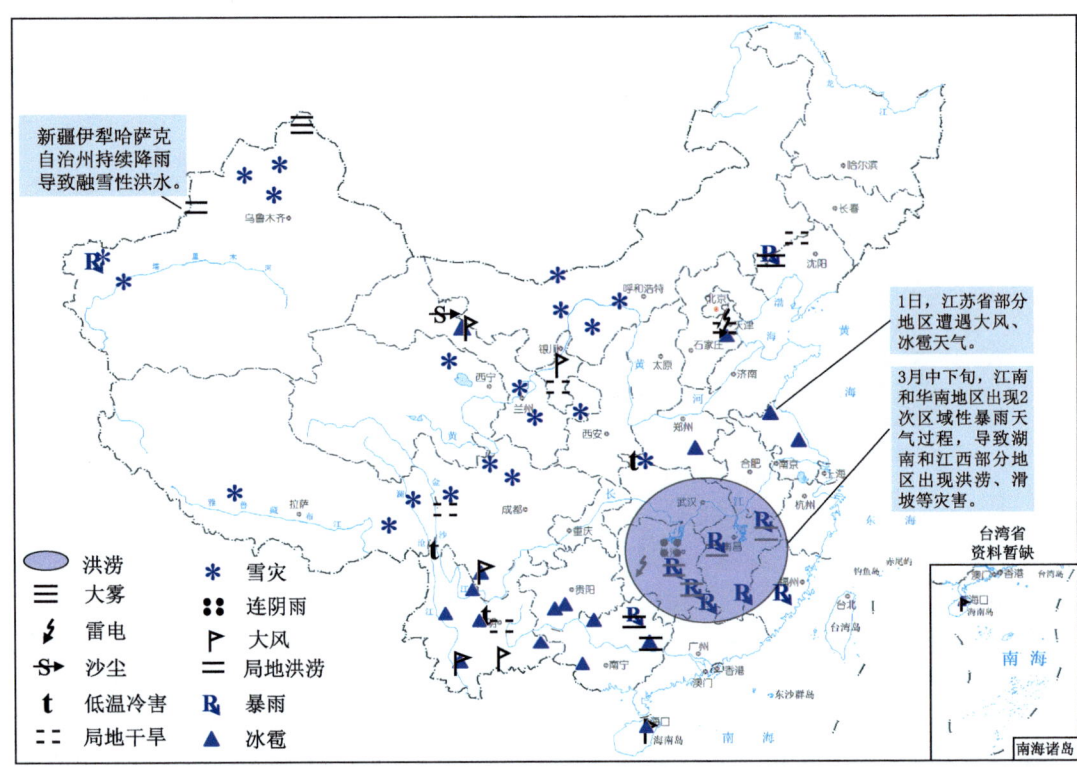
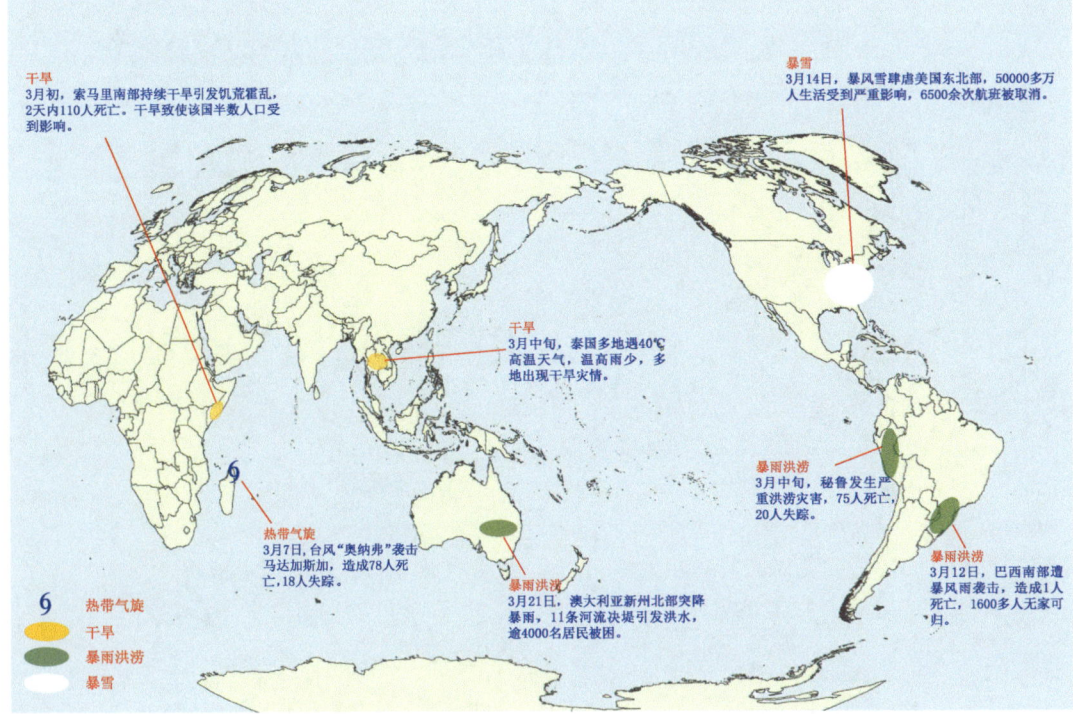

图 C.4　2017 年 3 月国内（上）、国外（下）主要气象灾害分布图

附录 C 国内外主要气象灾害分布图

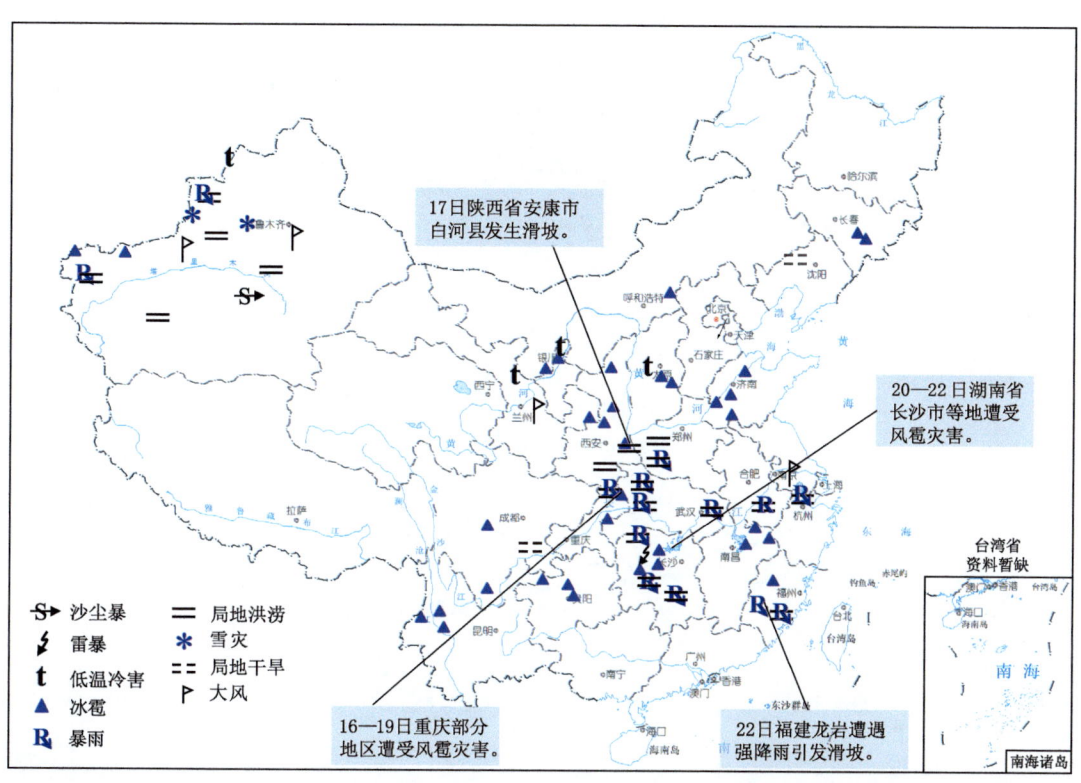

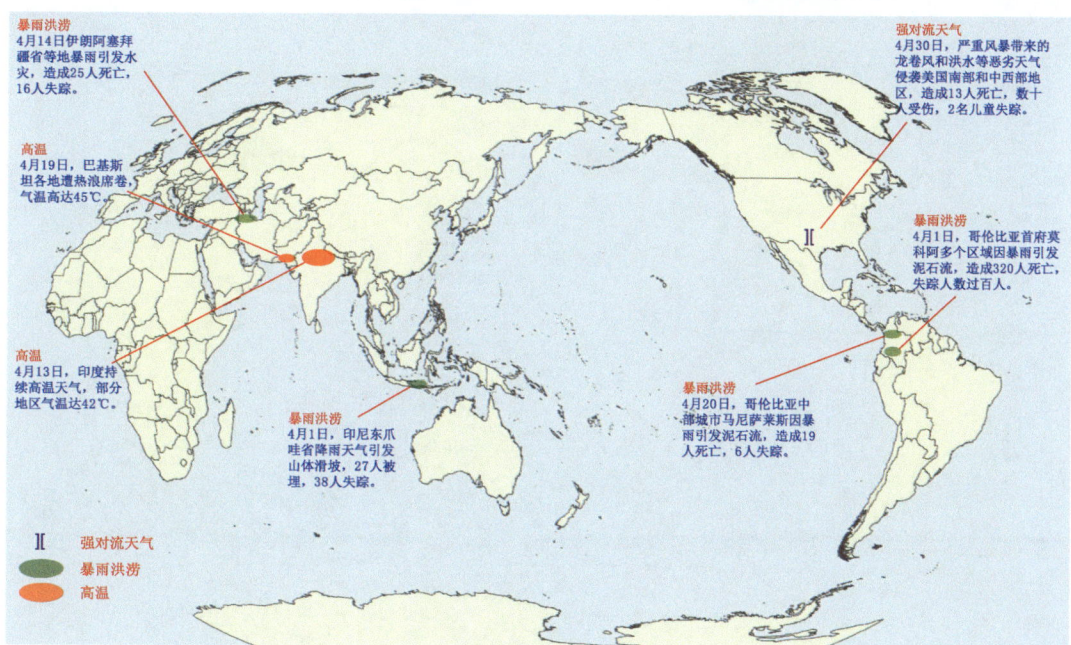

图 C.5  2017 年 4 月国内（上）、国外（下）主要气象灾害分布图

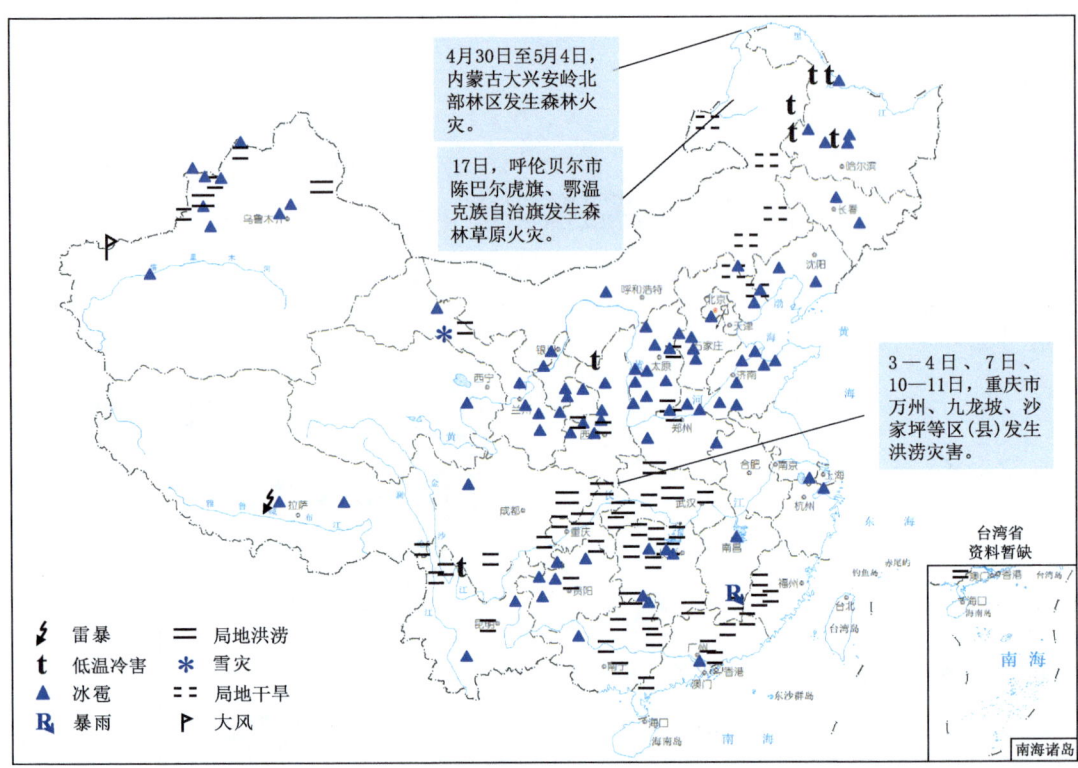
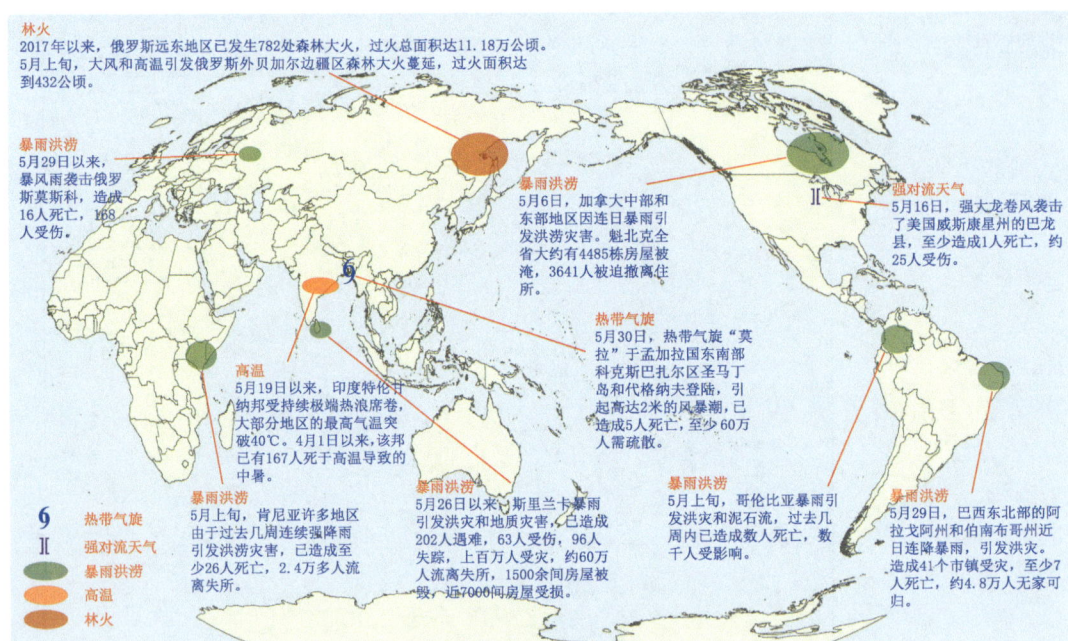

图 C.6  2017 年 5 月国内（上）、国外（下）主要气象灾害分布图

附录 C 国内外主要气象灾害分布图

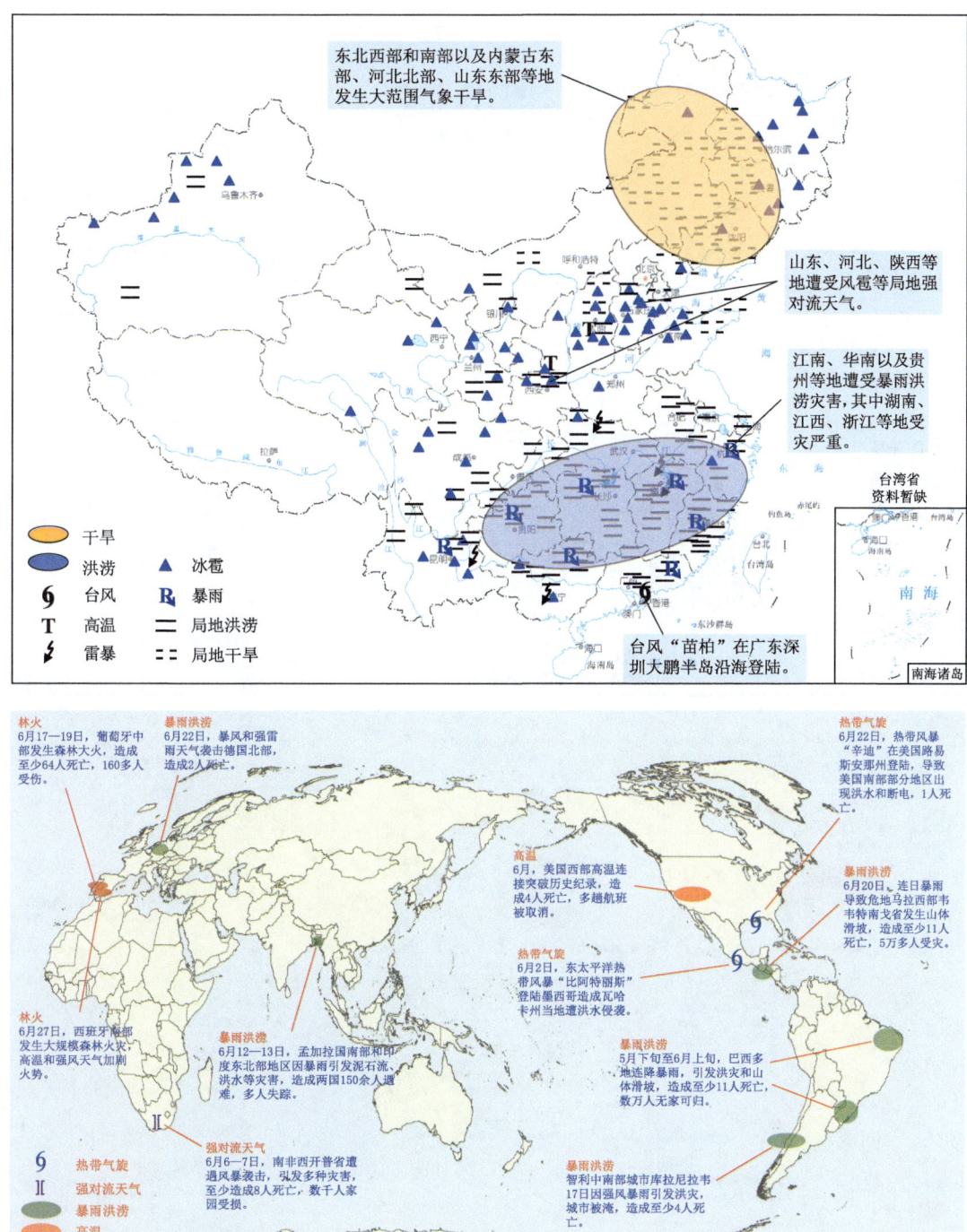

图 C.7 2017 年 6 月国内（上）、国外（下）主要气象灾害分布图

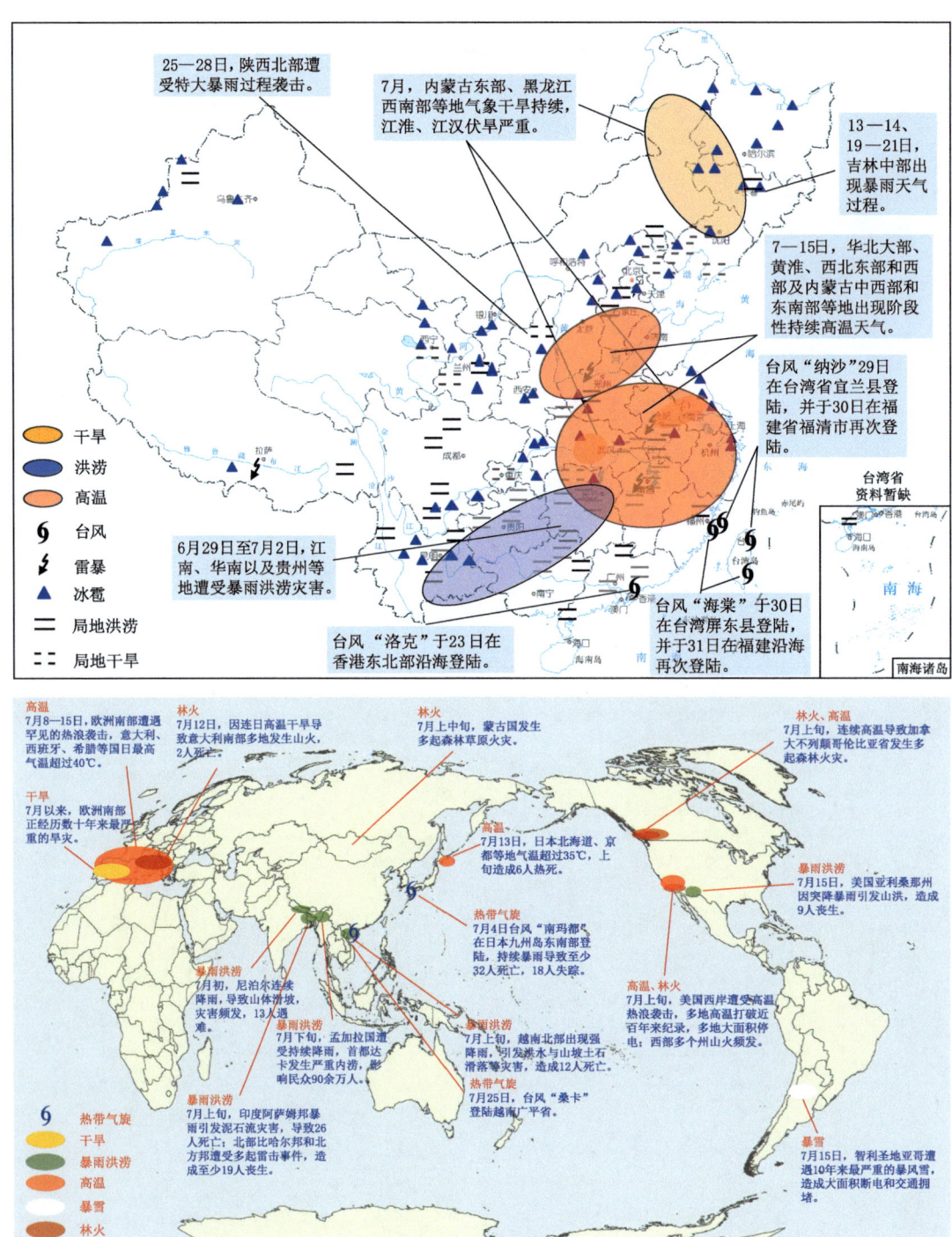

图 C.8 2017年7月国内(上)、国外(下)主要气象灾害分布图

国内外主要气象灾害分布图　附录C

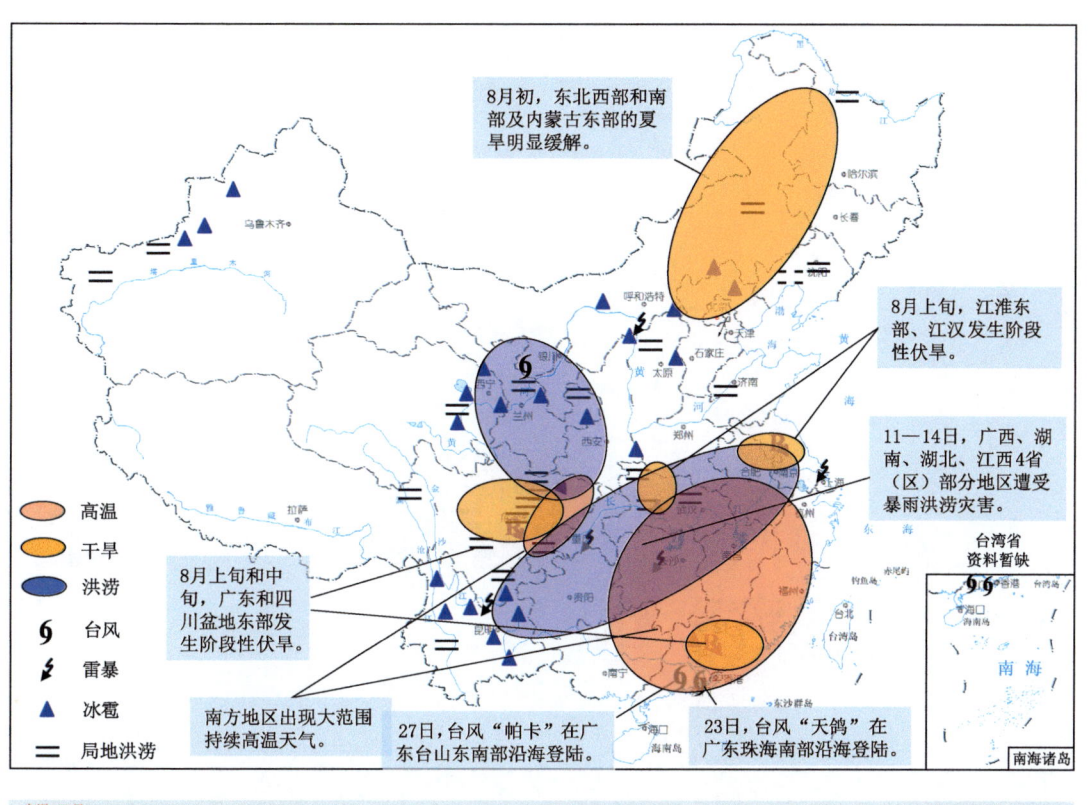

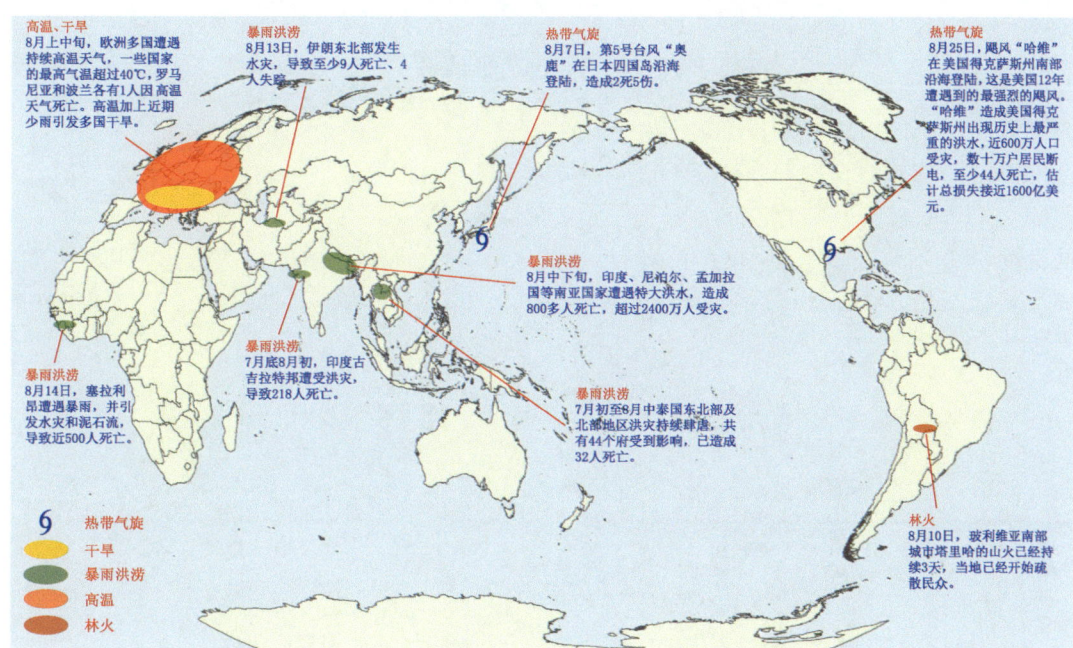

图 C.9　2017 年 8 月国内(上)、国外(下)主要气象灾害分布图

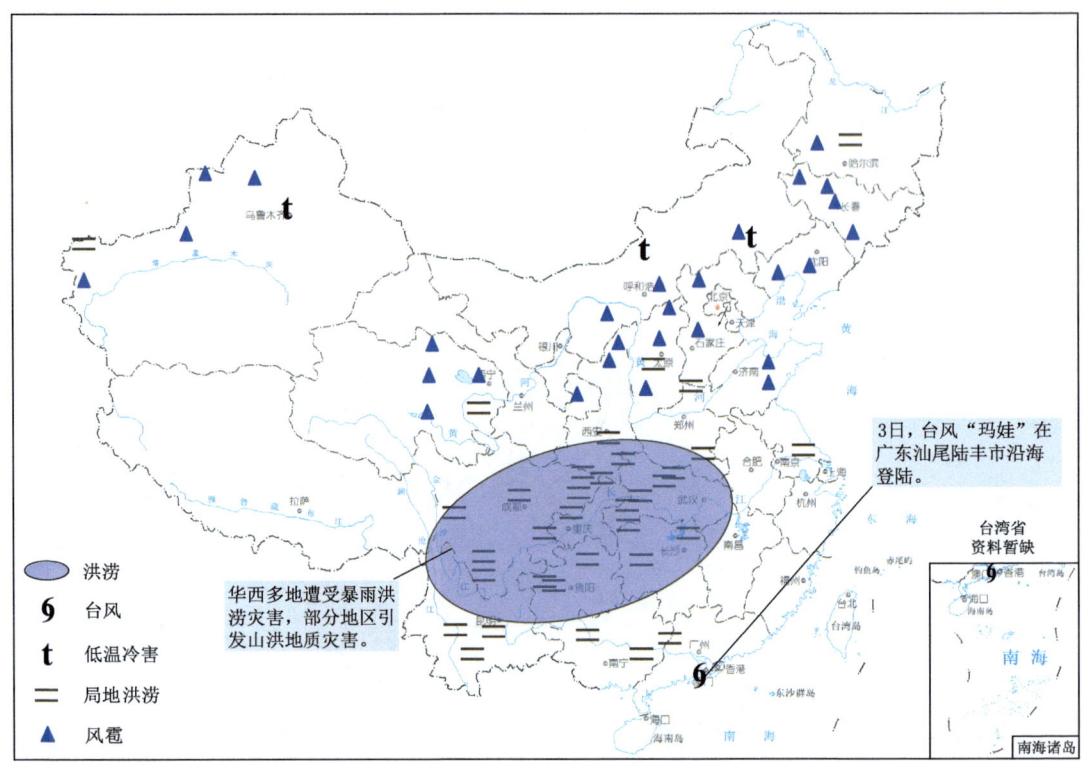

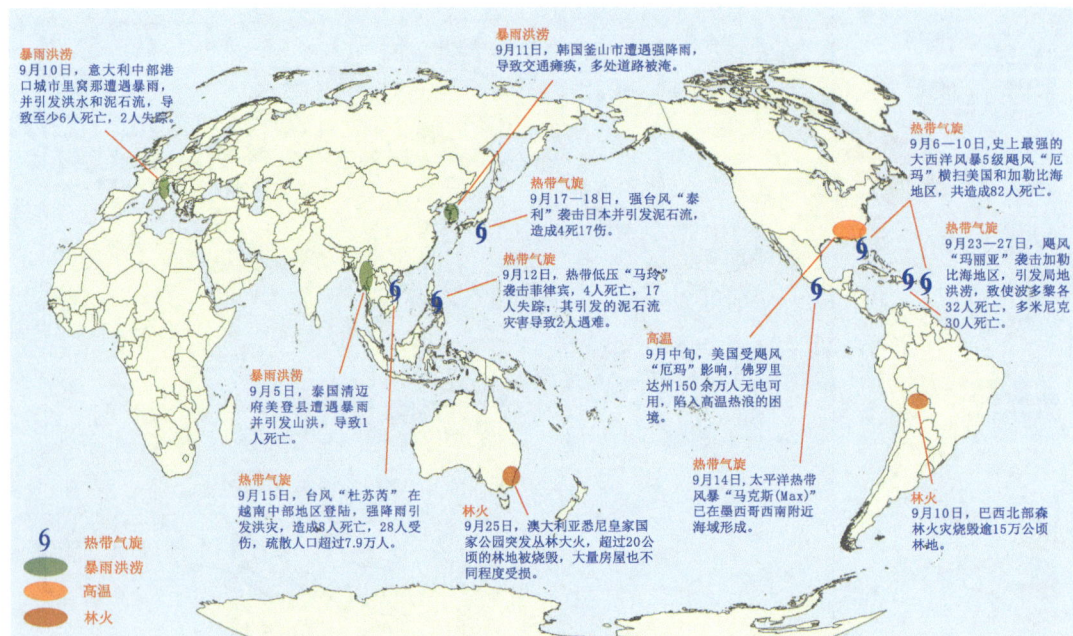

图 C.10 2017年9月国内(上)、国外(下)主要气象灾害分布图

附录 C  国内外主要气象灾害分布图

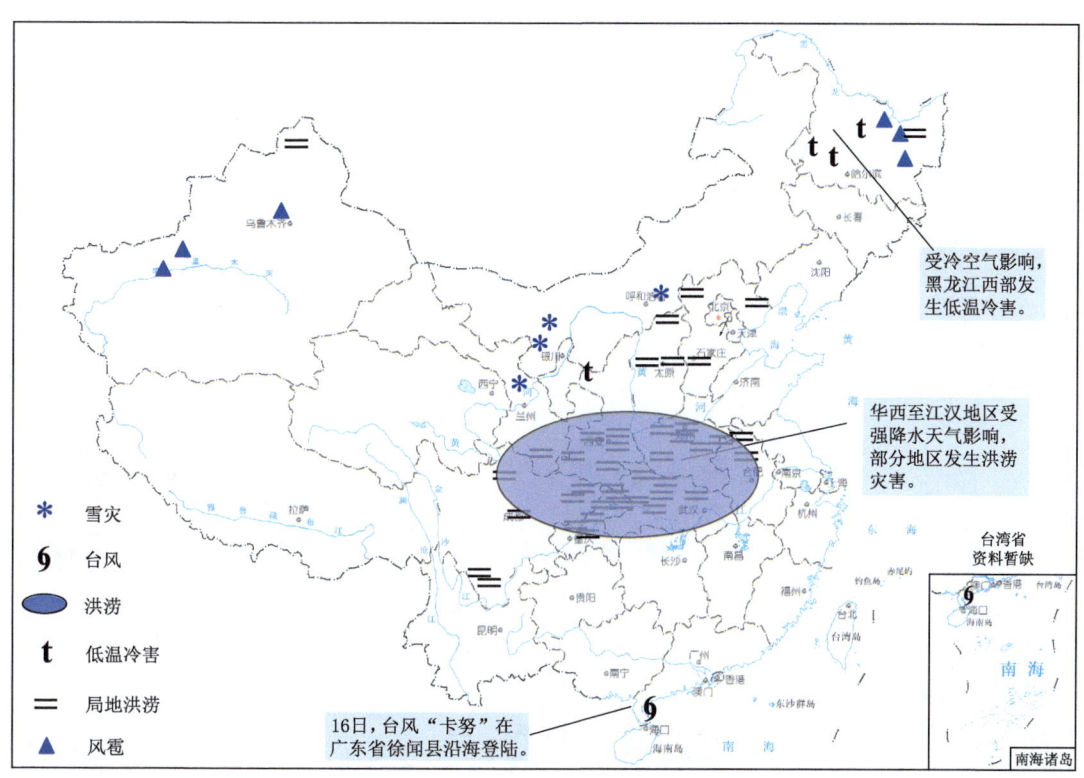

图 C.11　2017 年 10 月国内(上)、国外(下)主要气象灾害分布图

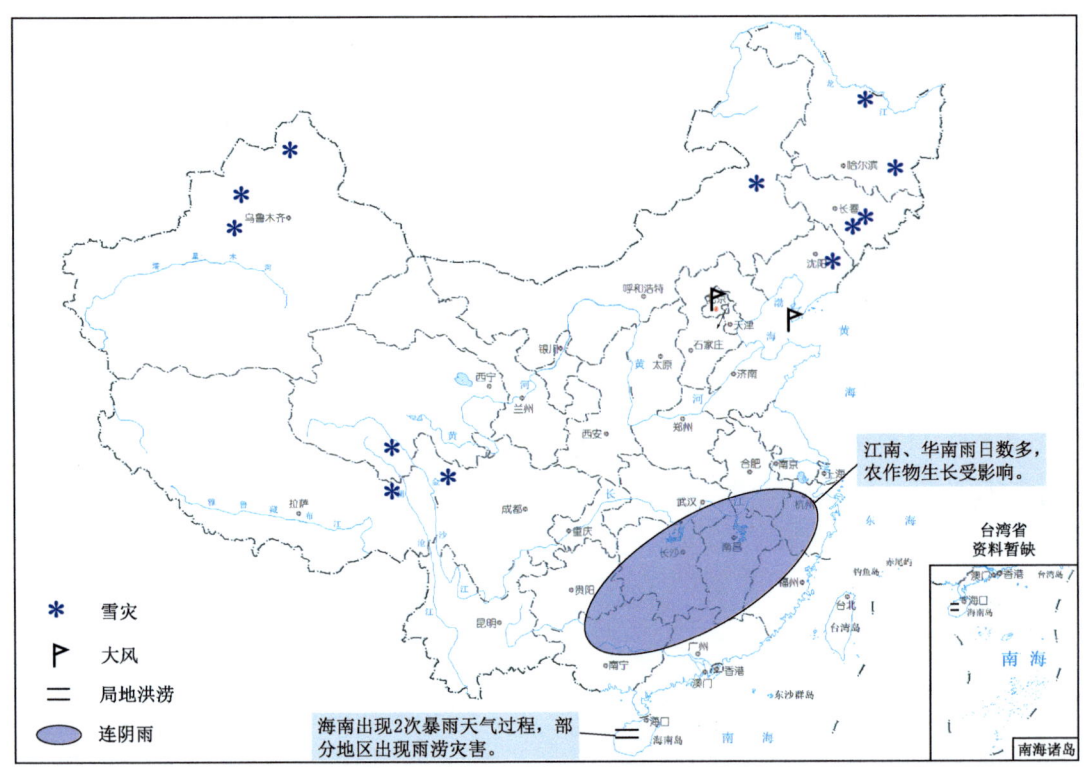
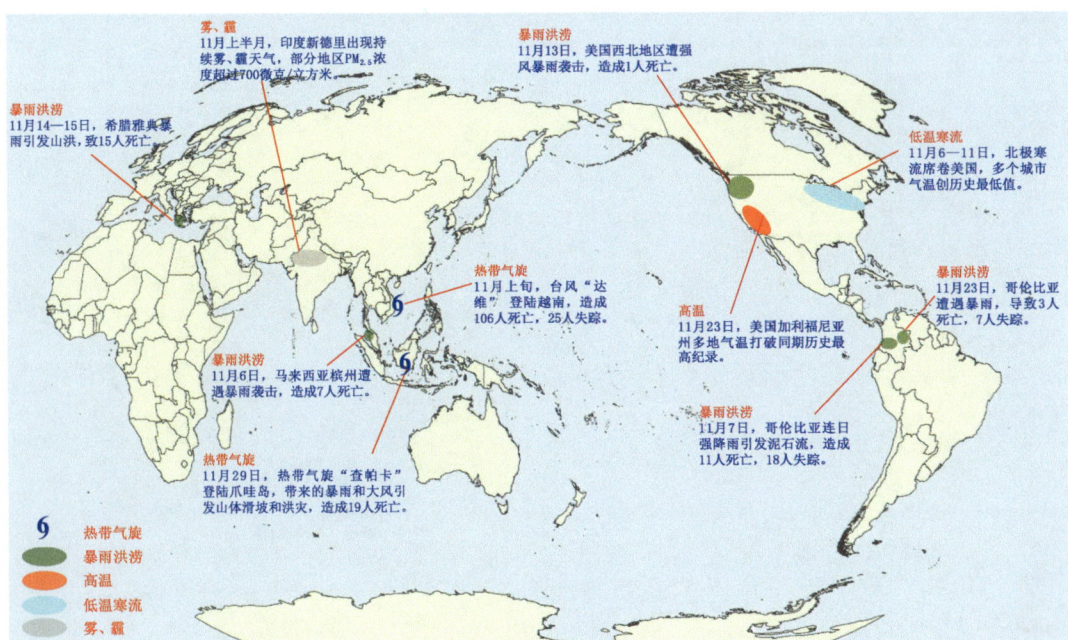

图 C.12 2017 年 11 月国内（上）、国外（下）主要气象灾害分布图

## 国内外主要气象灾害分布图  附录 C

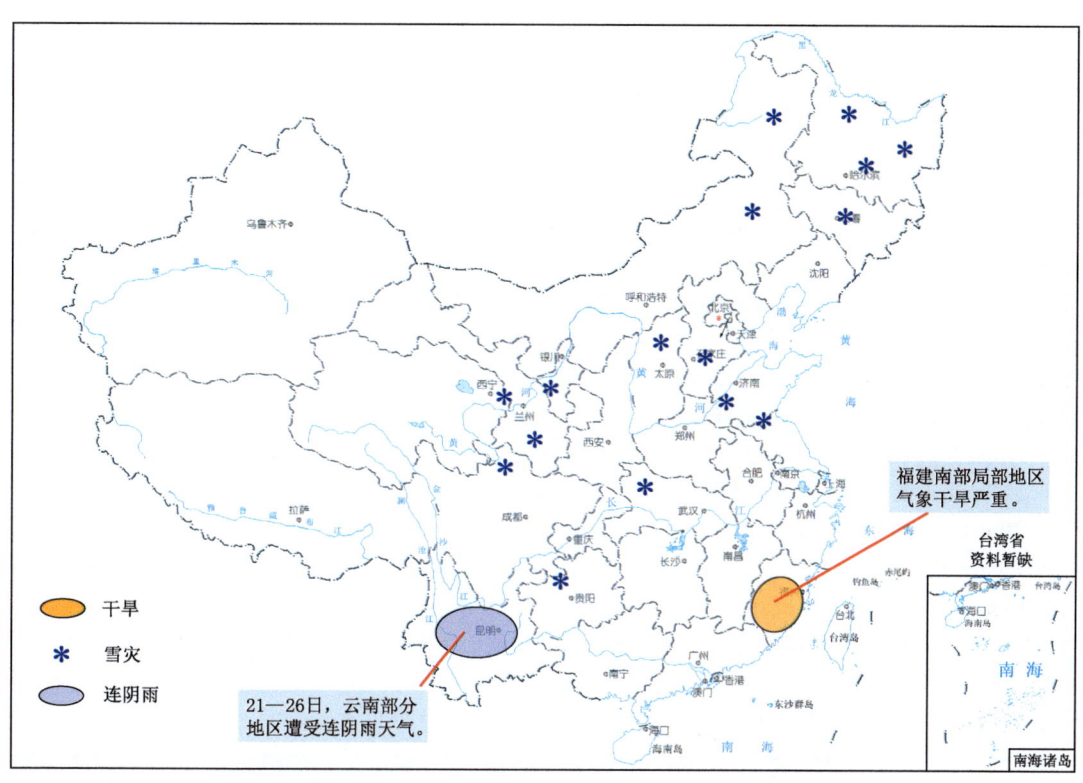

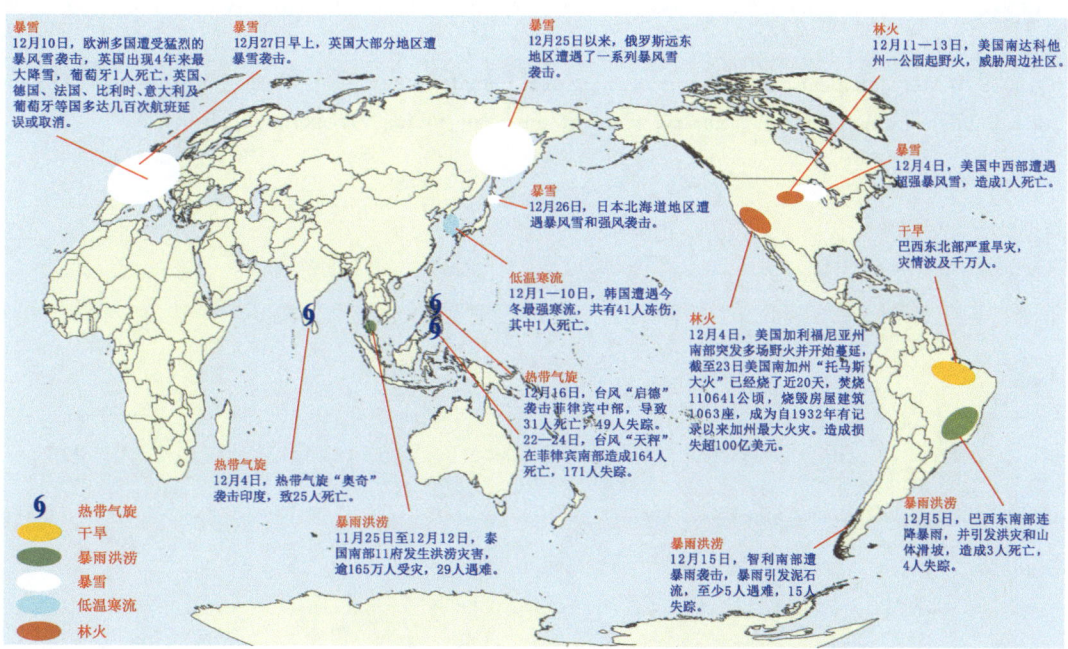

图 C.13　2017 年 12 月国内（上）、国外（下）主要气象灾害分布图

## 参考文献

李奇临,范广洲,周定文,等,2016.综合气象干旱指数在西南地区的修正[J].西南师范大学学报(自然科学版),41(1):138-146.

杨丽慧,高建芸,苏汝波,等,2012.改进的综合气象干旱指数在福建省的适用性分析[J].中国农业气象,33(4):603-608.

尹宜舟,肖风劲,罗勇,等,2011.中国热带气旋潜在影响力指数分析[J].地理学报,66(3):367-375.

尹宜舟,罗勇,肖风劲,等,2013.热带气旋年潜在影响力指数[J].中国科学(地球科学),43(12):2086-2098.

尹宜舟,李焕连,2017.中国台风灾害年景预评估方法初探[J].气象,43(6):716-723.

尹宜舟,高歌,王国复,2019.气象灾害的灾体模型及其初步应用[J].气象,45(10):1439-1445.

赵海燕,高歌,张培群,等.2011.综合气象干旱指数修正及在西南地区的适用性[J].应用气象学报,22(6):698-705.

中国气象局,2017.气象干旱等级:GB/T 20481—2017[S].北京:中国标准出版社.

邹旭恺,任国玉,张强,2010.基于综合气象干旱指数的中国干旱变化趋势研究[J].气候与环境研究,15(4):371-378.

邹旭恺,张强,2008.近半个世纪我国干旱变化的初步研究[J].应用气象学报,19(6):679-687.

NOAA,2018. Global Climate report annual 2017[R]. National Centers for Environmental Information, National Oceanic and Atmospheric Administration, USA. Published online: https://www.ncdc.noaa.gov/sotc/global/201713.

WMO,2018. WMO statement on the status of the global climate in 2017[R]. World Meteorological Organization. Published online: https://library.wmo.int/opac/doc_num.php?explnum_id=4453.